服饰民俗

花瑞洁　王锦强　编著

中国石化出版社
·北京·

图书在版编目（CIP）数据

服饰民俗 / 花瑞洁，王锦强编著 . -- 北京 : 中国石化出版社，2025. 4. --（中华民俗文化新读丛书）.
ISBN 978-7-5114-7415-5

Ⅰ . TS941.742.8

中国国家版本馆 CIP 数据核字第 2025X6F850 号

中国石化出版社出版发行

地址：北京市东城区安定门外大街58号

邮编：100011　电话：(010)57512500

发行部电话：(010)57512575

http://www.sinopec-press.com

E-mail：press@sinopec.com

宝蕾元仁浩（天津）印刷有限公司印刷

全国各地新华书店经销

*

710毫米×1000毫米 16开本 21.5印张 330千字

2025年4月第1版　2025年4月第1次印刷

定价：66.00元

明代孝靖皇后凤冠，
故宫博物院，
田云升摄

乾隆皇帝画像（仿），
中国国家博物馆，
田云升摄

明代百衲织物，中国丝绸博物馆

汉代“长葆子孙”锦缘绢衣裤，中国丝绸博物馆

太阳芒纹壮织锦，
王锦强摄

云南新平花腰傣，
王锦强摄

清代品蓝色缎绣团地锦人物褂，黄色纱绣花蝶纹马面裙，苏州博物馆西馆

蒙古族科尔沁部红布黑边女长袍，黑龙江省民族博物馆

总序

老树新花香犹浓
——“中华民俗文化新读丛书”

白庚胜

由我与刘晔原、万建中两位先生主编的十一卷本“中华民俗文化新读丛书”将于近日正式出版。这得益于各卷作者的长期学术积累、探讨及优秀民俗文化传承贡献，也得益于中国石化出版社及其领导的高瞻远瞩、文化责任、社会担当。

民俗是民众约定俗成的文化惯习，与官俗一道构成一族或一国的文化传统，具有基因性、基本性、基础性、基层性等特点，对继承与坚守民族根脉、唤醒文化自觉与坚定文化自信、增强文化借鉴与消化外来文化能力、建设与创新当代先进文化、强化文化认同与文化自尊自豪、弘扬民族精神，具有极重要的意义。

对于这份丰富的遗产，中华民族素有自觉或不自觉的传承历史……或创造不止，或承继无衰，或享受绵绵，或设官采风问俗，或立府资治润政以知民生、观厚薄、移风易俗，同时遗留下卷帙浩繁的宝典。对于它们，历代文人墨客中，亦多有集腋成裘者，刻意点评者，把玩赏玩者，奉为圭臬者，鄙视轻蔑者，改革移易者，弃如敝屣者，鼓吹踏上千脚者……形成了中国民俗及其认识史的洋洋大观，并影响到周边汉字文化圈内各国各地各民族。

毛泽东同志曾经说过：“我们这个民族有数千年的历史，有它的特点，有它的许多珍贵品。”中国民俗文化正是这样的珍贵遗产。它的体量过于庞大，它的结构过于复杂，它的关系过于纷繁，它的功用过于多样，它所历经的时间过于漫长，它所覆盖的空间过于辽阔，它的渗透无所不在。面对它的宏富、博大，我们引以为豪、享受无比，也空前痛感自己的渺小、肤浅，一如汪洋大海里的滴水，泰山脚下的微尘。

作为中国民俗“小学生”的我们，应该采取的态度，当然是怀着谦卑之心识读它、理解它，并将学习的心得与读者共享，以普及民俗知识、引发民俗意识、激发民俗感情、品味民俗精髓、体会民俗经验，感受人民文化的温度与力度，从而知其不可为而为之，挽救泰山于将倾，然后产生保护、传承、转型、利用它的冲动与责任、创意与技术，提炼出认识它的理论与方法，把有关行为上升到静态和动态结合、思想与行动并举的文化自觉。由于中国民俗文化因风吹雨打良久而日渐式微，又由于处在巨大的社会转型时期而面临生死关头，我们唯有从识读迈开文化自识的步履，才能达成文化自救、自存、守正、创新的目的。

这套丛书正是在这一社会文化背景下出于这样的目的启动编纂的。我们知道，在口头与非物质文化遗产保护工作狂飙突进之后，许多新成果、新发现给我们提供了对旧俗作新读的可能；在新时代使优秀传统文化倍受尊崇之后，人们的思想观念需要有新的引领；在旅游加文化之风席卷祖国大地之际，人们需要处理好文化与产业发展的辩证关系；在国家已确立包括民俗学、民间文学、非遗学在内的文化遗产学学科地位的条件下，教育界与学术界都在期盼着分享当代民俗学的最新认识成果；在中国社会进一步扩大改革开放、推进人类命运共同体建设之当下，人们必须更加清醒地认识主体与客体、传统与现代、中国与世界的认知维度。

作为一种开始，我们仅从浩如烟海的中国民俗中找出十一大类作为新读的尝试。主编这套丛书的初衷是：组织京内外高校、研究机构民俗学新生力量，以新的视角、新的思维、新的方法，对古老民俗文化的形态、内涵作审视，并观察其在新时代的适应性、功用性、流变性，深刻解读它们对于重建当代人文精神的价值所在，以及它们在市场经济、高科技环境下追求人与自然和谐、人与人和谐、社会协调、心灵安定与精神家园常青方面所能发生的效力。

从目前的情况看，我们的收获满满。由于所有作者的共同努力，这套丛书充溢新的气象、新的风格、新的文思、新的可能，为我们继续与时俱进地组织推进这一事业增强了信心。当然，由于是“新读”而非“精读”，各卷本质量尚有参差，各位作者的立意与实力不同，丛书整体也不尽完美。可贵的是，我们走出第一步，让人们确信古俗是可以也应该“新读”的。唯新读才得新义，作新解，为新用，是为“古为今用”“推陈出新”，传承我中华文化薪火。

前言

服饰，作为人类文化长河中璀璨夺目的明珠，承载着历史的记忆与民族的灵魂，是岁月沉淀下的文化密码，更是民俗风情的独特符号。在中华五千年文明演进的波澜壮阔画卷中，服饰民俗宛如一条绚丽多彩的飘带，飘逸灵动，贯穿古今，为我们勾勒出一幅幅生动鲜活、栩栩如生的社会生活图景。

从先秦时期“服饰”一词的诞生，便开启了中华服饰文化源远流长的辉煌篇章。服与饰的完美结合，不仅仅是遮体御寒的物质需求，更是早期先民对于美的追求与探索的初步展现。它以无声却有力的方式，参与了等级制度的划定，成为礼仪规范的重要载体；同时，也如一面镜子，映照出当时社会生活的方方面面，从农耕渔猎到祭祀庆典，从市井日常到宫廷仪典，都投射在那一衣一饰之上，成为解读先秦社会文化特征的特殊依据。

此后，历经秦汉的雄浑壮阔、魏晋的风流飘逸、隋唐的雍容华贵、宋元的简约典雅、明清的精致繁复，中华服饰在历史的浪潮中不断演变，每一次变革都蕴含着时代精神的深刻烙印，每一次创新都凝聚着民众智慧的熠熠闪光。不同地域的自然环境孕育出特色各异的服饰风貌，有的粗犷豪迈，有的细腻婉约；经济条件的差异使得服饰材质、工艺呈现多层梯度，从绫罗绸缎到粗布麻衣，各有其质朴或奢华之美。民族文化的大融合，让多元风格相互碰撞、相互借鉴，少数民族的服饰元素如同绚丽的颜料，为中华服饰民俗增添了浓墨重彩的一笔；社会生活的变迁促使服饰功能不断拓展，从实用到礼仪再到时尚表达，折射出人们观念的转变；宗教信仰的渗透赋予服饰神圣的象征意义，祭祀服饰、僧侣道袍，无不彰显着精神世界的庄严肃穆；文化交流的频繁往来则让域外服饰文化如春风化雨，悄然融入中华服饰体系，带来了新元素、新风尚，使中华服饰在传承中兼收并蓄、不断发展。

《服饰民俗》这本书，正是试图为读者打开一扇窥探中华服饰文化深厚底蕴与民俗魅力的窗口。我们将沿着历史的脉络，深入挖掘服饰背后所隐藏的民俗密码，探寻其形制、纹饰、色彩等元素与民俗文化的紧密关联，解读服饰所承载的社会价值观念、审美心理以及生活智慧。通过细腻的笔触、详实的资料，重现各个历史时期服饰民俗的辉煌片段，让沉睡在历史尘埃中的服饰重新焕发生机，使读者能够在字里行间领略到中华服饰民俗这一集大成文化的独特韵味，感受它在时代变迁中的坚韧传承与创新发展，进而激发对中华优秀传统文化的热爱与守护之情，让这份珍贵的文化遗产在现代社会中绽放新的光彩，继续书写属于它的传奇篇章。

目录

垂裳而治的先秦服饰

中国历史源远流长，从旧石器时代人类远古文明的萌芽，经历夏、商、西周，至春秋、战国时期，被史学家称为先秦。一千八百多年的历史中，中国的祖先创造了光辉灿烂的历史文明，夏商时期的甲骨文、殷商时期的青铜器，春秋战国时期的诸子百家，都是人类文明的历史标志。在这个历史阶段中，中国从分散逐步走向统一，思想自由，文化繁荣。

考古学家对文献古籍进行研究考据后，认为中国服饰的源头可以上溯到旧石器时代晚期。人类最初是从自然界直接获取兽皮、羽毛为衣，后来制作了骨针等工具，可以把兽皮缝制连接起来。到新石器时代中晚期，人们又发现了用于纺织的葛、麻、蚕丝等原料，并发现了蚕丝优良的纺织性能，开始饲养家蚕以提取蚕丝。

孔颖达《春秋左传正义》："中国有礼仪之大，故称夏；有服章之美，谓之华。"华夏先祖以华夏美衣为荣，用礼乐教化四海。到夏商时期服饰制度开始被统治者所重视，到了周代服饰制度渐趋完善，并被纳入"礼治"范围。阶级差异导致服饰不同，身份、地位自然也会有所不同。在当时有着五种礼制，分别是吉礼、凶礼、军礼、宾礼、嘉礼。在周礼的影响下，人们在礼制中都要穿着符合自己身份的衣服，佩戴符合自己阶级的饰品，历朝历代均宗周法，并以继承华夏衣冠为国家大事。

石器时代的服饰起源

中国服饰的起源，最早可以追溯到距今二三百万年前的石器时代。原始社会的人类在生产生活方面都受到了自然条件的极大限制，我们的祖先为了维持基本的生存条件，在长期狩猎采集过程中，逐渐发现了某些可以用来保护自己的自然物。他们捕获野兽，对兽皮进行再加工，采集植物，利用植物纤维进行纺织。原始的服饰伴随着人们生产生活的发展慢慢地产生了。

一、服饰的起源

石器时代，服饰主要源于生存的需要。人们共同劳作、共同分享果实，群居生活形成了早期的原始社会。远古时期的人类为了抵抗季节变化，产生了寻求保暖之物的愿望。当他们看到野兽比自己更能抵御寒冷时，很自然地会想到借助野兽的毛皮为自己保暖。原始社会早期，人们把野兽的皮毛、飞禽的羽毛或树叶披裹在身上，结束了赤身裸体的时代。后来随着生产工具的改进，人类发明了骨针，将动物的韧带或树叶的细嫩荆条作为缝制的线，把兽皮按照一定的尺寸缝制起来，这样的兽衣穿着更为称身合体。骨针的出现，表明了人们已不再是简单地利用自然物，而是有意识地加以改造，以适应人们生活的需要。它是中国最早发现的旧石器时代的缝纫工具，这在服装史上有着重要意义。

随后的山顶洞文化也证实了在约 2.5 万年前，生活在中国的原始人类已经可以使用骨针缝制衣物御寒，穿孔贝壳作为装饰品，还能进行原始的宗教仪式。在山顶洞人的遗址及其他古墓里，发掘出大量的装饰物。其中有头饰、颈饰和腕饰等，制作材料不仅有天然美石，还有兽牙、贝壳、鸟骨等。这些饰品都经过了打磨染色，还有刻意的摩擦痕迹，这是为了与其他饰品搭配而故意刻画的。虽然那时人们眼中的这种技术是用于制造饰品的，但是，这也无意间为新石器时代磨制工具打下了坚实的基础。山顶洞人还懂得利用矿物质粉末染色，使打磨好的饰品更加鲜艳美观，这些技术都是以前没有的。人们在满足了生存需要后，开始了对艺术审美的追求，生活变得更加丰富，佩戴这些饰物可能还蕴含着对渔猎胜利的祈祷和纪念意义。

在生产力极端低下的人类社会早期，服饰的目的更注重于实用，人类在满足实用之后，即萌发了对服饰的审美追求，从而促进了完整服饰的出现。这时候出现了一些不同于普通人的饰品，代表了社会层级的出现。以原始社会的巫师和卜人为例，他们在很长一段时间内都代表着无上的权威。他们的衣服样式与普通人有着很大的区别，这就为服饰等级的发展奠定了基础。

在社会阶层分化后，当权者占有大量的财富，除了生前的享乐外，死后的墓中也留存了大量精美的衣物和装饰品，表明了墓主人的身份。这些衣物华美精致、饰品质地优良，做工精细，无疑是当时最高手工艺水平的代表。权贵者对此类饰品的追求，表明了这类饰品功能发生了转变，开始有了表明身份地位的功能。

原始人类在学会用衣服来保暖和保护身体的同时，也学会了保护脚部，产生了最早的足服。最初所用的材料应与衣服差不多，主要是用兽皮连缀而成或用草、麻作为鞋子的雏形。虽然只是简单地绑束，但也足以让人们在日常生活劳作中更加舒适、不易受伤。随着社会的发展和纺织业的进步，皮革、麻草、布料、丝绸等都成为做鞋子的主要材料。通过石器的切割和骨针或石锥的穿制缝合，这时的鞋制作合脚而且美观。到了殷商时期鞋子的样式已经固定下来，并且有着十分考究的装饰，在取材、用色、图案方面也开始根据服饰制度有了严格的等级区别。

二、纺织品的出现

在新石器时代的中国，早期农业已经形成，以粟为代表的北方旱作农业和以水稻为代表的南方水田农业的两大系统，以及与手工业、家畜饲养业相结合的南稻北粟格局。这样的格局也逐渐形成了延续几千年的有中国特色的男耕女织生产结构，人们的服饰形式也随之发生变化，功能也得到改善。

新石器时代的人们在采集狩猎过程中，发现某些植物的纤维很长，可以搓成线，最先被利用的是麻葛一类的韧皮植物。麻是从各种麻类植物中取得的纤维，最早被人们所用的是苎麻、大麻和苘麻等。苎麻，也称“纻”，为荨麻科草本植物，生长在气候温暖雨水充足的地区。苎麻生长期短，一年多次收割，表皮韧性强、纤维长，剥后易于加工搓纺成线。苎麻纤维色彩洁白，同时具有较好的防湿性，所以在我国使用历史最为长久。浙江河姆渡遗址出土的苎麻织物残片距今约6900年，该遗址还出土了由苎麻编织的草绳及苎麻的叶子。

在发现麻葛作为纺织原料的同时，人们也发现了另一优良的纺织原料——蚕丝。中国是世界上最早养蚕缫丝的国家，我们的祖先在旧石器时代就开始利用野蚕。开始人们很可能只是将之当作食物，之后逐渐地在采食野蚕的过程中发现了蚕丝，进而发现可以收集制作成为比葛、麻的纤维更长更有光泽的纺织原料。上古传说中黄帝之妻嫘祖发明了养蚕取丝，在史学家的考证中证实了五六千年前的新石器时代中期，中国就开始了养蚕、取丝、织绸。人们发现了桑林中的蚕可以收集蚕茧，通常使用水煮的方式从蚕茧中抽取蚕丝。一方面利用水的高温杀死茧中的蚕蛹；另一方面因为蚕丝是动物纤维，含有大量动物胶质蛋白，通过加热，使其中大部分胶质蛋白溶于水中，从而起到分离纤维，顺利抽出蚕丝的目的。缫丝是一道工艺要求十分严格的工序，水质、水温及浸泡时间等因素都会影响蚕丝的品质。考古资料证实了古籍的记载。1926年，在山西夏县西阴村新石器晚期遗址中，发现一个被人工切割过的蚕茧。经学者研究鉴定，这枚蚕化石距今至少有5000年，日本学者藤井守一评价：“这次发现，使素称‘丝绸之国’的中国开始养蚕治丝在时间上获得了有力的证明。”中国古人经过长期实践，总结出一整套行之有效的缫丝经验，中国也因此成为世界优质蚕丝的主要产地。从此，蚕丝像麻葛一样成为我国古代主要的制衣原料，且因为其复杂的制作过程和更为光滑柔软的特性，逐渐成为当时的高档衣料，为以后的阶层分化提供了多种制衣原料。

新石器时代遗址中还发现了纺织用的纺轮，证明了当时已经有了纺织技术。纺轮是纺线的工具，利用重物旋转的力量把纤维拧成线，纺轮出现后制线速度和质量明显高于手捻线时期。纺线工具的出现大大提高了成线的效率，原始的织造也随之产生。这种用简单工具制作的衣服虽然简陋，但这确实是人类走向文明的标志。在纺织品出现之后，贯头衣发展为一种定型服式，在相当长时期、极广阔的地域和较多的民族中得到普遍应用，基本上替代了旧石器时代的衣着，成为人类服装的雏形。

三、远古时期的图腾文化

图腾是某种标志或记录，是祖先或血缘亲属的认证，是民族和部落的保护神。图腾作为人类文化中的一支基础文化力量，从原始氏族部落时代起，便影响着人类的生活和社会的发展。原始人崇拜图腾的外在表现形式，便是源于自然万物的图腾实体。归纳起来，图腾基本可分为以下几类：

一是动物类。这是图腾崇拜物中最早、最常见也是最普遍的一类。其中以哺乳动物居多。例如我国赫哲族、土家族等以虎为图腾；彝族以绿斑鸠、蛤蟆、黑甲虫等为图腾。

二是植物类。这类图腾崇拜出现较晚，也相对较少，主要包括与原始人生活息息相关的植物类型。

三是自然现象。这类图腾崇拜产生更晚一些。自然现象崇拜多为天、地、日、月、星、水、火……

四是随时间推移和社会发展而出现的复合图腾，如龙、凤、麒麟等图腾的派生，后来也出现了对人的崇拜。

总之，随着社会发展，图腾实体的种类也在不断变更、演化，形成各种各样更为复杂的图腾形态。

图腾文化发生于旧石器时代中期，到晚期时几乎成为原始人类主要的文化体系。很多学者认为图腾文化是人类最早的宗教文化，图腾名称是人类最早的社会组织名称，图腾标志是人类社会最早的民族标志，图腾禁忌是人类最古老的禁忌系统，图腾仪式是人类诸多仪式的原型，而图腾艺术对人类艺术的发展有着不可忽视的作用。

中华民族自称“龙的传人”，即与古代龙图腾崇拜相关，“龙”被视为中华民族的象征，可以说是古代龙图腾的现代遗存现象之一。直到今天，先民的龙图腾仍然对中华民族有巨大的影响力。当今人们生活中的传统现象也有许多图腾遗风，例如诞生、婚葬、祭祖仪式。传统节日庆典也多由原始图腾仪式演变而固定下来，如端午节赛龙舟、节日庆典会舞狮舞龙等，这些都是民俗源于图腾的体现。

一般学者认为，图腾的人体装饰产生时间最早，是图腾艺术的原生形态。在远古时期，原始先民有黥面文身的习惯，这是一种图腾信仰的外在表现。郭璞注释《山海经·海内南经》时曾记载：“雕题，黥涅其面，画体为鳞采，即鲛人也”，描述了雕题国黥面文身的习俗。人们在脸上刺青，把身体画成鳞甲以模仿龙蛇的样子，或用矿物颜料或白灰涂抹在身上脸上，画出纹格和图案，这大概是最早的图腾装饰人体的形态。《太平寰宇记》中云：“其百姓悉是雕题、凿齿、画面、文身。”六千年前半坡先民的鱼纹人面图，就是雕题画面的图腾装扮行为。云南的独龙族、海南的黎族、台湾的高山族，也都曾经保留着黥面文身的风俗。黥面文身的图腾艺术，源于对图腾祖先的崇拜，反映了古代先民对自然的敬畏，既是区别于其他部落的一种标志，也是祈求图腾祖先护佑的宗教行为。随着时间的推移，黥面文身的图腾文化继续向艺术、生活领域全方位渗透，逐渐走向理性化和世俗化，后来的化妆、文身都可以看作黥面文身艺术的传承。

文身又称刺青，在人体皮肤表面上刻画图案和花纹，是人类历史文化的一部分。文身在中国可以上溯到三千五百年前，也被用于刑法上，称为“墨刑、黥刑、黥面”。在古代典籍中，曾出现文身、镂身、扎青、点青、雕青等故事。早期文身使用墨水或植物萃汁作为染料，使用银针刺扎来上色。

在先秦时代，中国就已经有文身这一习俗。《史记·吴太伯世家》曰：“太伯、仲雍二人乃奔荆蛮，文身断发，示不可用。”司马迁写的这个故事讲述了吴太伯与其弟仲雍，均为周太王之子，季历之兄。季历十分贤能，又有一个具有圣德的儿子昌，周太王想立季历以便传位给昌，因此太伯、仲雍二人就逃往荆蛮，像当地蛮人一样身上刺满花纹、剪断头发，以示不再继位，把继承权让给季历。福建“闽越”自称“蛇种”，以蛇为先祖，他们身上文蛇文龙图案，很可能是一种“成人礼”的标志。由此可见，文身是中国古代一种多功能的文化习俗，具有部落标志、图腾崇拜和成人礼等多方面的文化含义，是带有神秘色彩的古老遗俗。

从上古时期到农耕文明，文身中更多关于宗教性迷狂的因素逐渐消退，代之以现实世俗的祖先崇拜。孔子说：“身体发肤，受之父母，不敢毁伤，孝之始也。”从理性精神的角度反对图腾文身的文化行为，从孝入手，以体恤父母的角度，很具历史说服力。图腾人体装饰也逐渐被衣冠饰物所取代，在种种服饰款式中，我们看到了图腾内容和形式的丰富沉淀。

在那个万物有灵的远古时代，华夏先民相信人与各种动、植物及自然现象之间存在着一种特殊的神秘联系。“黄帝、尧、舜垂衣裳而天下治”，正是天地崇拜与图腾文化的体现，反映了中国人“天人合一”的思想。在人类精神文化启蒙初期，图腾文化为先民开启了智慧，为华夏衣裳注入了生命力，推动了中华服饰艺术的发展。

黄帝尧舜始制衣裳

中国古代服饰发展历程与黄帝时代的许多发明创造有关。古代文献中关于黄帝创制衣裳的记载很多，如《周易·系辞下》：“黄帝、尧、舜垂衣裳而天下治，盖取诸乾坤。”这是说在黄帝之前，没有衣裳一说。直至黄帝时代，创制了衣裳，是效法天地、受乾卦与坤卦的启发仿其形体而作。短短数语，以服饰而分伦理，以衣裳而定乾坤的东方服饰文化观念跃然其中，服饰不再仅仅是遮蔽御体之物，而是被赋予了天地人伦的特殊符号，服饰这一概念的内涵开始丰富。服饰制度及礼乐制度的先后确立可以算作一个标志，宣示华夏文明时代的到来，这也成为汉服概念的起点。随着社会的发展，服饰的这种文化功能被进一步加强，越来越成为一种社会性存在，成为身份的象征。

一、上衣下裳

“上衣下裳”是源于古人对天地的崇拜而产生的一种服装形制，这一形制是中国古代服装中最基本、最正统的形制。它产生于黄帝时代，周朝快速发展，到了汉朝得到了进一步的完善与弘扬，形成了独特的华夏服饰体系。上衣下裳这一服制延续了上千年，作为中华民族传承时间最久的传统服饰之一，它见证了中华民族的发展。

据《吕氏春秋·勿躬》记载：“胡曹作衣”，《世本·作篇》又记载：“胡曹作冕”，意味着黄帝的臣子胡曹被认为是中国历史上第一个发明衣服和帽子的人。也有说，黄帝的另一位臣子伯余是中国古代最早造衣之人，《淮南子·氾论训》记载：“伯余之初作衣也。”

尽管史书上对衣服的发明人众说纷纭，但是根据现出土的人形陶器证明，“上衣下裳”的服装形制最晚在商代形成。“上衣”为缝有袖筒，前开式的服装，衣襟右掩的叫作右衽，衣襟左掩的称为左衽。“下裳”在最初，只是将布裁成两片包裹在身上，到了汉代开始把两片连接起来，成为筒状，这就是现在所说的“裙”，其中如袴褶、襦裙、袄裤等均属上衣下裳制。这件先秦的“紫缬襦、绯碧裙”就是典型的上衣下裳制（图 1–1）。上衣为短襦，衣襟右掩，袖口宽博，上半部是紫缬绢，扎染方形缬点，下半部拼接本色绢。下裳为裙，绯、碧两色，六片相间，腰间有系带。此件襦裙飘逸典雅，反映了当时的服饰时尚，展现了先秦高超的丝织技术。

图 1–1　紫缬襦、绯碧裙（先秦），中国丝绸博物馆

由于上衣下裳制是上古时期的服制，因此成为中华民族最正统、最庄严的形制，上到帝王，下到文武百官的祭礼之服都采用此制，以示尊古。即便是将上衣下裳连于一体，也要在腰际加一横襕，

用来区别上下。

在生产力水平低下的先秦时期，人们对自然认识有限、对四季运转的规律也没有掌握，便对天地万物产生敬畏和崇拜心理。人们将效法天地制成的“衣与裳”变成一种符号穿在身上，反映出了中国古代先民的信仰。人们相信“上衣下裳”与被象征的事物之间有着某种特殊的联系，这便是中国古代“天人合一”“天人感应”的思想在服装上的表现。黄帝文化是中华文明的始祖文化，黄帝时代创立的上衣下裳制被其后历朝历代所继承，传承数千年直至明清时期。

二、深衣

除了上衣下裳制外，衣裳连属制也是中国古代流行的一种服制。春秋战国后期，出现了一种将上衣下裳合并制成的服装，称为“深衣”。此后，两种服式并行不悖，沿用至今。深衣有将身体深藏之意，它是士大夫阶层的居家便服，也是平民百姓的礼服，男女通用。深衣的出现让过去单一的服饰发生了变化，深受古时人们的喜爱，它不仅可以当作常服、礼服来穿，也可以在一些庄重的祭奠场合穿，逐渐发展成为祭服的一种。

据沈从文《中国服饰史》记载，最具代表性的深衣是江陵马山楚墓出土的衣式，其特点是交领直襟、宽身大袖，结构为上衣下裳分裁，而后缝制成一体的长衣。袖口衣缘重锦边，与古籍中记载的“衣作绣，锦为缘”相一致。衣面多为大花纹龙凤彩绣，也有几何纹小花锦。深衣最精巧的设计，是在两腋下腰缝与袖缝交界处各嵌入一片矩形面料，即《礼记》中提到的“续衽钩边”，其作用是使平面剪裁立体化，完美表现人的身形，两袖也能适度地发挥展转运肘功能。所以古人称道深衣“可以为文，可以为武，可以摈相，可以治军旅”，是一种完美服装。

深衣的下裳是用十二幅度裁片缝合制成，古人以此来对应一年中的十二个月。以圆袖方领的定制示以规矩，垂直的背线以表正直，水平的下摆线以显公平。古人将规、矩、绳、权、衡称为“五法”，警示着深衣的后代，为人处世要率直、无私、平和。除了这些对天人四时秩序的表达外，也出于“完且弗费”的现实考虑，深衣得以“先王贵之”。随着时代的发展它超越了阶层、职业、性别，成为大众百姓都可以穿的常服，这一改变对后世影响深远，袍服、禅衣和襜褕都是以深衣为基础发展而成的。

三、带钩佩玉

佩饰是服装中最具光彩的组成部分，从服装发展历史看，人类使用佩饰比服装渊源更早，人类裸态时代就已经懂得黥面文身、佩戴原始的项链等。周朝继承了夏、商朝的传统，服装配饰的加工技巧也达到了更加精美的程度。特别是战国时代，各种与服装配套的饰品非常讲究，有材质高贵、形式华美的首饰和金玉件等佩饰。这些饰品除实用美化的目的外，都渗透着特定的精神内涵，具有更多的礼教表征和社会等级的内容。

腰带的产生和衣服一样悠久而古老，是服饰的重要组成部分，进入阶级社会之后，它们的功能除实用之外也兼具其他作用，成为区分等级地位的标志。腰带的起源应该在人们衣着兽皮的时期，人们为了防止成块的兽皮脱落，想要寻找带状物来系捆，当时可能是兽皮条或藤类物。进入新石器时代不久，人们就学会了编织腰带。纺织产生后，衣服的质料由兽皮转变为织物，最早的衣服雏形是先织出两个身长再相叠、中间挖圆洞的贯口衫，两边并不缝合，为了使衣服不致散开便在腰中束带，这时的腰带也和衣服一样变成了织物。

丝质的腰带称为大带，早期由于丝质带上能织绘美丽的花纹，故居于主要地位；而革带一直从属于大带，只是作为佩挂饰品而存在，使用时束于大带之内。这种状况直至带钩的出现，西周时革带上开始使用带钩来系结。带钩在古时候又叫“师比”，制作的材质有很多，大都以铜、铁、玉这类材料制成。由于带钩扎起来比织品更便利，很快就取代了丝绦的地位。至战国以后，王公贵族、社会名流都以带钩为装饰，形成一种以带钩为时尚的风气。带钩的制作也日趋精巧，它除了装在革带的顶端用以束腰外，还可以装在腰侧用以佩刀、佩剑、佩印或佩其他装饰物品。

战国时期产生了玉带钩这种以玉为原材料的带钩。古代玉质带钩所使用的玉多出自新疆的白玉、黄玉、青玉、墨玉、碧玉和水晶、玛瑙、翡翠等。玉质带钩的基本形状一般为“S”形，它的一端有钩，主要以兽首为装饰，背有柱，柱下有顶。带钩除“S”形外，还有棒形、竹节形、圆形、兽面形、琴面形等。还有一种是双龙钩，它一端的兽首装饰以龙首居多，有的在钩背上再琢一小龙，谓之螭（龙的九子之一），昂首与大龙首相对，毛发毕见，四足凌空，双尾神采奕奕，故谓之双龙钩。

在中国传统文化里玉占有很高的地位，它是吉祥的象征、是有灵气的宝物，一块上好的玉能给人带来好运，还可以趋吉避凶。古人讲佩戴玉石可养生、预防疾病、百邪不侵。民间有一种说法，玉能补气、辟邪，一个佩玉的人如果遇到不幸，玉会先碎，灾祸也会减轻，这叫“玉碎人全”。统治阶级都有佩玉的习惯，有全佩、组佩，还有礼制以外的装饰性玉佩。全佩由珩、璜、琚、瑀、冲牙等组合而成。全佩不仅是身份的象征，也反映了古代的礼仪文化。不同的身份和等级，玉佩的材质、数量和制作工艺都有所不同。商代以来，雕玉工艺不断发展，不断有精美线雕、透雕、高浮雕和圆雕作品问世。至西周时期由于“礼制玉”确定，读书人又渲染玉有七德或十德，兴起小件佩玉。佩玉尊卑有度，并赋以人格象征，所以“君子无故，玉不去身”。

诸子百家的服饰哲学

黄帝创立上衣下裳制效法天地，具有朴素的“天人合一”思想。通过这一制度，将天地的自然秩序折射到人类社会中，联结天地秩序与人类社会的秩序。这种“天人合一”的思想经过儒家、道家的阐释与演绎有了更广泛的传播和更深刻的含义。儒家认为“天人合一”，重在“天人合德”，强调“德”。道家认为“天人合一”，重在“合”。中国传统哲学思想是在儒家、道家、佛家等传统哲学思想的影响下综合发展形成的一种哲学观，对后世的社会发展有重要的影响。

我国服饰制度的形成与发展，正是这种哲学思想在艺术上的体现。服饰的造型、色彩、图案纹饰三大构成要素集中反映了先民的哲学理念。以中国传统哲学思想为基础的色彩、风格及表现形式构成了中国传统服饰文化的基调。

在先秦时代，实践理性批判精神是整个时代的思想特征。诸子百家都是以实践理性精神与人类生活的内容对话的。在服饰方面，墨子讲衣必求暖然后求丽，有朴素唯物主义论者的深刻与从容；庄子从不同立场出发，不以中原衣冠文明优越的立场批评宋人贩帽劳而无功，也不会对越人断发文身的文化提出异议；孔子也将服饰文化纳入自己的思想观念体系，形成了自己的服饰伦理学说。

一、《周易》的“衣裳”观念

“黄帝、尧、舜垂衣裳而天下治，盖取诸乾、坤”，这句话出自《周易·系辞下》。华夏的服饰制度是人文始祖所创立的，将它与“天下治”联系起来，即将政治与伦理联系起来，让简单的衣着附加了精神层面的意义。

从黄帝即位到17世纪中叶，华夏服饰在汉族的主要居住区内流行，以华夏礼仪文化为中心，明显区别于其他民族的传统服装和配饰体系，它承载了汉民族独特的工艺和美学。《九家易》中写道，黄帝之前，人们穿的是兽皮及麻葛短衣，抵御寒冬酷暑。从黄帝开始，制作了正式的衣裳，垂范天下。上为衣，取象于乾，居上覆物；下为裳，取象于坤，在下含物。乾坤收藏万物，所以能取象于衣裳。乾坤有道，乾为明君，坤为顺臣，治理百官，体察万民，所以能“天下治”，制衣的道理大概也是从这里来的。

“始于黄帝，备于尧舜”，衣裳真正开始定型于周朝，汉朝时期依据四书五经形成完备的冠服体系。后来各个朝代均宗周法，汉以继承衣冠为国家大事。华夏服饰中包含了中华民族的世界观和政治哲学，上衣下裳制度正用以暗喻中国古代对世界秩序的理解。君臣、领袖、官吏（冠履）等，以衣裳各部位的名称，设置职务治理天下。

纵观数千年的中国服饰文化，在不同的朝代下有着不同的外在体现，但是它的整体样式、色彩及理念方面都始终遵循先祖定下的规范。

从色彩上说，中国传统服饰受到了《周易》五行学说的影响。在古人的观念里，天地万物是由金、木、水、火、土这五种基本物质组成。而颜色配五行即五色，也就是青、赤、白、黄、黑这五种颜色。青色象征东方、赤色象征南方、黑色象征北方、白色象征西方、黄色象征中央。这五色被视为正色，其余颜色则为间色，正色在大多数朝代为上等社会专用，表示高贵，其中又以黄色最为尊贵，百姓只能穿由正色调配出来的间色服饰。

从服饰的样式上说，同样受到了《周易》阴阳思想的极大影响。华夏服饰讲究“对襟”，就是两襟相对，纽扣在胸前正中。这样的服饰样式正对《周易》的一阴一阳的对称统一，注重“平稳和谐”的形神兼备。随着时代的变迁，《周易》中“天人合一”的思想正在改变着人们。商朝服饰讲究威严肃穆；周朝在周礼约束之下，讲究秩序井然；战国时期服饰开始走向简单清新，这些无不体现中国人独特的设计观念和《周易》美学的思想内涵。中国最具代表性的三个朝代的服饰，都体现了《周易》中的“太极”“阴阳”思想，是中国传统思想文化中自然哲学与人文实践的理论根源，是古代汉民族思想、智慧的结晶，被誉为“大道之源”。

二、孔子的服饰伦理说

“礼”是儒学所倡导的五常之一，也是孔子所身体力行的。孔子被后世尊为“万世师表”“至圣先师”。这不仅体现在理论上，也体现在孔子的言传身教、以身作则上。孔子的服饰学说，结合具体的生活情境，有着外在服色、款式、面料和政治背景、历史事件及个人道德修养的内在联系。它更具体务实，更容易应用，更有人情味和亲切感。孔子服饰文化观的独特之处，在于从礼入手，形成了具有中国文化特色的服饰伦理学说。既没有沉溺于外在规定的僵硬死板，也没有崇拜遥远的原始神话图腾，在不违背传统礼仪的前提下，孔子对服饰制度的解说与评判相当灵活。

春秋时期人们在服饰上多有僭越，而孔子却能够以更为开阔的眼界和魄力将它们纳入伦理框架。例如，在周代，冕服的使用只限于隆重的场合，如祭祀天地、五帝，享先王、先公，祀四望山川，祭社稷等。可在春秋时代，人们结婚居然也开始使用冕服，于是在《礼记·哀公问》中，鲁哀公就向孔子请教："然冕而亲迎，不已重乎？"意思是结婚穿着冕服，是否过分违礼？孔子却别出心裁地回答："天地不合，万物不生，大昏，万世之嗣也，君何谓已重焉！"意思是结婚是人类万世传承的大事，像天地和谐、万物生息一样隆重自然，所以仅仅穿戴一次冕服，怎么能说过分呢？这种重婚姻便是重子嗣、重传统的思想，自然源于孔子注重现实生活的实践理性精神，传达的是尊天敬祖的传统伦理文化道德。

孔子赋予服饰伦理内涵的另一个重要方面，就是将服饰制度与治国平天下联系起来。《论语·卫灵公篇》中记载，颜渊问如何治理国家，孔子回答采用夏代的历法，乘坐殷商的车子，穿戴周代的服饰……《论语·泰伯篇》中记录了孔子对大禹的赞扬，认为其生活俭朴却致力于国家大事，是无可非议的榜样。孔子说道，禹的饮食很简单，而尽力去孝敬鬼神；他平时穿得很简朴，却把祭祀的服装做得很华美；他自己居住的宫室很低矮，却致力于修治水利沟渠。"禹，吾无间然矣！"

孔子主张美饰，但反对过分地追求这些，认为服饰的形式美要与内在修养、德行相统一，合乎礼仪规范，反对徒有虚表的华丽服饰。汉代刘向编纂的《说苑·反质》中记载孔子曾说过："吾亦闻之，丹漆不文，白玉不雕，宝珠不饰，何也？质有余者，不受饰也。"意思是说，我听说红漆无须纹彩，白玉无须雕饰，宝珠无须装饰。这是美质充盈，无须外饰的缘故。这句话强调了自然之美，无须后天的修饰，体现了一种朴素的美学观念。这一观点经孔子及其弟子，逐渐影响到民众的审美观，对后世民间的一些色彩民俗的形成、延续起到重要的作用。

孔子所处的时代，周天子失去了掌控天下的实际权力，诸侯番邦自立征战，人心不古、礼崩乐坏。《周礼》中关于服饰的规定不时地受到冲击，种种逾越礼仪的行为都让孔子担忧愤恨。孔子知道这件事只能引导不能过分强求，在不违背传统礼教的情况下，大胆评判种种改制的行为。春秋时期，齐桓公喜欢穿紫衣服，并影响了整个齐国。孔子"恶紫夺朱"，反对用杂色"紫色"取代"朱色"的正统地位，认为这是以邪代正，以异端充正理，会导致社会"礼崩乐坏"。

孔子认为服饰颜色如同君臣、父子一样有着严格的界限，分为正色、间色，不能随意混淆。间色是五色相杂生成的颜色，如青黄为绿，青白为碧，赤白为红，赤黑为紫等。服饰颜色应能体现礼仪和尊卑，在不同季节和不同场合应该有适当的色彩和搭配。《论语·乡党篇》中记载着孔子对穿衣的论述，君子不用深青透红或黑中透红的颜色装饰，不用红色或紫色的布料做平常在家穿的衣服。夏天穿粗的或细的葛布单衣，但一定要套在内衣外面。黑色的羔羊皮袍，配黑色的罩衣。白色的鹿皮袍，配白色的罩衣。黄色的狐皮袍，配黄色的罩衣。当时服色的贵贱之分和等级之别，都还没有制度化、定型化，但利用色彩等手段划分社会等级、维护社会等级秩序的思想有了进一步发展。

三、老子的服饰之道

老子的观点与孔子截然不同，老子哲学体系的中心范畴是“道”，“道”是在天地产生之前就存在的原始混沌。“道”无状无形，但“道”生万物，其“象”会产生各种各样、千差万别的样子。颜色是美的一种存在形式，但老子并不在意“美”。他说：“五色令人目盲，五音令人耳聋。”“五色”“五音”即指艺术，指美。老子认为这些东西刺激人的欲望，会惑乱人心，使人心发狂，干出损人利己的事，掌权者因为无法控制心中的欲望，剥削百姓涂炭生灵，使位于底层的人无法满足基本生活需要。

在老子的时代，美和艺术是奴隶主贵族阶层独享的，百姓生存就已经很艰难了，哪里有时间去享受这些生存之外的精神满足呢。贵族穷奢极欲，老百姓却吃不饱、穿不暖，老子对这种情况极为不满，因此他对美和艺术采取了一种简单的否定态度。庄子认同老子的观点：“五色乱目，令目不明。”老百姓“饥寒并至”，国家就要大乱。为了百姓奔走的百家学者，不仅宣传他们的道，还为了百姓的生存去劝勉君王，他们希望掌权者能够控制自己的欲望。老子对精神上享乐的否定态度也影响了民众对服饰的追求与发挥，对民间服饰习俗的形成起到重要的作用。

老子崇尚“简”“朴”的服饰。《道德经》中有，“见素抱朴，少私寡欲”，这句中的“素”便是没有染色的丝布，而朴就是没有修正过的材料。这句话的意思就是保持自然的本色。老子反对过度雕饰服饰，不喜欢奢靡浪费的生活，主张“被褐怀玉”，还提出“是以圣人去甚，去奢，去泰”，强调服饰应该去其华饰，只有自然本真才是最美的，不必为了修饰外在而耗费人力、物力及财力。反对极端享受奢侈浪费，只有这样才能使社会稳定，民风淳朴。自然的状态、自然的款式、简单的图案，与大自然高度协调的美，才能真正地融入“大道”，达到道家追求的“天人合一”。

四、墨子的服饰思想

墨家学派创始人墨翟，出身于手工业阶层。在春秋战国时期手工业者代表被统治阶层，有着这样出身的思想家，对于服饰的看法完全不同于儒家、道家。无论是讲服饰，还是以服饰为例，论述哲学理论时，都表现出他的“节用”和“非乐”的思想。这种思想带有明显的阶层利益局限性，在后世统治者所采用的主流思想中几乎不曾看见过它。底层百姓也向往美好、安定的生活，民间的艺人也热爱艺术，但是由于统治者的压迫和剥削，在这种万般无奈的情况下，从墨子思想中去寻求慰藉。总的来看，墨子有关服饰的主张，没有对中国后世的服饰观产生太大的影响。

《说苑·反质》中记载了墨子对饮食起居的主张，“故食必常饱，然后求美；衣必常暖，然后求丽；居必常安，然后求乐。”墨子认为衣、食、住是人的基本生活要求，应优先考虑其实用价值和节俭原则，然后再考虑其外在形式和装饰性。墨子的“先质而后文”与孔子“质胜文则野，文胜质则史”体现了两位思想家对“文”与“质”关系的不同理解和主张。墨子的“质”指的是内在的实质、实用和节俭，而“文”则指外在的装饰和形式，认为只有当“质”得到满足后，人们才可以考虑“文”的修饰。孔子的“质”指的是内在的道德品质和质朴无华，而“文”则指外在的文化修养和礼仪形式。孔子主张“文”与“质”应该相辅相成，既要有内在的道德品质，也要有适当的外在表现，以达到“文质彬彬”的理想状态。

《墨子·非儒下》中记载墨子曾攻击孔子说：“孔某盛容修饰以蛊世，弦歌鼓舞以聚徒，繁登降之礼以示仪，务趋翔之节以观众。”意思是孔子过分注重外表打扮来迷惑世人，通过弹奏弦乐和击鼓跳舞来吸引门徒，制定烦琐的登堂入室和退下的礼节来显示威仪，致力于追求步伐和举止的优雅来取悦观众。《墨子·非乐上》中说，礼乐盛行就要占用许多人，有敲钟击鼓的，还要有欣赏的，而且这些人还要吃得好以保证气色好，穿得好以显示排场。这些人不但没法再去生产，还要其他生产者去养活，这岂不是太浪费了吗？现代哲学家认为墨子提出的观点有些矫枉过正。如果单从杜绝浪费上看，墨子有言之有理的地方。但如果都像《墨子·辞过》篇中所说的那样："故圣人之为衣服，适身体，和肌肓，而足矣"，就无法产生服饰艺术。人们都狭义地认为艺术与审美是不需要存在的，那么人类的文化创造又怎么会繁荣发展。

礼治天下的先秦礼服

自古以来，中国就是一个严守"礼制"的国家，各个朝代的统治者对于社会等级、规章仪典极为重视。封建王朝通过礼仪制度对人们的行为规范作出了规定，要求上至天子、下至百姓，每一个人都必须遵守这个既定的法则。《周礼》《仪礼》《礼记》合称"三礼"，是儒家经典著作。它是古代中国礼乐文化的理论形态，对礼法、礼仪作了最权威的记载和解释，对历代礼制的影响最为深远。"三礼"中详细记述了古代衣、冠、婚、丧、祭、饮、射、燕、聘、觐等具体仪式和礼节，也对祭祀天地、神灵、祖先和上朝、会盟、觐见及岁时节日等礼仪活动进行了详细的描述。"三礼"的要义、原则，两千多年来一直深入华夏后裔的心中，成为中华民族的传统。

一、天子六服

古老的天子六服、王后六服处于华夏服饰体系的中心位置，沿袭了几千年。其中，冕服是华夏服饰的根源，也是最能体现华夏信仰的吉服。冕服是古代的一种礼服，它是所有服饰中最能反映我国传统服饰礼仪制度的一种衣冠形制。冕服采用上衣下裳制，其形制是我国传统服饰的代表，主要由冕冠、玄衣、纁裳、白罗大带、黄蔽膝、素纱中单、赤舄等构成，以其繁杂的章纹而著称，代表了我国先祖的哲学文化信仰，属于"礼"的范畴。

冕服最早出现在殷商时期，到周朝时冕服制度得到完善，通过制定冕服礼仪制度，进一步与统治阶级的目标相结合，来规范和划分阶级的等级和秩序。冕服是王公贵胄的专有服饰，不同等级的贵族搭配不同的冕服，古代帝王在出席不同场合仪式时也穿着不同等级的冕服。冕服的等级可以凭借冕冠上“旒”的数量、长度，以及衣、裳上装饰的“章纹”种类、个数等内容进行区别。但衣裳的颜色都是黑色上衣配红色下裳，即所谓的玄衣纁裳，表示天地之色，上用玄象征未明之天，下用纁表示黄昏之地，用作祭服以示对天地的尊重。冕服在东亚地区的日本、朝鲜、越南等国也作为国君、储君等人的最高等级礼服。

1. 冕冠

冕冠由延、旒、帽卷、玉笄、武、缨、充耳、天河带等部分组成。

延：最上面的木板，又称冕板、延板，上黑下红、前圆后方，象征天圆地方。后面比前面应高出一寸，呈向前倾斜之势，即有前俯之状，象征君王应关怀百姓，冕的名称即由此而来。

旒：延的前后垂下的两段珠串，用五彩丝线穿五彩圆珠而制成，象征君王有所见有所不见。旒的多少视佩戴者的身份决定，有三、五、七、九、十二之分，以十二旒最为尊贵，是帝王的专用。

帽卷：即帽身，夏用玉草、冬用皮革作为骨架，表裱玄色纱、里裱朱色纱做成。

玉笄：将冠固定在发髻上的长针。

武：帽卷底部的帽圈，用金片镶成。以前的冠武正前方饰以玉蝉，意为受禅于天。

缨：冕板左右垂下的红丝绳，在颔下系结，用于固定。

充耳：系在冠圈上悬在耳孔外的两块黄玉，又叫作“瑱”。它是古人在戴冠时垂在头部两侧以“塞住耳朵”的玉，男女均可佩戴，俗名充耳。用来挂充耳的丝线叫作“紞”，丝线上挂着一个棉球叫作“纩”，棉球下面挂着的玉叫作“瑱”。所以充耳包含着紞、纩、瑱三个部分。充耳悬挂于两耳边，以提醒戴冠者应有所不闻，勿听信谗言。成语“充耳不闻”就是由此衍生的。

天河带：冕板上垂下来的一条两指宽的红丝带，长度可以垂到下身。天河带大概在秦代以前就出现了。宋代才有明确的定制，明代恢复冕冠时去掉了天河带。

按照周朝的礼仪规定，戴冕冠的人一定要身着冕服，冕冠的基本样式及冕冠制度一直被后世王朝所沿用。到唐代才开始改制，使用二十四旒冕冠。明代灭亡以后，满清入关，剃发易服，冕冠随之被废除，以朝冠代替冕冠。

2. 冕服

《周礼·春官·司服》记载冕服按等级从高到低共分为六种：大裘冕、衮冕、鷩冕、毳冕、絺冕、玄冕，因此叫“六冕”。可以穿冕服的有天子、公、侯、伯、子、男、孤、卿、大夫。各级人员在重大祭祀场合，祭拜先王、宗庙的时候，需要穿着自己所属级别可以穿的最高级别的冕服。

作为裘衣中的最高等级，大裘冕是天子祭天的衣裳，配十二旒冕冠，大裘、玄衣纁裳。上衣绘日、月、星辰、山、龙、华虫六章纹，下裳绣藻、火、粉米、宗彝、黼、黻六章纹，共十二章，因此又称十二章服。大裘冕是六冕制度中最尊贵的衣裳，一般来说所用的材质都是上乘的黑羊羔皮。大裘乌色是因为“取其与冕服玄衣相承”；用羔皮，因为羔羊“跪乳驯顺”“群而不失其类”。

衮冕是帝王所穿的吉服，是古代天子和王公的礼服，以衣服上绘有龙的图案而得名。衮衣是皇帝在祭祀天地、宗庙社稷、先农、册拜、圣节和举行大典时所穿的礼服。在制作时，需要“绘衣”“绣裳”，绘画与刺绣并用。衮服配九旒冕冠，玄衣纁裳，上衣绘龙、山、华虫、火、宗彝五章纹，下裳绣藻、粉米、黼、黻四章纹，共九章。

鷩冕是帝王祭先公、飨、射所用，配七旒冕冠、玄衣纁裳，上衣绘华虫、火、宗彝三章纹，下裳绣藻、粉米、黼、黻四章纹，共七章。

毳冕是帝王祀四望山川所用，配五旒冕冠、玄衣纁裳，上衣绘宗彝、藻、粉米三章纹，下裳绣黼、黻二章纹，共五章。

絺冕是王祭社稷、先王所用，配四旒冕冠、玄衣纁裳，上衣绣粉米一章纹，下裳绣黼、黻二章纹。

玄冕是王祀四方百物时所用，配三旒冕冠、玄衣纁裳，上衣无章纹，下裳绣黻一章纹。

3. 弁服

弁服是周代的公服，仅次于冕服的礼服，一般用于正式场合，依身份、官阶、场合不同等可分为四种。

爵弁无旒，没有前低之势的冕冠，在延下做合掌状。配玄衣纁裳，不加章纹。爵弁服是古代士助君祭时的服饰，也是士的最高等级服饰，其他如士亲迎等也可以穿着。

皮弁是天子视朝、诸侯朝见等场合所着之服。这种衣服多采用细白布制成，衣裳分制。和衣服相配套，头上戴白色尖顶帽，造型像两只手掌相合。由于衣裳采用白色，素而无纹，不能辨别各人的身份，所以特在皮弁上加以玉饰区分。天子用五彩玉；侯、伯、子、男用三彩玉；卿大夫用二彩玉；士一级则不用玉饰，以示尊卑。

韦弁为兵事之服。韦弁赤色，配赤衣赤裳，形制如皮弁。

冠弁乃是田猎之服。委冠帽，配缁布衣素裳。

4. 王后六服

周代王后的礼服与天子的礼服相配衬，也分为六种不同规格，称“六服”。内司服掌王后之六服，袆衣、揄狄、阙狄、鞠衣、襢衣、褖衣。女性的礼服采用上衣与下裳不分的袍式，表示妇道专一。

袆衣是祭先王之服。衣玄色，画五彩翚雉，舄玄色。首服为“副”，是用假发编成的高髻，上面可以装饰六种不同的玉饰，用来区分不同的地位和身份。

揄狄是先公之服。衣青色，画五彩鹞雉为饰，舄青色。首服为“副”和“衡”。衡是王后专用的一种玉笄，用于固定头发，在祭祀时有特殊意义。

阙狄是祭群小祀之服。衣赤色，和揄狄同用彩绢刻成雉鸡之形，加以彩绘，缝于衣上作为装饰。

鞠衣是告桑之服，即亲蚕之服。衣桑黄色，衣上无饰，着履。首服为“编”，即编列的假发。

襢衣是礼见帝王及宾客之服，衣白色。

褖衣是御于王之服，燕居之服，衣黑色。见王首服为“次”，是一种特定的发髻。

六服不仅是王后的礼服，也是命妇的礼服。其中袆衣只有王后才能穿着。内命妇九嫔着鞠衣，世命妇着襢衣，女御着褖衣，外命妇依其夫爵位而定。

二、十二章纹

章纹是中国古代帝王、王公、百官服饰上所绣绘的图案，人们以此识得所纹之人的身份等级。章纹始于夏商，成于西周。周礼中所记中国古代“以纹为贵”代表了中国古代王朝的信仰和文化习俗，是千古服饰文化思想的继承和表达，所纹之物皆劝勉人向善，具有尊天、隆祖、明礼、尚义的含义。

上古时期的章纹绣于玄衣纁裳之上，分别有十二章纹、九章纹、七章纹、五章纹。十二章纹为最高等级，只能用于皇帝之服，十二章纹是日、月、星辰、山、龙、华虫、宗彝、藻、火、粉米、黼、黻。日、月、星辰的含义是光明，如三光之耀，象征皇恩普照。山，代表稳重和崇高，象征王者治理四方。龙作为神兽，象征帝王善于审时度势、处理国家大事。华虫通常指雉鸡，象征王者的文采卓著。宗彝，古代祭祀用的礼器，上有虎与蜼的图案（蜼：一种形似猿猴的动物，古人传说其性孝）。虎取其猛，蜼取其智，或说取其孝，象征帝王有忠孝、威猛之德。藻，取其高洁，象征品行高洁。火，取其明，象征光明磊落，代表帝王处理政务的公正。粉米，即白米，象征帝王重视农桑，有济养之德。黼，斧头形状，象征帝王杀伐果断。黻，两弓相背状，谓君臣可相济，帝王能明辨是非、见恶改善。

礼服中各种饰物及十二章纹，不仅为装饰美化服装，更重要的是区别等级。十二章纹仅皇帝一人可用，是天子的专属图案，标志着至高无上的权力。诸侯及大臣只能使用天子以下的纹饰，按其等级分别用九章纹、七章纹、五章纹，但不能用五爪龙，只能用四爪蟒。普通百姓衣服上不允许有上等贵族的图案纹饰。这样就能通过服饰的图案纹样直接区分阶层，体现了封建统治阶级对于自己权力的维护。

服饰图案的出现象征着中国传统哲学思想与统治者思想结合达到一个新阶段。从冕服的整体设计来看，十二章纹是最具代表性的，把代表自然力量的十二种图案绘于上衣下裳上，就是原始的自然崇拜和人文的统治相结合的产物。十二章纹是古人在当时生产力低下的背景下，与恶劣的自然环境斗争中产生的对自然力量的崇拜。这样的图腾崇拜与原始的宗教信仰相结合，是统治者把这种崇拜物神权化得出的产物。通过把代表自然力量的图腾绘于冕服上，以帝王独享的礼仪形式固化，来解释“君权神授”的合理性和唯一性。

三、五种礼服

孔子说：“无礼而不立。”古时的礼就相当于今天的法度。我国古代社会以儒家思想治国，而儒家最主要的理念就是以礼治国。礼服的兴起应当是服饰等级使用的显著体现。礼服是隆重场合所穿的服饰，是伴随着礼而产生的。原始时期敬鬼神时为示隆重，要穿上华丽的服饰，于是就有了礼服的雏形。礼服的制定，使社会成员都能在礼仪场合中找到自己的位置，有适合自己穿的服饰，以此使社会个体遵守规则，建立一个尊卑有序、秩序井然的社会。

西周以来，服饰等级逐渐完备起来，各种礼服也相继产生。礼服根据西周五种礼制划分为五类：祭祀上帝、祖先、社稷等为吉礼，着“祭服”；哀吊凶事、服丧等为凶礼，着“丧服”；田猎为军礼，着“军服”；君臣、百官之间的朝见、会盟等为宾礼，着“朝服”；男女冠、笄、婚嫁及庆贺等为嘉礼，着“吉服”。吉服之“五服”，指天子、诸侯、卿、大夫、士五等服装样式。而凶服之“五服”，是指丧服依亲疏差别划分出来的五等服装。

祭服是古代祭祀时所着之服，也称吉服。《周礼·春官·司服》：“王之吉服，祀昊天上帝，则服大裘而冕，祀五帝亦如之。”在所有礼服中，祭服是最为贵重的服饰，场面也最为隆重，祭祀者表达对天地、祖先的敬畏，通过对他们的祭拜，祈求神灵的佑福。由于祭祀本身有轻重之分、公私之别，服饰也有繁简之差。越是地位高的人，所需参加的祭祀活动越多，服饰也就越完备，因此，在周代特设有“司服”一职，专门掌管君王的穿着之事。

中国古代凶礼的涉及范围很广，包括死亡、水灾、火灾、饥荒、瘟疫等，在这些治哀仪式上所用的服饰，就被称为“凶服”。为了表示致哀者的沉痛心情，这种凶服往往用素麻为之，因此，凶服也称“素服”。《礼记·郊特牲》：“素服，以送终也。”《周礼·春官·司服》：“大札、大荒、大灾，素服。”死亡是凶礼中最大的一件事，所以仪式也特别隆重、特别烦琐。根据与死者关系的亲疏远近，人们穿着各种不同的凶服。从周代开始，将凶服分为五等，即斩衰、齐衰、大功、小功、缌麻，合称“五衰”，或称“五服”。这五种服饰的形制和质料都有区别，穿着时间的长短也不一样，最长的为三年，最短的为三个月，完全根据亲疏关系而定。

军服，是军礼时所着之服。军礼是西周五礼之一，是用于征伐、军事活动方面的礼节仪式。《周礼·春官·大宗伯》中记载：“以军礼同邦国。”郭沫若在《蒐苗的检阅》中写道：“例如我们中国的周代，在一年四季里也都是有军事上的操练的，春天的叫着振旅，夏天的叫着拔舍，秋天的叫着治兵，冬天的叫着大阅。这些是被称为‘军礼’。”

朝服，又称“具服”，是古代在大祀、庆成、正旦、冬至、圣节及颁诏开读、进表、传制等重大典礼时使用的礼服，其基本样式是上衣下裳制。春秋战国时的卿士朝会之服，大多用黑色布帛制作，其形端庄方正，故称“玄端”。和玄端配套的首服是委貌，这是和皮弁造型相似的一种冠饰，只是不用鹿皮，而代之以黑色缯绢。因为这种朝服是用委貌和玄端组成的，所以“委端”就成了朝服的代名词。《礼记·玉藻》中就有“朝玄端，夕深衣”的记载，意思是说早上工作要穿玄端这种正式的礼服，到了晚上回家就可穿随便一些的深衣。诸侯以天子之燕服为朝服。朝服虽然可代替祭服用于祭祀，但主要用途还在于朝会，它是古代君臣百官的议政之服。皮弁服就是最早的朝服。

礼服已成为社会生活的主要表达物，这时的服饰已远远超越了自身的实用功能，成为一种礼仪、一种标志，进而成为一种制度的体现。孔子曾说，见到为亲人服丧者，即使关系亲近，也必定肃穆致哀。见到为政者和乐官，即使关系亲近，也必定面色恭敬。乘车遇见身穿丧服者和背负户籍者，皆抚轼躬身以示恭敬。见筵席丰盛，必神色郑重，起身致谢。遇迅雷狂风，必神情肃穆，以示敬畏。孔子对服饰的要求，不只是“述”，而是真心诚意、至诚笃行的。这说明服饰与中国的礼制有密切关系，也是君子自身修养的体现。

礼仪是人类宝贵的精神财富，五礼正是人们对于礼仪的细致延伸。五服在五礼中发挥了重要的作用，它是统治阶级自身的一种阶级划分，也是对百姓阶层的一种外在统治，促进了历史发展、社会文明进步。在周礼的影响下，人们在礼制中都要穿着符合自己身份的衣服，佩戴符合自己阶级的饰品，才不会失礼。

胡服骑射与文化融合

在战国时期产生了一种与汉民族传统的“衣裳”相异的少数民族服装，统称“胡服”。它并不是上衣下裳制，也不是上下连属制，而是上衣下裤制。胡服的基本特征是：短衣、长裤、革带、革靴，窄袖紧身，短小利落，便于活动。胡服的推广是胡服对汉民族服饰的一次冲击，是中国古代服装史上一次重大突破，是中国服饰文化史上写下的惊艳一笔。

307 年，战国末期赵国的君主赵武灵王下令实行军服改革，史称“胡服骑射”。这次改革出于军事需要，也是强兵富国的一个重要战略。当时的赵国地理位置比较偏北，与北方的东胡（今内蒙古南部、河北北部及辽宁一部分）、楼烦（今山西西北部）等强悍的少数民族接壤。这些民族善于骑射，行动迅速，灵活性强，常来骚扰，引得战争不断。而赵国传统的战车，不利于驰骋在崎岖的山谷之中，很难对这些少数民族进行设防和追击，在两军的交战中不占优势。赵武灵王吸取经验教训，下令全军以弓箭为武器，学习骑射。但是汉人的宽衣大袖不便于骑射，在这种情况下，赵武灵王对服饰进行了改革。

赵武灵王所采用的“胡服”，主要有窄袖短衣和合裆长裤，窄袖短衣便于射箭，合裆长裤便于骑马。和这些服装相配套，当时流行于西域的冠帽、腰带及鞋履等也一并被采用。上身穿齐膝短袍，下身着合裆裤，这种服制又称“袴褶”，是一种上衣下裤的服式。赵武灵王借鉴了胡人服饰中窄袖紧身的特点，但仍保留了汉服前襟向右的特征。西汉人史游在其撰写的《急就章》中注明，胡人“袴褶”的上装为“左衽之袍”，即西北民族习惯的大襟向左掩的袍式，而汉人的服饰规矩是生右死左，即汉服交领的开口都是右衽。后世史学家评价“胡服骑射”为“师夷长技以制夷”，体现出了尚武的精神。胡服骑射是汉族借鉴其他民族的优秀文化来充实、发展自己的行为，是华夏民族包容与自信的表现。

同时，赵国还采用了北方民族的貂皮冠。胡服的冠帽上常常会有貂尾，这是因为北方所处之地较为寒冷，冠的造型像簸箕一般。赵国接受了这种冠式，在此基础上进行了一些改变，将原来用于御寒的貂尾改为冠上的一种饰物，插在冠的两侧，并加以金珰附蝉。几年后赵武灵王传位给儿子赵惠文王，就以儿子之名命名此冠，称“赵惠文冠”。

汉族人民在穿深衣或衣裳时，所用的腰带大都是纺织而成的棉麻丝布条，这种腰带系起来很不方便。而相比之下胡服的腰带要先进很多，通常用皮革制成，皮带上打有小孔，带头部分装一金属环扣，并缀有扣针，使用时将皮带穿过环扣，收紧之后以扣针固定，不仅方便，而且牢固。这种腰带就比较像我们今天所用的。而蹀带是北方游牧民族特有的腰带，以皮革制成，它与一般胡服所佩带的皮带不同之处是皮带上装有几个金属制成的饰牌，每个饰牌下连着一个小型铰链，铰链下套一个金属小环。这种小环是专为系佩杂物而准备的。因为游牧民族独特的生活习惯使得他们常常居无定所，生活上的所需物品，都要随身携带。帐具、炊具等大型器物多拴放在马上，而一些小型器物如刀、剑、针筒、手巾、磨刀石等，只能带在身边。这种缀以小环，用来挂杂物的皮带，就被称为“蹀带”。西域将装有带扣的胡带称为“师比”。赵武灵王引进胡服时，看到它的便利之处，也引进了这种腰带。

赵武灵王同时引进的还有胡履。汉族人民之前所穿之履往往是丝帛面、麻缕底，朝会之履用木底。这种履多为短帮，平时穿着没有问题，用于行军就不太适宜了，这种履尤其不适合跋涉于水草之地。而胡人之履则是用皮革制成，这种革履用于军旅显然要优于汉族的履，因此也被赵武灵王采用。最初称为“络鞮”，后来称为“靴”。赵武灵王的“胡服骑射”改革有效地提高了军队的战斗力，为赵国实现统一的思想铺平了道路。

“胡服骑射”并不是一个单纯的军事改革措施，它是一个国家移风易俗的改革，也是一次对于传统观念的冲击。据史料记载，赵武灵王在进行这次服制改革前，其实内心十分矛盾。他深知想要改变周、孔传下来的衣冠礼仪之制势必受到文士的谴责，于是便和重臣肥义商议：“今吾将胡服骑射以教百姓，而世必议寡人矣。”肥义是一个深明大义的人，他懂得大王的顾虑，于是说：“今王既定负遗俗之虑，殆毋顾天下之议矣。”这坚定了赵武灵王的信心：“世有顺我者，则胡服之功未可知也。虽驱世以笑我，胡地、中山，吾必有之。”以公子成、赵文、赵造、周绍等为代表的贵族官僚，抱着“循法无过，修礼无邪”的传统观念，拒绝胡服骑射。他们或公开反对，或称疾不朝。群臣也都不愿意穿戴胡服，怨言四起。赵武灵王先是说服了叔父公子成，然后痛斥对这一做法持反对意见的大臣：“古今不同俗，何古之法？帝王不相袭，何礼之循？”他认为人们应该顺应时代潮流，而不应拘泥古礼，墨守成规。为了打消大家的顾虑，给全军作出表率，他带头穿起胡服，并要求身边的将军、大夫，嫡子、代吏全部同他一起。由于胡服骑射顺应时代的要求，符合人民抗拒强敌侵扰的愿望，自上而下逐步推广的措施，最终在全国范围内迅速展开。

由汉服变胡服是出于战争的客观要求，但事实上，胡服不仅适应作战的需要，相比原始的衣裳来讲，它更适合人们的生产劳动和社会活动。当时的楚、齐两国开始推行胡服，到了汉代成为官定武服。后来一般百姓，甚至妇女、儿童也逐渐穿上胡服。胡服的优越性日益被中原人民所接受。随着骑射的发展，马逐渐用于骑乘，大大加强了各地区间的交往与联系，尤其是中原汉族与边地各少数民族间的经济、文化交流。可以说，赵武灵王的“胡服骑射”改革推动了中原汉民族与北方游牧民族的文化融合，对中华民族文化的发展起了积极的推动作用。

衣冠上国的秦汉服饰

在封建王朝的统治下，中国历代王朝都有鲜明的等级秩序划分，服饰作为最贴近生活的部分，其功能也慢慢地从避寒遮体向标识社会等级发展。公元前221年，秦始皇统一六国，为巩固政权，“改易朔，正服色”，继周朝后，进一步完善了服制的基本形式和等级制度。随后的汉代是封建社会的一个鼎盛时期，建立了较为完备的衣冠礼仪制度。史书列有皇帝与群臣的礼服、朝服、常服等20余种，服饰上的等级差别已十分明显，自天子公卿到商人百姓，服制各有要求，舆服制度、佩绶制度成为区分等级尊卑的重要标识。

随着国家生产力的不断发展，秦汉服饰日益讲究，着装趋向华丽。汉代是我国古代服饰艺术发展的黄金时代，这一时期在服饰的造型、装饰图案、染织工艺、色泽衣饰等方面，都取得了极高的艺术成就。汉武帝在思想上“罢黜百家，独尊儒术”，在文化上却博采众长、兼收并蓄。张骞两次出使西域，开通了丝绸之路，古老的丝绸之路将秦汉服饰推向了世界，也将西域的纹样与服饰带入中原。国家的统一，社会的相对稳定，经济的逐渐繁荣，民族的大融合和中外文明的交往，都使服饰艺术发展到了一个新的阶段。在这样的时代环境和社会氛围下，汉代服饰以其众多的款式、丰富的色调、创新的装饰手法、庄重肃穆的艺术风格，展示了中国传统文化的独特魅力，对后世的服装文化产生了深远的影响。

秦汉舆服制度的确立

西周以重礼与等级森严著称，有一套完整的体现等级身份的服饰制度。东周后期，王室衰微，礼崩乐坏，各国服饰竞相争奇斗艳，僭越行为层出不穷。《后汉书·舆服志上》记载："自是礼制大乱，兵革并作；上下无法，诸侯陪臣，山楶藻梲。降及战国，奢僭益炽，削灭礼籍，盖恶有害己之语。竞修奇丽之服，饰以舆马，文罽玉缨，象镳金鞍，以相夸上。"西周森严的服饰等级制度逐渐瓦解，直至形成七国异制的状况。各国的服饰毫无章法，没有统一的服饰制度，在具体规定和特征等方面亦各有不同。

秦国历经三百年的发展成为战国七雄中最为强大的一个诸侯国，并于公元前221年成功吞并了其他六国，建立了中国历史上第一个统一的中央集权封建王朝。秦王朝虽仅仅存在了15年，就被各方起义所颠覆，但从秦王朝在历史上留下来的活动痕迹来看，秦的发展可以说在中国传统文化中起着十分重要的作用。

为巩固中央集权，秦始皇采取了一系列措施，"车同轨，书同文"，并对服饰的基本形制进行初步统一。通过推算五德传续，改易服色与冠制，色尚黑，冠以六寸为准。《后汉书·舆服志上》记载："及秦并天下，揽其舆服，上选以供御，其次以锡百官。"由此可见，秦使等级有差的服饰制度进一步形成，结束了春秋战国时期服饰制度的混乱局面。

公元前202年，汉朝建立，延续了三百余年的灿烂文明。汉初的冠服制度，大都承袭秦制。直至东汉明帝永平二年（59年），才算有正式完备的规定。西汉初年，经过秦末农民起义和诸侯争霸、楚汉相争，社会民生凋敝，生产力遭受了巨大的破坏。这时无论是普通的百姓还是统治阶级，对于服饰都只是用来满足最基本的穿着需求。后来经过叔孙通的说服，刘邦才决定制定礼仪。礼仪使百官仪容素整，毕恭毕敬，这才让刘邦感受到礼仪方正对治国平天下具有十分重要的意义。叔孙通等人制定的礼仪考虑到当时的经济状况，只规定采用秦朝的黑衣大冠为祭服，对一般服饰，除了刘邦当年做亭长的时候用竹皮自制的刘氏冠不许一般人戴以外，并没有什么禁令。

汉初，百废待兴，因此在服饰礼仪上一切从简。汉文帝只穿弋绨（yì tí，一种黑色粗厚的丝织品）、革舄（xì，帝王、贵族所穿的礼鞋）、赤带，皇后的裙裾长不及地。这种情况既表明了汉文帝崇尚节俭，又反映了当时的物质基础并不是十分丰富。

到了汉武帝时期，国家逐渐地富足了起来，《史记》记载："太仓之粟，陈陈相因，充溢露积于外，至腐败不可食。"由于经济的发展繁荣，社会上的服饰文化也由俭转奢。当时纺织品产量的不断增长，和由丝绸交换而来的珍珠、犀角、琥珀、玳瑁、美玉、象牙等高贵的装饰品，刺激着服饰水平的不断提高。京师贵族的打扮装饰渐渐地超过了王制，锦、绣、绫、罗等原来属于后宫嫔妃专用的高贵服饰面料，富甲商贾也都习以为常，在宴请宾客的时候，还用这些高级的丝织物糊裱墙壁。在贵族之家，甚至僮仆下人也穿着绣衣丝履。但这在当时的儒家看来，是一种严重的尊卑混乱的表现，这是他们所不能接受的。汉武帝时期，开始了"罢黜百家，独尊儒术"的儒生治国时代，传统的服饰制度等级观念重新确立。

一、天子公卿舆服制度

西周时期已制定有比较完善的冕服制度，祭祀天地等皆服冕服。秦及西汉初年，废除冕服制度，以黑色礼服取代冕服行祭祀之礼。

直到汉明帝时期，才制定了完善的舆服制度。永平二年（59 年）正月，汉明帝和公卿诸侯首次穿着冕冠衣裳举行祭祀典礼。天子首次戴上通天冠，穿上绣有日月图案的礼服，准备了符合仪式的车队，展示了庄严的祭祀仪式。这是儒家学说衣冠制度在中国得到全面落实的开端。

汉明帝制定的冕服制度是汉代服饰制度的重要组成部分，具有明显的等级性和象征意义。根据《后汉书·舆服志下》的记载，汉明帝参照夏、商、周三代和秦的服饰制度，确立了以冠帽为区分等级主要标志的汉代冠服制度，包括“旒冕、长冠、委貌、皮弁、爵弁、建华、方山、巧士”等，服饰整体呈现凝重、典雅的风格。

永平二年（59年），汉明帝诏令有司参照《周官》《礼记》《尚书·皋陶篇》等古籍恢复冕旒制度，并作出定制。冕板皆广七寸，长一尺二寸，前圆后方，象征天圆地方。冕冠的内部里衬为朱色和绿色，外部为玄色。天子系白玉珠为十二旒，前垂四寸，后垂三寸。以其绶的颜色作组缨，即系冠的丝织带子和绶带的颜色一致。两耳处各垂一颗珠玉，名为“充耳”，提醒戴冠者不要听信谗言。三公诸侯为七旒，青玉为珠；卿大夫为五旒，黑玉为珠。皆有前无后，各用其绶的颜色作组缨。

除此之外，天子冕服包括玄色的上衣和朱色的下裳，上面绘有“十二章纹”，还有蔽膝、佩绶、赤舄等配件，组成一套完整的服饰。三公、诸侯用山龙九章，九卿以下用华虫七章，皆备五采。因祭祀的场合不同，所着冠服各有差别。祭祀天地明堂时，天子公卿皆戴旒冕，玄衣纁裳，赤色礼鞋。祭祀五岳、四渎、山川、宗庙社稷时，皆戴黑色长冠，服饰颜色与该祭祀方向的云色相对应。

二、商人百姓舆服制度

先秦时，庶民百姓穿衣坐车都有严格的规定，不能僭越。普通百姓不允许穿着带有多种颜色的华丽服饰，百工商贾不允许穿着贵重皮毛制成的衣服，受过刑罚或被社会排斥的人不允许穿着某些特定的服饰，普通百姓不允许拥有或驾驶装饰华丽的车辆。与先秦相比，汉代农民的服饰有明显改善，农民可以穿着丝织衣服和盛装佩饰，服饰愈加讲究文采，追求享受需要。

《盐铁论·散不足》中记载，普通百姓只有七十岁以上的老人才能穿着丝绸的衣服，其余的则只穿麻布而已，所以名叫“布衣”。到了后来，慢慢演变为衣服里面用丝，外面用麻衣，上衣直领，袍子不饰边缘。绣着花纹的精细丝织品，本是帝王、后妃穿的服装。丝绸和细绢，则是结婚时穿的漂亮衣服。因此，那些轻薄且带有精美图案的丝织品，不在市场上卖。如今，富人却穿着刺绣精美的罗纨等高级丝织品，中等人也穿着素绨、冰锦等丝织品。平常人穿着皇后、妃子们的衣服，低贱的妇女穿着结婚用的服装。

《潜夫论·浮侈》也有记载，过去只有被赐爵位者才能穿着华丽的衣服和乘坐车马。如今的百姓衣服制作精良，鞋子皮质优良，色彩装饰华丽，连袜子都精致考究。当然，大多数农民的衣着主要是短褐、葛衣、皂服或粗制毛皮裘等。至于贫民的"布褐不充""衣不完采""衣敝履空"现象也很普遍。

汉初，刘邦推行重农抑商政策，禁止商贾穿着质地较优的丝织品，剥夺其享受精致服饰的权利，以此羞辱商贾身份，进而贬低其社会地位。《汉书·平准书》记载："天下已平，高祖乃令贾人不得衣丝乘车，重租税以困辱之。"因此，汉初的工商阶层虽然富裕，却没有社会地位，不能穿着华丽的服饰。

文景以后，开始实行宽商政策，富民阶层开始追求舆服的高贵、精致、华饰，对于商贾服饰的禁令实际已无约束效果。《西京赋》载："彼肆人之男女，丽美奢乎许史"，指商人外表华丽奢侈，超过了后妃。西汉著名政治家晁错就曾批评商人不从事农业生产却过着奢侈的生活，并指出商人通过积累财富和操纵市场获取高额利润，导致他们无须耕作和织布就能享受锦衣玉食，同时还能与王侯贵族交往，拥有比官吏更大的势力。《淮南子·齐俗训》中也曾描述了汉代富人阶层的奢侈生活方式，以及他们对物质享受的追求。富人乘坐的车舆华丽，穿着的服饰精美，居所装饰十分奢侈。《盐铁论·散不足》也指出富人们追求奢华的服饰和饰品，批评了当时社会上的奢侈风气。车马本是生产、生活的交通工具，服饰本是人们的生活必需品，因为社会阶层差异、贫富差距，却成为个人财富、名望声誉与社会地位的标志与象征。富人阶层凭借其雄厚的经济实力而享受奢华的舆服生活。

三、尊卑有别的佩绶制度

舆服制度与佩绶制度都是汉代彰显职别等级的服饰制度，而佩绶制度主要是通过冠帽及佩绶来体现的。佩是身上的玉饰，绶是用来悬挂印佩的丝织带子。佩绶在华夏衣冠里是显示等级尊卑的显著标志，虽然后来绶的外形、佩戴方式都发生了变化，但其明礼服之尊卑的作用一直保留至明代。

《后汉书·舆服志下》有："古者君臣佩玉，尊卑有度；上有韨，贵贱有殊。""佩"，即佩玉；"韨"，即蔽膝。蔽膝与佩玉一样有区别尊卑等级的属性。古代蔽膝的形制与今天的围裙相似，不同的是蔽膝稍窄，垂在腹前，是遮盖大腿至膝部的服饰部件，多用丝绸绣绘花纹。在中国古代蔽膝象征权威，并用不同质料、色泽、花纹区别等级。

随着时间的推移，"韨"和"佩"的制度逐渐被废除。到了秦代，开始使用彩色的丝带来装饰"璲"（一种玉制的装饰品）。这些彩色丝带在阳光下光彩夺目，它们相互交织，形成了一种新的装饰——"绶"。"绶"是用来系结印玺或勋章的丝带，也是身份和地位的象征。平时官员在袍服外要佩挂印绶，在汉代，绶的系结方式通常是打成一个大回环，然后下面系印章。印章装于腰间的皮质鞶囊中，系于绶的一端，垂于外边，绶的另一端垂于身后，故称"印绶"。

印绶是汉代可视性最强、最能彰显各级官员权力和身份阶序的一种佩饰。汉代官员，依官品与俸秩的不同，佩以不同的印绶。印有金印、银印、铜印等；绶有绿绶、紫绶、青绶、黑绶、黄绶等，以此来彰显权职、明示等级。汉代官印形制以正方形为主，尺寸都不大，所以称为"方寸之印"。绶带的颜色、质地、长度因佩印者的身份和地位不同而有不同的规定。从颜色上看，东汉时绶带的颜色等级比西汉时更加丰富，且每一等又以三到四种颜色的丝线制作，称作"采"。从质地上看，绶带质地的细密程度，称作"首"。"首"数越多，绶的制作越细密和精美，使用者地位越高。从长度上看，地位越高，所用的绶带越长；地位越低，所用的绶带越短。

至汉明帝时，除佩绶制度外，还增加了大佩制度。所谓大佩，就是用各种玉制配件组成的成串饰物。《后汉书·舆服志下》："至孝明皇帝，乃为大佩，冲牙双瑀璜，皆以白玉。"瑀璜是中国古代一种半圆形玉器，是古代帝王、贵族服饰中重要的装饰品。这种大佩多为祭祀、朝会等重要场合使用，日常家居则不允许佩戴。

四、完备的服饰等级制度

统一的舆服制度包含严密的等级性特征，作为身份与地位象征的舆服，彰显着尊卑贵贱的等级关系。秦始皇时期强调“尊卑贵贱，不逾次行”。汉朝统治者也一再强调“贵贱有级，服位有等”，要使天下人“见其服而知贵贱，望其章而知其势”。

《汉书·货殖传》称：“昔先王之制，自天子、公、侯、卿、大夫、士，至于皂隶抱关击柝者，其爵禄、奉养、宫室、车服、棺椁、祭祀、死生之制，各有差品，小不得僭大，贱不得逾贵。夫然，故上下序而民志定。”在秦汉人眼中尊卑贵贱的等级关系是维系社会秩序和构建社会伦理道德的重要内容，只有实行等级制，才能使社会各阶层上下相安，不发生纷争。

东汉时，舆服与身份地位、国家制度进一步紧密结合起来。东汉明帝完善舆服制度，天子、公卿、诸侯、百官等，其冠冕、服饰皆有等差，材质、形制、色彩等方面都有详尽规定。舆服等级的差异，确立了有利于统治阶级的社会秩序。不同等级的人，只有谨守上下尊卑，认真实行对自己行为的规范，才能达到礼的极致，即一种既等级分明又互敬互爱的普遍和谐状态。

西周以来礼已经渗透到各个社会领域，起着广泛的调整作用。“礼”就是中国古代社会中长期存在的、维护血缘宗法关系和宗法等级制度的一系列精神原则，以及言行规范的总称。它对社会生活各个方面都起着实际的调整作用。上至国家根本方针、组织制度，下至社会成员的衣食住行、车马宫室，都与礼密切相关，都受礼的制约，并在后续的历朝历代得到延续和发展。

秦汉服饰的基本形制

秦汉服制基本沿袭中国古代服饰深衣的基本形制。多是上衣和下裳分裁合缝连为一体，上下依旧不通缝、不通幅；外衣里面都有中衣及内衣，其领袖缘一并显露在外，成为定型化套装。在长期的演变过程中逐渐形成曲裾深衣和直裾深衣两大体系。上衣下裳也是汉代典型的服饰，是中国古代服饰体系的重要组成部分。如襦裙、袴褶等都是典型的衣裳制式，保持“褒衣大裙”风格。这种装束通常上身着衣，下身着裳或裙子，衣领开向右边，腰部束着宽边的腰带，肚围前再加一条像裙一样的“韨”，用来遮蔽膝盖，因此又被称为“蔽膝”。这种装束的腰身和衣袖基本上设计为紧窄的样式，长度齐膝，便于活动。

汉代服饰平面剪裁，线条灵动绵长，讲究宽松适体。宽松轻薄的袍服、如鸟舒翼的衣袖、绵延起伏的衣褶、曲直缠绕的衣裾、飘然下垂的衣带，共同营造了有虚有实、变化多端、气韵生动、浑然一体的服饰风格。

一、曲裾深衣

曲裾，即为战国时期流行的深衣。汉代仍然沿用，但多见于西汉早期。按照《礼记》记载，曲裾深衣一大特点是“续衽钩边”，指衣襟接长后，经过背后再绕至前襟，也就是说这种服装的共同特点是都有一幅向后交掩的曲裾。续衽钩边的设计，使得曲裾深衣在穿着时更加贴合身体曲线，展现出穿着者的体态美。

秦时女子以深衣为主，礼服样式为曲裾绕膝式，其层数比战国时的深衣有所增加，凡是穿深衣的妇女，腰肢都要裹紧，另外要缀一根丝绸腰带扎紧，或系于腰间，或束在臀部，由衣襟末端的地位而定。汉代曲裾深衣不仅男子可穿，同时也是女服中最为常见的一种。曲裾深衣通身紧窄，长可曳地，下摆一般呈喇叭状，行不露足。深衣衣袖有宽窄两式，袖口大多镶边。衣领部分很有特色，通常用交领，领口很低，以便露出里衣。如穿几件衣服，每层领子必露于外，最多可达三层以上，时称“三重衣”。直到东汉末至魏晋时期，女子深衣式微，襦裙始兴。

二、直裾深衣

东汉以后，直裾逐渐普及，成为深衣的主要模式。直裾指汉服剪裁中前后大身部分的方形平直的布幅。襜褕（chān yú）是典型的直裾袍。直裾男女均可穿着，这种服饰早在西汉时就已出现，但不能作为正式的礼服，原因是古代裤子皆无裤裆，仅有两条裤腿套到膝部，用带子系于腰间。这种无裆的裤子穿在里面，如果不用外衣掩住，裤子就会外露，这在当时被认为不恭敬。所以《史记·魏其武安侯列传》里批评窦婴说，“衣襜褕入宫，不敬”。直到东汉，襜褕才出现于正式场合。

直裾单衣，是单层的长衣。形制上跟袍很像，只是比袍短点，没有袍那么宽大，可以理解为穿在袍里面或夏日居家时穿的“衬衣”。马王堆出土的素纱单衣是其典型代表。单衣往往作为上层人士平日所穿的常服，不太适合在大庭广众之下穿。单衣与深衣相似，但又有区别。古人服装原本是上衣下裳，后为方便起见，将衣与裳相缝接而成为深衣；再后来则衣与裳上下相通，不再裁断，成为完整的长衣，这就是单衣。所以，单衣与深衣与其说是服装标准的不同，还不如说是在服装的设计中为了便于裁制和穿用的一种自然演进。

三、襦裙和袴

襦裙出现在战国时期，兴盛于魏晋南北朝。上身穿的短衣和下身束的裙子合称襦裙，是典型的上衣下裳制。以裙腰之高低，将襦裙分为齐腰襦裙、高腰襦裙、齐胸襦裙。以领子的式样，将襦裙分为交领襦裙和直领襦裙。按是否夹里，将襦裙分为单襦和复襦，单襦近于衫，复襦则近于袄。汉代襦裙，一般上襦极短，只到腰间，而裙子很长，下垂至地。

汉代女子穿的襦裙样式主要是斜领、窄袖，长仅及腰间；裙子大多用四幅素绢拼合而成，上窄下宽，不加边缘，因此得名“无缘裙”。另在裙腰两端缝上绢条，以便系结。襦裙是中国女性服装中最主要的形式之一。东汉以后穿着的人虽一度减少，但从魏晋开始重新流行后，历久不衰，一直沿袭到清代。

“袴”，即古代的裤子。《说文解字》解释为：“袴，胫衣也。”《释名·释衣服》说：“袴，两股各跨别也。”说明古代的“袴”有两种，一种是腿套，分开的两条绑在小腿上，相互不连在一起；另一种就是开裆裤，中缝两边对称，后腰臀开口，不闭合。战国时期赵武灵王推行“胡服骑射”，中原才有了合裆长裤。西汉士儒妇女仍穿无裆的袴。

历史上，有关“袴”最著名的记载是司马迁《史记·淮阴侯列传》中的韩信“胯下之辱”。太史公有云：“淮阴屠中少年有侮信者，曰：‘若虽长大，好带刀剑，中情怯耳。’众辱之曰：‘信能死，刺我；不能死，出我袴下。’于是信孰视之，俛出袴下，蒲伏。一市人皆笑信，以为怯。”意思是，淮阴一群屠户恶少当众侮辱韩信说：“你虽然长得高大，喜欢佩带刀剑，其实胆子小得很。有本事的话，你敢用你的佩剑来刺我吗？如果不敢，就从我的裤裆下钻过去。”韩信自知形单影只，硬拼肯定吃亏。于是，当着众人的面，从那个屠夫的裤裆下钻了过去。所有人都嘲笑韩信，认为他胆小。

还有一个出名的成语叫“纨绔子弟”，出自《汉书·叙传上》。这里的“纨绔”指的是用细绢做的裤子，后来“纨绔子弟”就用来泛指那些衣着华美、生活奢侈却不务正业的年轻人。

裈（kūn），是一种合裆裤。《释名·释衣服》说：“裈，贯也，贯两脚上，系腰中也。”《古今注》又说，周文王时期所制定的裈，长度至膝盖，称为“弊衣”，地位低下的人不能穿，只有地位较高、品德高尚的人能穿。到了魏文帝时期，赐予宫人绯色的交裆裈，这种裈与今天的裤子类似。此外还有一种裈，类似后世的短裤衩儿，形似牛鼻子，叫犊鼻裈，穿起来便于劳动操作。

裈和袴的区别，裈有裆，袴没有裆，是套在腿上起御寒作用的。由于袴没有裆部，外衣裹得不严时极易出丑。儒家经典中说到着装规矩时，一再强调虽暑热不得掀起外衣，不蹚水不得提起外衣。中原人坐着的标准姿势是先跪后坐，名为“跽坐”，明文规定不许“箕坐”，即不能将两腿伸向前方，像个收物用的簸箕，实际上与当时裤子的样式有关，目的也是防止出丑。随后，由于中原人与西北游牧民族的密切交往，合裆裤渐渐为中原人所接受，并逐渐推广开来。

四、冠巾首服

古时人们把系在头上的装饰物称为“首服”。首服有三大类别：一类为冠、一类为巾、一类为帽。三种首服用途不一：扎巾是为了敛发，戴帽是为了御寒，戴冠是为了修饰。巾、帽二物注重实用，冠则注重饰容。

冠作为服饰之一，在汉代称“头衣”或“元服”。男子到20岁行冠礼。当时贵族与平民的头衣区别十分严格，“冠”是专门供贵族戴的。《淮南子·人间训》曾云：“冠履之于人也，寒不能暖，风不能障，暴不能蔽也。然而冠冠履履者，其所自托者然也。”可见，冠这种首服首先满足的是装饰作用。冠在先秦时期指加在发髻上的小罩子，戴时用笄穿过左右冠圈绾住。冠圈两边系有两根丝带，叫“缨”，用来结于颔下。冠有冠梁，两端与冠圈相连。这种冠一直延续使用至西汉前期。自秦以后，冠梁逐渐加宽，与冠圈连成覆杯的样子，其名目和形制日益复杂。汉代的冠是区分等级地位的基本标志之一，主要有冕冠、通天冠、长冠、委貌冠、爵弁、远游冠、高山冠、进贤冠、法冠、武冠、建华冠、方山冠、术士冠、却非冠、却敌冠、樊哙冠等。

冕冠，是皇帝、公侯、卿大夫的祭服。宽七寸，前圆后方，冕冠外面涂黑色，内用红绿二色。皇帝冕冠十二旒，系白玉珠，三公诸侯七旒，系青玉珠，卿大夫五旒，黑玉为珠。各以绶采色为组缨，旁垂黈纩套。

通天冠，也称高山冠，是级位仅次于冕冠的冠帽。高九寸，其形如山，正面直竖，以铁为冠梁，是皇帝戴的一种帽子。

长冠，汉高祖刘邦曾戴过，用竹皮编制，故称刘氏冠。后定为公乘以上官员的祭服，又称斋冠。

委貌冠，长七寸，高四寸，上小下大，形如复杯，以皂色绢制之，与玄端素裳相配。公卿诸侯、大夫于辟雍行大射礼时所戴。执事者戴白鹿皮所做的皮弁，形式与委貌冠相同。

爵弁，广八寸，长一尺六寸，前小后大，上用雀头色之缯为之，与玄端素裳相配。是举行祭祀天地、五方神灵礼仪等重要场合所穿戴的首服。

进贤冠，前高七寸，后高三寸，长八寸，为文儒之冠。

法冠，又称獬豸冠。獬豸能辨曲直，故以其形为冠，为执法者所戴。楚王曾获此兽，制成此冠，秦灭楚后赐执法近臣，汉沿用为御史常服。

武冠，又称武弁大冠，为诸武官所戴。中常侍加黄金珰，附蝉为纹，后饰貂尾。金取刚强，百炼不耗；蝉居高饮清露；貂内悍而外柔，汉貂用赤黑色，王莽用黄貂。武冠相传为战国时赵惠文王所制，因此又称惠文冠。

百姓不戴冠，用布包头称“巾帻”（图 2–1）。帻是固定头发用的巾条，一般配合冠戴，独自戴时算是便帽。《汉官仪》曰：“帻者，古之卑贱执事不冠者之所服也。”巾帻有：介帻、平上帻、空顶帻等。帻类似帕首的样子，开始只把鬓发包裹，不使下垂，汉代在额前加立一个帽圈，名为“颜题”。巾覆在顶上，使高起部分呈介字形屋顶状的称为“介帻”，跨于介帻之上的冠体称为“展筒”，展筒前面表示等级地位的是“梁”。呈平顶状的称“平上帻”，身份高贵的可在帻上加冠。职位大小不同，帻的颜色各异，绿帻为苍头所戴，尤为卑贱者所戴。群吏春服戴青帻，武吏戴赤帻，以其色有威慑之故。未成人童子则戴空顶帻，女子戴巾为巾帼。

图 2–1 陶捧盒男侍俑（汉代），苏州茶花大队汉墓出土，苏州博物馆西馆

秦汉时男子头上裹的头巾，因为裁制成方形，长宽与布幅相等，所以也叫“幅巾”。西汉时平民百姓戴得多，东汉时则不分贵贱都戴，并渐渐普及开来，孔融、袁绍、曹操等都戴幅巾。东汉的张角起义正是因为都戴黄色的幅巾，才称为黄巾起义。三国诸葛亮所戴为纶巾，即所谓“羽扇纶巾”，因此纶巾又被称为“诸葛巾”。

五、各式鞋履

秦汉时期男女鞋的样式各不相同。男人穿方头鞋，表示阳刚从天；女人穿圆头鞋，寓意温和圆顺从夫。从考古发掘出土的鞋履及其画像上可以得知，秦汉时期的鞋不管是式样、色彩还是制作面料都非常丰富，种类也很多，如履、舄、屐、靴等。

履是单底鞋，以丝制者居多，可以制作得很精致，或饰以银珠，或绣以花纹。秦代限制一般平民穿丝履，当时丝织品较为珍贵，只有贵族及上层女性才有能力穿。人们把贵妇人穿的丝履称为“文履”，因为它上面布满了花纹，而且是用绣花的锦缎做成的，价格不菲。相对而言，广大下层劳动人民，却只能穿着用草或麻皮编织的履。汉代逐渐放松限制，《孔雀东南飞》中有“足下蹑丝履，头上玳瑁光”的诗句，可见当时穿丝履的平民已很普遍。

舄是一种有两层鞋底的厚底鞋，可以增加穿着者的身高，同时也显示出其尊贵的身份。舄是古代帝王及贵族在重要礼仪场合所穿的礼鞋，通常由丝绸或其他贵重材料制成，有时还会在鞋面装饰精美的刺绣或珠宝。

屐是木底鞋，下有两木齿，形制与今天日本木屐相似。也有以帛为面的，称作帛屐。屐较舄更轻便易用，多用于走长路，可以行走在泥泞中，方便清洗。屐之贵者作彩画漆饰，鞋面以五色丝为之。

靴，是随胡服传入中原的，适宜于骑马。靴有长筒与短筒的区别，长筒靴多为军官所穿，装饰华丽，绘锯齿纹、草叶纹、卷云纹等。短筒靴多为骑兵所穿，浅帮圆口。

六、发髻饰物

秦汉妇女的发式以绾髻为主。女子长发自然地垂下，在发尾处很简单地束上。汉代女性以梳高髻为美。妇女的髻式很多，有堆在头上的，有分向两边的，有抛到脑后的。发髻的编梳，一般是由头顶中分为二，然后将它们各自编成束，再从下朝上反搭，绾成各种式样，名称有堕马髻、瑶台髻、迎春髻、垂云髻、盘桓髻、百合髻、同心髻等。其中，堕马髻据说是汉代大将军梁冀的妻子孙寿发明的，这种发髻的特色在于往下垂至肩部，并从发髻中分出一绺头发自然散落，就像女子刚从马上摔落后的样子。

汉代女性非常重视对头发的修饰，如包巾、笄、簪、华胜、步摇、梳篦等。头饰的材料也非常丰富，由玉、珍珠、玛瑙、琥珀、象牙、玳瑁等贵重材料制作，工艺也十分丰富。华胜，即华丽的头饰，制成花草之状插于髻上。汉时在华胜上贴金叶或翡翠羽毛，使之呈现闪光的翠绿色，这种工艺称为贴翠。步摇，是在顶部挂珠玉垂饰的簪或钗，取其行步则动摇而名。步摇是古代妇女插于鬓发之侧以作装饰之物，同时也有固定发髻的作用。一般形式为凤凰、蝴蝶等带有翅膀的动物，或垂有流苏或坠子，走路的时候，金饰会随走路的摇摆而动，栩栩如生。

秦汉服饰艺术之美

汉初，由于统治者采取了休养生息政策，经济得到恢复发展，出现了“文景之治”这样的太平盛世。农业和手工业水平得到了大幅提高，当时民间手工业最普遍的就是纺织业，这一时期丝绸锦绣产量极多，汉代的纺织工艺也达到很高的水平。绣纹多有山云鸟兽或藤蔓植物花样，织锦有各种复杂的几何菱纹，以及织有文字的通幅花纹。西汉建元三年（公元前 138 年）、元狩四年（公元前 119 年），张骞奉命两次出使西域，开辟了中国与西方各国的陆路通道，成千上万匹丝绸源源不断向外运输，历经魏晋隋唐，迄未中断，此路史称“丝绸之路”。从此，中华服饰文化传往世界。

一、秦汉服装原料

秦汉时期的服装原料主要包括丝帛、麻布、葛布和各类动物皮毛。此时，棉布也开始步入人们的生活领域。在各类服装原料中，丝帛物料由于稀有、价值高，成为秦汉时期上层社会的主要服饰材料。秦汉时期的丝织技术已达到相当高的水平，丝织物种类繁多，丝织工艺精湛。

1. 绫罗绢丝

我国是最早将蚕丝作为制衣材料的国家，传说中黄帝的元妃嫘祖西陵氏就曾教民养蚕。到了战国时期，桑蚕事业普遍发展。《诗经》《左传》《仪礼》中均有记载，当时不但有桑室，供人们在室内养蚕，还有蚕架、蚕匾等专门的养蚕工具（图 2-2~ 图 2-3）。

图 2-2 大蚕架，苏州丝绸博物馆

图 2-3 蚕匾，苏州丝绸博物馆

秦时的桑蚕业之发达，从秦始皇陵的殉葬品中可见一斑。如著名的“金蚕三十箔”，以及秦代墓葬群中出土的大量象征蚕能吐丝，用丝绸包裹的“金蚕”。为了促进丝织业的发展，秦还颁布了一系列保护桑蚕和丝织业的法令。秦律规定偷窃别人的桑叶，价值不到一钱的，罚服徭役三十天。商鞅变法时期，献锦帛多者，还可以免除徭役。

西汉时期的服饰实物，以湖南长沙马王堆一号西汉墓出土的最为集中和完整。出土的纺织品除少数麻布外，绝大多数为丝织品。品种有平纹丝织的绢、纱；素色提花的绮和罗；彩色提花的经锦、起绒提花的绒圈锦；以及经过印花彩绘和刺绣加工的各类丝织品（图 2–4）。

绢的质地轻薄、柔软，并且具有一定的透光性。因其质地细腻，不仅可以作为衣料，也可作为书画作品的载体。纱是一种经纬稀疏、质地轻薄的丝绸。素是未经染色和修饰的白色丝绸，以其纯净的白色和自然的光泽，体现自然简约之美，是古代丝织品中的一种基础材料，也可以直接作为高品质的服装面料。绮是平纹地起斜纹花的丝织品，一般织有几何纹。罗是轻薄透气的丝绸，适于制作夏季服饰。绫的表面具有斜向或垂直的纹理，看起来像冰凌的形状。锦是用彩色经纱起花的高级丝织物，色彩绚丽，图案精美，代表秦汉时期丝织工艺的最高水平。《释名》记载有：“锦，金也，作之用功重，其价如金。”可知锦是比较贵重又高级的丝织品。经锦和绒圈锦质地厚实，纹样多为几何纹及变体动物纹，经锦在西汉一般作锦袍镶缘、几巾、枕巾缘、镜衣、香囊底等之用。至东汉广泛作衣料及其他用。我国西北古丝绸路发现的东汉织锦，精美绝伦（图 2–5）。

图 2–4 “岁大孰常葆子孙熙兄弟茂盛”锦（汉晋），中国丝绸博物馆

图 2–5 对鸟对兽“宜王”锦袍（东汉），中国丝绸博物馆

2. 麻葛布衣

与此同时，作为下层社会普通百姓的衣着材料，主要为麻布。秦汉时期的麻布主要由大麻和苎麻的表皮纤维纺织而成。大麻有雌雄之分，雌者为苴，制成的麻布较粗硬，雄者为牡麻，制成的布较为细软。秦汉时，大麻种植广泛，遍及黄河流域，而且纺织工艺简单。因而麻布成为当时普通市民百姓服装的基本材料。“布衣”一词即由此而来。国际上还把大麻叫作“汉麻”，把苎麻叫作“中国草”，说明我国是大麻和苎麻的原产地。根据《诗经》零星的记载可以看出，当时种麻的地区包括今陕西渭水流域，河南北部和山东地区。关中平原更是“桑麻敷菜”的地区。秦地横跨雍凉二州，《汉书·东方朔传》记载这一地区“杭稻梨栗，桑麻竹箭之饶”，《蜀志》载蜀地“桑、漆、麻、纻之饶”。可见当时中国的大麻种植范围十分广泛。

此外，葛布亦是秦代服饰的重要原料。我国对葛的种植与利用，与麻一样，是远远早于丝织品应用的。《诗经》中屡屡出现采葛，煮葛，取其纤维制造葛布的记载，可见在西周、春秋时期葛这种多年含木质的蔓生植物，遍及我国各地，成为取之不尽，用之不竭的衣着原料之一。《诗经》中提到的葛大抵是野生的，因为在当时的生产条件下，无须人工种植就可以满足当时的供给需求。大约是从春秋末期开始，由于社会生产力的发展，才出现了人工种植，《周礼》记载了从山农、泽农征葛以供织造之事。由于葛的纤维比麻细长，能做成比较轻薄的织物，用它缝制成的衣物质地轻盈薄爽，所以人们一般用它来织夏季的单衣，有俗语：“冬日衣皮毛，夏日衣葛絺。”

此时，棉也开始被用作服装材料，棉分“白叠”和“桐桦布”。其中“白叠”就是我们常见的由棉花纺织成的布，而“桐桦布”，后世文献称之为“古贝”，指的是用木棉纤纺加工而成的面料。不过此时棉刚刚传入，并未普及，丝帛和麻、葛分别是当时不同社会阶层的主要服装材料。

3. 皮裘护甲

秦人主要来自陕西西部一带，其自然条件决定了只能以游牧狩猎为其主要的生存方式，这从传说中秦人祖先的名字、事迹，多与畜牧、狩猎有关可见。如柏翳能“调训鸟兽”，是管理山林的虞官，柏翳之后的费昌、仲衍、孟戏，皆是以善御而闻名。此外还有恶来、飞廉，《史记》说他们的特点是“恶来有力，飞廉善走”。这种善走以及制服猛兽的本领，无异于是游牧狩猎民族首领的形象。秦人善于畜牧，故天下所有善于相马者皆出于秦赵两地。古之善相马者，若赵之王良，秦之伯乐，尤尽其妙。赵人与秦本为同族，《史记》云：“然秦以其先造父封赵城，为赵氏。”故秦、赵均有善相马者，这正是保持着本族畜牧生活传统的重要反映。由于秦人早年以游牧狩猎为主，以后的畜牧业也占据着很大的比重，因此毛皮便成了秦人重要的衣着原料。

史书上记载秦生产羊皮，曾有用五张羊皮换取百里奚的故事。秦人还用皮革做带，做帽，做裘，做铠甲，做鞋。而且秦人做秋衣的时候往往将毛朝向内侧，制成长大的袍子使之保暖，这种袍子一直从秦代流传到汉代。

二、秦汉图案纹样

在图案纹样的设计上，秦汉服饰将自然界的景物与人类美好的愿望相结合，用丰富的想象和美好的寓意将人们喜闻乐见的吉祥物、吉祥图案体现在服饰设计中来满足人们追求富贵的美好希望或展示团圆、喜庆、崇高的艺术境界，符合华夏民族提倡谦和好礼、廉正端庄的行为准则。

1. 动植物纹样

汉代服饰的动物纹样大多是选取人们喜爱崇拜之物，例如将“龙凤纹”“麒麟纹”“狮纹”“虎纹”等兽类纹样作为题材。其中“龙凤”图案的应用在丝织被面上较为多见，以之为吉庆的象征。“龙凤”是神话之物，是人们想象出来的，有着超凡脱俗的本领，寄托着人们心中美好的愿望，因此“龙凤”一直以来都是人们崇拜和敬仰的图腾。在封建社会，“龙”作为皇帝的象征，有着不可侵犯、至高无上的权威。“凤”被古人称为神鸟之王，姿态清高、雍容华贵。“凤”作为皇后的象征，有着典雅高贵、美好吉祥的寓意。因此，“龙凤”纹样多装饰于宫廷及贵族的服饰上，象征着皇族的神圣和高贵。

汉代植物装饰图案纹样主要有“牡丹纹”“茱萸纹”“荷花纹”等。汉代服饰继承并发扬了秦代的余韵，充分体现出雍容华贵、饱满豪放的审美追求。植物纹样深受当时绘画的影响，多彩绚丽、富丽堂皇。最具代表性的是牡丹纹样的装饰图案，寓意荣华富贵，一直备受人们的青睐。“茱萸纹”在汉代颇为流行，在丝织品和刺绣品中均被大量采用。汉代的茱萸纹样，形式优美、线条流畅，呈现椭圆心形的叉刺纹。《风土记》中曾记载，重阳节折茱萸插头，可辟除恶气，这种习俗一直流传到了唐代。因此，汉代服饰上的“茱萸纹”有着趋吉避凶、福泰安康的美好寓意。

2. 天文现象纹样

天文现象纹样，如“日”“月”“星”“云气纹”“水纹”“雪花纹”等也是汉代服饰纹样的常见题材。云锦上采用大量的“云气纹”，蜀锦上采用“水纹”，印花布上采用“雪花纹”，天文现象纹样往往与其他纹样相组合。

汉代盛行“云气纹”，它是以线条的舒卷起伏为表现形式，是汉代染织工艺中一种主要的装饰纹样。在汉代染织、刺绣工艺中，“云气纹”作为纹样组织的骨骼，在舒卷起伏的空间，浮动着各种神态各异的飞禽走兽，增强了装饰画面的动感。“云气纹”使汉代服饰的图案纹样既有稚拙感，又富于运动感，具有浪漫主义的表现特征。

3. 几何纹样

几何纹样图案的变化丰富多彩，广泛在纺织品上用作装饰设计。如汉代服饰图案中有不少是“六角形”“菱形”“寿字形”“回纹形”等。有的以几何形状为底纹，中间辅以各种各样的自然纹样，使几何图案更为变化多端。

汉代服饰中“双菱纹”最为流行。这种图案纹样是由一个大的菱形两角附以小菱形，因为它像耳杯的形状，所以也称“杯纹”，这是自我国西汉以来最常见的一种传统染织工艺图案。

4. “吉祥寓意”的传统纹样

吉祥纹样是中国传统文化中带有吉祥寓意的各种题材的纹样的总称。吉祥纹样在汉代民间广泛流传，是人们向往追求美好生活而创造出来的一种艺术形式。汉代吉祥纹样大多以某些自然物象的寓意为手段，营造喜庆和吉祥的氛围，采用艺术美的纹饰和造型来寄托祈福的装饰设计，其功能涉及祝福、除恶，等等。

吉祥寓意的传统纹样，显示了中国传统的民风民俗。这些吉祥图案一般不是对自然属性的描绘，而是强调理想观念的形象，具有特定的象征意义。如科举时把莲花和鹭鸳绣在一起寓意仕途高升；喜庆节日时把莲花和鱼组合期望“连年有余”；在绣花鞋上绣猫、蝴蝶和牡丹即“耄（猫）耋（蝶）富贵”。吉祥纹样通常应用人物、花卉、飞禽、走兽、器物和字体等形象，以吉祥语、民间谚语、神话故事为题材，用借喻、比拟、双关、象征等表现手法，创造出图案和吉祥语的完美结合，凝结着人们美好的愿望。它赋予人们积极向上的意义和内涵，是中国人热爱生活、追求幸福的心理反映（图 2–6）。

图 2–6 延年益寿大宜子孙锦（东汉·复制件），原件出土于新疆民丰，苏州丝绸博物馆

三、秦汉色彩艺术

汉代印染技术已十分发达，马王堆一号汉墓出土的染色织物颜色已有二十多种，充分反映了当时的印染技术水平。根据对这些染料的化学成分分析，可知当时的植物染料有茜草、栀子和靛，矿物染料有朱砂和绢云母。这些植物和矿物可染出红、黄、蓝三色。黑色染料是用含有鞣酸的皂斗和含铁盐的涅相作用而成。

《礼记·玉藻》曰："衣正色，裳间色。"其染色遵从古制，体现了华夏阴阳五行信仰，并有青木、赤火、白金、黑水、玄天、黄地六象六色之说。除六正色外，还有对应的黄赤、青赤、赤白、青黄、青白等间色。配色以对比为主，运用色相对比和分区换色等配色方法，采用面积协调的形式美法则，使服装的整体色彩与图案色彩统一中见对比，对比中不失和谐。

这段时期的丝绸色彩，主要以朴素自然的搭配为审美诉求，通过色彩图案的搭配，使华丽的图案刺绣简单大气，展现简约之美；素色镶边和刺绣造型也形成了简约而华丽的区域间对比，这种朴素简约与华丽大气的搭配使得汉代服饰整体呈现出统一、协调的自然简约之美。

当时的服装制度，红衣为上，青绿次之，吏卒衣黑，平民衣白，罪犯衣赭。由此可见，服装的颜色要求在礼仪观念中得到了体现。与此同时，儒家的"礼仪"思想使得服装的色彩在搭配上呈现出多样性和规范性的统一，以"区分尊卑，明辨礼仪"，行为举止都符合规矩的教化目的。汉朝朝服立春穿青，立夏穿赤，季夏穿黄，立秋穿白，立冬穿皂，"礼乐教化"思想实现了在具体人格上"美"与"德"的统一，这最终体现在以"质朴"为美的汉代服饰的审美特质中。

与上层社会丰富多彩的服饰色彩相比，百姓的服装普遍色彩单一，主要是麻纤维的本白色和黑色。一方面，这些色彩原料易得、着色工艺简单，甚至不用着色，直接用纤维的本色。另一方面，对服装色彩的选择和搭配体现了"道化"的审美。如"以五采彰施于五色，作服，汝明"，意为用五种色彩制成五种颜色的服装，用来展示各自的特点和作用。对衣冠服饰的色彩不求鲜艳跳跃，只求合乎天意。不同的阶层、不同的场合，其服饰色彩应符合伦理，不得乱用。汉代文献中有"白衣"

之谓，实际上白衣也是下层民众生活中常见的服色。史书记载，汉成帝与期门郎和私奴微服私访，为了不引起人们注意，就穿着百姓的“白衣”。

秦汉铁甲戎装

戎装作为人类服饰文化的一个重要组成部分，体现军队的性质、突出军队的特点，并满足军队在不同环境下的工作生活，以及执行不同任务时的功能性着装要求。同时军队又是高度组织化的团体，尤其重视其服饰的实用功能、标识功能、保护功能和审美功能。

早期盔甲只遮住头、胸等人体的要害部位，后来的铠甲则主要由甲身、甲袖、甲裙组成。殷商时已有铜盔；周代时有用犀牛皮或水牛皮做成的胸甲；战国中期出现了铁甲，是一种比较简单的兽面状胸甲，以铁片制成鱼鳞或柳叶形状的甲片，经过穿组连缀而成，而且出现了铁头盔。秦代的铁质甲胄已占相当比例，但同时也使用着大量皮甲。说明秦代正处于战国至汉代甲胄质料发展转变的过渡阶段，这也是中国古代甲胄发展史上承上启下的关键时期。甲胄质地由皮革到铁质的改变，主要是因为战国至汉代进攻性武器由青铜转变为更锋利的铁兵器，迫使作为防护兵器的甲胄也随之改变。

铁兵器经过战国后期和秦代的发展，到西汉时已占主要地位。出土的西汉铠甲全都是铁甲，而且都是锻铁制成的，可见铁制铠甲在西汉已经普及，并逐渐成为军中主要装备。西汉的铁甲，当时称为“玄甲”，其被称作玄甲有两种可能性：其一指铁甲上涂的黑漆，其二指铁的颜色本来就是黑色（图 2–7）。曹丕《至广陵于马上作》有云：“戈矛成山林，玄甲耀日光。”

在陕西出土的被称为“世界第八大奇迹”“二十世纪考古史上的伟大发现之一”的秦兵马俑，被联合国教科文组织列为世界文化遗产，不但是中国人民也是全人类的珍贵文化财产。秦俑因为高度写实，所以体现的基本就是当时秦朝的戎装样貌。

图 2-7　汉代军俑，陕西历史博物馆

大批秦始皇陵兵马俑为人们提供了较为完整的中式铠甲的形象资料。出土的秦代兵俑分为步兵俑、军吏俑、骑士俑、射手俑等，他们的铠甲服饰装束体现出严格的等级制度。军官和骑士戴冠，普通士兵无冠。

步兵俑有三种。第一种是身穿长襦，外披铠甲，下穿短裤，腿扎行縢（即裹腿），足穿浅履或短靴，头顶右侧绾圆形发髻，手持弓弩、戈、矛等兵器。第二种的服装与第一种略同，但头戴赤钵头，腿缚护腿，足穿浅履。第三种的服装与第二种基本相同，但在脑后绾板状扁形发髻，不戴赤钵头。步兵铠甲主要由甲身、背甲和披膊三部分组成，三者之间用牛皮绳或麻线穿缀连接，甲衣的前后身和左右两侧均不设大的开口，只在甲衣的前胸右上侧设一个小的开口，穿着时从上套下，系上口子即可。步兵的甲衣不方便经常穿脱，但有利于甲衣固定，保护身体，使士兵在战斗中没有后顾之忧。

骑兵俑铠甲由前后两部分组成，双肩无披膊，前身略长于后身。没有披膊的铠甲使骑兵双手灵活方便，而前后的设计可以使骑兵在腹背受敌的时候有缓冲的可能。

跪射俑（图 2-8），以其生动的雕塑手法和精细的细节刻画而闻名。跪射俑通常身穿战袍，外披铠甲，头顶右侧或左侧绾一发髻，左腿屈蹲，右膝着地，双手置于身体右侧作握弓弩待发状。跪射俑的塑造比一般兵俑更加精细，对表情神态和发髻、甲片、履底等的刻画生动传神，真实表现了秦军作战的情景。

图 2-8　跪射俑，秦始皇兵马俑博物馆

图 2-9　将军俑，秦始皇兵马俑博物馆

将军俑（图 2-9），身穿双重长襦，外披彩色鱼鳞甲，下着长裤，足登方口齐头翘尖履，冠带系于颔下，打八字结。将军的铠甲是全部甲衣中最讲究的一种，甲衣由前后身两部分组成，前身较长，下摆呈尖角状；后身甲衣较短，为齐平的方正式。全身的甲片虽然不多，但做工小巧精致，上有绘彩，并有几朵用彩带绾结的花结。秦始皇陵兵马俑中，秦代的将军俑正身直立，双手交握腹前，表情威严，气宇轩昂。

在秦兵俑中最为常见的铠甲样式，即普通战士的装束，有这样一些特点：胸部的甲片都是上片压下片，腹部的甲片都是下片压上片，以便于活动。从胸腹的中线来看，所有甲片都由中间向两侧叠压，肩部甲片的组合与腹部相同。肩部、腹部和颈下周围的甲片都用连甲带连接，所有甲片上都有甲钉，钉数最多六枚。

秦代甲胄日趋成熟和完善，甲胄的形制、尺寸、结构等按一定级别各有定制。秦代是皮甲胄发展的最高阶段，同时铁甲作为新型戎装也有所发展。

秦汉是中国历史上最重要、最伟大的一个历史时期，服饰上展现了“衣冠上国、礼仪之邦”的威仪。秦汉舆服制度是对先秦以来服饰礼仪的继承和发扬，是对等级有别的服饰制度的进一步完善，是对技艺精湛的服饰工艺的进一步发展，在中国服饰史上具有重要的地位。

不拘一格的魏晋服饰

魏晋南北朝在中国历史上是一个相对复杂的时期，在混乱的局势下，古代小农经济生产的不发达和积贫积弱的社会弊端更加明显地显露出来。本土道教玄学和西方异质文化为民族服饰的发展增添了一定的光彩，南北交融对这一时期中原地区的风土人情及人们的生活习惯造成了巨大冲击。不拘一格的服饰文化正是在这样的大背景下发展起来的。

魏晋风度与文人形象

一、方离之衣

魏晋南北朝时期社会动荡不安，政治权力斗争激烈，文人士子难以施展抱负，故而崇尚玄学之道，从虚无缥缈的神仙境界中去寻找精神寄托。所谓玄学是一种抽象的思维理论，一种超越现实的存在；因此玄学也是一门玄妙、深远的学问。追求玄学的文人士子追求的往往是一种精神上的超越，他们蔑视礼法，举止言谈轻狂，超乎一般人的想象。文人们经常通过饮酒、清谈、佯狂等多种避世形式来排遣苦闷的心情。

“竹林七贤”是这个时期的文人代表，同时也是玄学的代表人物，主张“弃经典而尚老庄，蔑礼法而崇放达”。阮籍在《大人先生传》中写道：“大人先生披发飞鬓，衣方离之衣，绕绂阳之带。”正是受玄学的影响，大人先生着世俗不能见的服饰，在阳光下披头散发，宽大的衣服披在身上，衣带宽松，似乎只要轻轻一拉就能解开。大人先生的神态衣着给人一种远离世俗、不食人间烟火的美感，服饰美正是大人先生不拘于世俗，敢于根据自己的想法形成自己独特生活风格的表现。

《搜神记》载：“元康中，贵游子弟，相与为散发，裸身之饮。”这些贵游子弟披头散发，半裸着身子一起出游，反映的就是当时士人一种潇洒豪放、不受礼教约束的自由活法。这在一定程度上反映了当时人们对封建礼教的繁文缛节已经感到厌倦，所以只能把自己挣脱束缚的想法寄托于服饰与生活。

二、褒衣博带

魏晋士人在服饰上寻求突破，宣扬自由，宽袍大袖，袒胸露乳，披发跣足。当时的名士对穿衣有自己的一套风格，上衣的袖子从肘部开始做得特别宽，几乎可以拖到地面，衣料以柔软轻薄为主，腰间系上长带，有时还披着衣襟，这种服装被称为“褒衣博带”。

一方面，这种宽大的裙裾式服装历来是汉族衣装的主流，大体上承袭了秦汉遗俗。但在魏晋南北朝时期，有很多少数民族政权。在北方异族的占领下，到处是紧身窄袖的异族服装，“褒衣博带”不可避免地受到冲击与融合。当时的士族文人依旧坚持穿这种宽松的汉族衣冠，也有抵制外族文化入侵的意思。

另一方面，当时很多士子名流，甚至“竹林七贤”都喜欢服用五石散。五石散是一种大冷大热的药物，吃了以后必须疾走散发，不得穿窄衣，必须着宽袍，而且为了皮肤不被衣服擦伤，必须穿质地柔软的衣服，甚至敞胸露腹，要把衣服脱掉，再用冷水浇身，吃冷食，饮热酒。这在当时名士之中蔚然成风，服用五石散成为一种有身份、有地位的象征，所以名士皆着宽袍。而不服用五石散的众多名士观“七贤”也皆如此，为了紧跟风尚，便纷纷效仿，都以为这是一种超脱、不羁的态度。因此，魏晋南北朝时的文人服饰，尤其是南朝士子文人服装，皆趋向宽大，甚至不穿新衣而只穿宽大柔软的旧衣。《世说新语》中曾经记载：“桓车骑不好著新衣。浴后，妇故送新衣与。车骑大怒，催使持去。”

当时文人多着衫，衫在当时不仅仅是玄者与“竹林七贤”所穿，也是上流社会的服饰之一。衫与现在的衫完全不同，其形制与袍相仿，只是袖口不同，袖口有袪者为袍，无袪者为衫。就是衫不收口，不施袪口，袖口宽敞。当时衫已是不同阶级男子的通用常服，不论婚丧，都用白色薄丝绸制作，南北通行。其袖子之大，据《宋书·周朗传》记载：“凡一袖之大，足断为两；一裾之长，可分为二……宫中朝制一衣，庶家晚已裁学。”可知衣袖宽薄，上下早已相沿成习，可以说万里同风。

三、幅巾束首

从南朝大墓砖印壁画《竹林七贤与荣启期》及《北齐校书图》《高逸图》等名画中的人物形象上可以清楚地看到，这些隐逸之士，头上裹的都是皂巾，即“幅巾束首”。不仅魏晋的风流名士、文人使用巾子裹头，甚至各级将领亦头着缣巾。缣巾就是以缣束发的幅巾。缣，双丝织的微带黄的绢。《晋书》载：“汉末王公……以幅巾为雅，是以袁绍、崔钧之徒，虽为将帅，皆著缣巾。”幅巾成为一种表示儒雅的装束。而诸葛亮“羽扇纶巾”指挥战争的故事更是流传千古。所谓纶巾，就是用青丝带编成的头巾。相传为诸葛亮所发明，又名诸葛巾。当时还有折角巾、菱角巾、紫纶巾、白纶巾等。例如，东汉末年张角起义就因为头戴黄巾而被史称“黄巾起义”。

这一时期冠帽的形制颇具特色，汉代的巾帻虽然还在流行，但已有变革。如将帻后加高，中间呈平形，体积逐渐缩小至头顶之上，称“平上帻”或“小冠”。在小冠上加以笼巾，则称为“笼冠”。因为它是用黑漆细纱制成，又称“漆纱笼冠”，后世的乌纱帽就是由它演变而成。

魏晋是一个动荡的年代，也是一个横槊赋诗的年代，洒脱不羁、狂放恣意都凝聚在这个时代。“竹林七贤”的形象、陶渊明的诗文、王羲之的书法、顾恺之的笔画，都在历史上留下了光辉的文化印记。一个时代的气韵风骨，不仅仅在文人的笔墨文章中得以彰显，也在衣食住行的点点滴滴中得以传达。魏晋风骨所影响的服饰风格已经成为魏晋服饰文化中灿烂的组成部分，也成为中国服饰历史中绚烂多彩的一笔。

胡汉融合的服饰演变

随着东汉政权的瓦解，社会分裂，战乱不断，客观上刺激了中原地区和少数民族的文化相互碰撞，南北文化的融合在服饰的发展和演变上留下了深远的影响。“永嘉南渡”使大量中原人把北方的习俗带到了南方，给传统的汉族服饰注入了新鲜的血液。多民族的融合促进了各民族服饰的交流和相互借鉴，此时期的服饰与秦汉相比，存在着极大的复杂性与多样性，和后来的唐宋相比，存在极大的不稳定性。葛洪《抱朴子·讥惑篇》记载：“丧乱以来，事物屡变，冠履衣服，袖袂裁制，日月改易，无复一定，乍长乍短，一广一狭，忽高忽卑，或粗或细，所饰无常，以同为快。”然而事物的发展总是向着好的一面前进，经历了漫长时间的消化和融合，服饰还是向着更精美、更实用、更富有艺术气息的方向发展。

一、中原服饰的胡服之风

魏晋南北朝时期，大批北方少数民族，通过入侵、避难等方式迁入中原，同时将胡服的特色引进到汉族服饰中来。“袴褶”之服开始流行，袴是合裆裤；褶是左衽之袍，短身而广袖，本是便于骑乘的戎装，随后成为汉族人民的普遍穿着。

汉末名士吕范，为整肃军中风纪，自愿兼任管理军中杂服的都督一职。《三国志·吴书·吕范传》记载：“范出，更释褠，著袴褶。”“褠”（gǔn）是汉魏时期的礼服，吕范以士大夫自居，平时穿着士大夫所穿的褠，但是在担任作为下级军官的都督时则须着袴褶。可见汉末袴褶为将领之卑着及士卒之服。中国丝绸博物馆现藏的“长葆子孙”锦缘绢衣裤，即袴褶服制。其中锦缘绢衣、绢裤主体由本色素绢制成，其袖口、下摆、衣襟及裤脚处镶缝“长葆子孙”锦作缘（图 3–1）；其锦缘的组织结构和云气、动物和铭文图案具有典型的汉代风格。

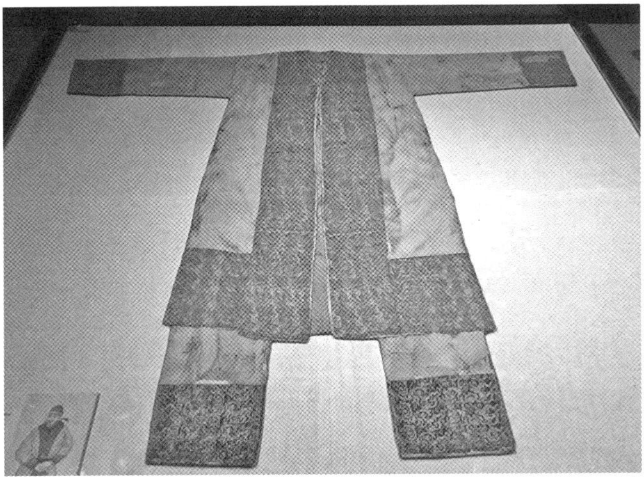

图 3–1 “长葆子孙”锦缘绢衣裤（汉代），中国丝绸博物馆

魏文帝曹丕为太子时，也好穿胡服狩猎。曹丕的老师崔琰曾上书劝谏，批评曹丕穿着胡人行旅卑贱的服装，以游猎为乐，违背圣人礼仪大义，希望他尽快烧毁猎具，舍弃行旅戎服。曹丕诚恳地接受了老师的批评，并表示以后再有类似的错误，请老师再次教诲。由此可见，在汉末魏初，袴褶之服饰虽然开始流行，但在当时正统派人士看来，袴褶仍是一种地位低下的衣服，有身份的人是不应该穿的。

魏晋后袴褶依旧是戎服，军中的官员无论职位高低，一般皆着袴褶。当皇帝亲征或者内外戒严的时候，文职官员也必须穿着袴褶。皇帝出猎时，侍从官员皆穿袴褶。如西晋太子太傅杨济“尝从武帝校猎北芒下，与侍中王济俱著布袴褶”。

等到了北朝，袴褶不仅仅作为戎服与常服，还一度成为朝服，应用范围较之前更为广泛。袴褶在女子的服饰中也占有一定地位。譬如晋侍中王济家“婢子百余人，皆绫罗裤”。袴褶样式本来是左衽、小袖，裤腿较瘦，但我们在现存的壁画、书籍古典、陶俑等形象中所发现的绝大多数是右衽，而且多是宽袍大袖，裤腿也较为肥大，形象似今天的裤裙，与下裳的形制相近。为了便于行动，多在膝盖处用绳或带扎起，故裤子的下部呈喇叭形状。太平无事的时候，撒开裤管使其成为衣裳，遇到紧急情况的时候，就扎起裤管使其成为缚裤，一举两得。这表明外来服饰在进入中原的过程中一点一点地发生变化，既保持了原来方便行动的特点，又适应了中原人民的需要和传统服饰的习惯，这大概就是它能迅速传播开来的重要因素。可以说被改造的袴褶是在南北文化的碰撞与交流中形成的，这是南北服饰文化碰撞的特别产物，是人民智慧和文化的结晶。

北方少数民族不用冠、簪，更没有冠冕制度。他们不像汉族那样将头发束成发髻，而是将头发编成辫子，或披散头发，或将头顶和前面的头发剃掉。所以他们习惯戴帽子。帽子的种类有很多，如“金缕合欢帽”“突骑帽”“风帽”“鲜卑帽”“浑脱帽”等。其中，鲜卑帽又称突骑帽、长帽、大头垂裙帽等。其特点是圆顶与人的头部的弯曲大小一致，帽子的前沿位于额部，在脑后及两侧都垂到肩部，下垂的地方被称为垂裙。垂裙的主要作用是在野外遮挡风沙，但亦可用于修饰个人的仪容仪表。鲜卑帽进入中原后一度颇为流行，不过魏晋以后在北魏孝文帝的服制改革下逐渐被冠冕等汉族传统服饰所取代，到北朝后期再度流行。在西魏、北周时期甚至成为官员上朝及宴会时所穿戴的正式服饰，其流行原因既是北方边镇军人掌权而引起的胡化回潮，又包含着相当一部分的个人因素。西魏、北周的创建者宇文泰脖子上有肉瘤，又不想被人看到，故时时戴着帽子，甚至面见皇上的时候也不摘下帽子，他的这一习惯被部下效仿，遂在社会上流行开来。

六朝的众多皇帝也甚是喜爱穿胡服，南齐的东昏侯萧宝卷“著织成袴褶，金薄帽，执七宝缚槊，戎服急装，不变寒暑”。南朝宋废帝刘昱“常著小袴褶，未尝服衣冠”。

当时最高档的服装就是裘装，其中以貂裘最为著名，毛皮制作而成的裘是北方的常用御寒工具，上到一国的天子王侯、朝中的王公大臣，下至庶民百姓、贩夫走卒皆着皮裘。这一时期不仅仅是北方，皮裘在南方诸地也相当流行，有时是出于御寒的目的，更多的作用其实是修饰仪表。《语林》中有所记载，谢万托词严寒向谢安乞裘，却被谢安识破，正说明了裘的高贵。“谢万就安乞裘，云：‘畏寒’，答曰：‘君妄语，正欲以为豪具耳。无复胜绵者。’以三十斤绵与谢。”

用鸟类羽毛制成的裘类，比如鹤裘、孔雀裘、雉鸡裘等，主要目的是取其光彩夺目的美化作用，而御寒作用却是其次。皮裘如制得再宽大一点，就被称为氅。东晋时前将军王恭曾身披鹤氅，在冬季涉小雪坐车而行，被人视之，误以为神仙临世而走，飘飘然也。

二、北魏孝文帝服饰改制

东汉末年，胡人内迁，导致五胡乱华、西晋灭亡。十六国时期，战乱频繁，匈奴、鲜卑、羯、氐、羌等北方少数民族政权，与中原王朝接触频繁，深刻影响着北方政局。直至鲜卑拓跋部建立北魏，统一北方，中国历史进入南北朝时期。北方少数民族统治者在不断南迁的过程中，一方面重用汉族士人，学习中原的礼法制度，另一方面追溯祖源至炎、黄二帝，表现出对政权正统性与合理性的追求，客观上推动了民族大融合的进程。

北魏统治者为了解决社会民族矛盾，统治汉族人口占绝大多数的中原地区，不得不接受汉族的文化。吸纳汉族士人进入统治阶层，在政治上借鉴中原礼制，在文化上追溯华夏祖源，学习汉语言、汉文化。北魏孝文帝改制后，拓跋鲜卑族表现出了对华夏文化的强烈认同。以服制为例，太和十八年（494 年），北魏迁都洛阳后，孝文帝推行汉化政策，改拓跋姓氏，率“群臣皆服汉魏衣冠”，使秦汉以来冠服旧制得以延续，推动了中华服饰文化的融合发展。

《魏书·蒋少游传》记载，“积六载乃成，始班赐百官”，可见孝文帝服饰改制并不顺利，持续了六年时间才得以完成，并最终将确定下来的服饰制度赏赐给各级官吏。但在南朝士人眼中，这种服饰改制仍有些不伦不类。南朝人褚緭曾作诗讽刺："帽上著笼冠，袴上著朱衣，不知是今是，不知非昔非。"

北魏孝明帝时再次对服装进行改革，依照汉晋时期服装的旧制，制定当时朝服的规定样式，服装进一步趋向博大，其程度已经超过了南朝。北魏末时，南朝陈庆之来到洛阳，才会十分仰羡。故有"羽仪服式，悉如魏法，江表士庶，竞相模楷，褒衣博带，被及秣陵"。

不过北魏统治后期，这种汉化趋势被战乱无奈中断，取而代之的是由北方边镇兴起而最终遍及中原的胡服潮流。由于东魏、西魏及其随后的北齐、北周都标榜自己是北魏政权的继承者，故在有关服装制式的法令上多遵循北魏后期的制度。《旧唐书·舆服志》记载："爰至北齐，有长帽短靴，合袴袄子，朱紫玄黄，各任所好，虽谒见君上，出入省寺，若非元正大会，一切通用。"可见到了北齐，服饰着装规定相对宽松，穿胡服是一种时尚，面见君王，出入朝堂，都照穿无妨（图 3–2~图 3–3）。

图 3–2 弹琵琶陶俑（北齐），中国国家博物馆

图 3–3 锦鞢刺绣靴（北朝），中国丝绸博物馆

《资治通鉴》记载："周主受朝于露门，始与群臣服汉、魏衣冠。"胡三省注曰："以此知后周之君臣，前此盖胡服也。"这里的胡服不仅指袴褶服，还指这一时期流行的圆领窄袖袍。北周武帝时宇文护始令在袍服上加下襕，使其具有下裳的形制，

就是对这种窄袖袍的改造，这种加襕的袍后来被称作“襕衫”，是隋唐时期相当流行的服饰。北周宣帝时期，天台侍卫官员都穿着五色及红紫绿衣，以杂色为缘，称为“品色衣”，有重大事件时与公服交替穿着。这种品色衣遂成为隋唐以后依据官品来区分朝服色的滥觞。

日本著名考古学家和东洋史学家原田淑人教授对中国服饰有深入研究，在《中国服装史》一书中提出：“原来中国的服制，宽阔的衣裳是其特性。但研究自中国各少数民族如匈奴、鲜卑、氐、羌等在北部国疆崛起以后，中原多少受有北方各民族的影响，如袴褶等胡服的盛行可见。尤其当春秋战国之际，中原王朝与北部各族交涉频繁，胡服的一部分，早已浸润在汉俗之中。例如武冠、革带，即融化在中国民族服装之中。到六朝时期，风行胡俗化，同时北朝力行汉俗化。在南朝，特别是梁以后，相当的胡俗化，自然的发展起来，遂为隋唐服装的前趋。”

南朝陈庆之曾说“羽仪服式”，则是在北魏经过改革后的汉族礼仪，其形制完备的程度已经大大超越了南朝，转过来为江南地区士人百姓竞相模仿。这也充分说明了，在南北融合的过程中，这种影响是双向的。北朝在主动地引导鲜卑贵族进行汉化的同时，也在不自觉地影响着南朝汉族的审美观，使他们戴鲜卑帽，改穿裲裆，袴褶等胡服，并且在本民族服饰的基础上，结合胡服的形制特征进行创新，创造了服饰设计的新浪潮，为隋唐时期服饰的繁荣，做出了不可磨灭的贡献。

三、胡汉交融的服饰纹样

魏晋南北朝时期，由游牧民族建立的少数民族政权在中原先后更替，胡汉文化相互共存，相互交融，催生出丰富多样的服饰纹样。

例如联珠孔雀罗，孔雀罗是指织品的孔雀纹样，也指织品本身具有孔雀般亮丽的色彩。同为丝织品，罗比较轻、软、稀、薄，与带彩色花纹的锦略有区别。北齐的并州仓曹参军，家财丰饶，曾经一下子拿出数十匹孔雀罗，作为重礼，送予他人。并州就是今天太原的故称，可见当时孔雀罗产于太行山之东，罗上的联珠纹则受外来的文化影响，源于波斯的萨珊王朝时期。联珠孔雀罗纹样利用圆圈和小点组成几何形纹样，对后世影响极为深远，现在很多流行的几何碎花纹和它是一脉相承的。此纹样主要由圆圈和点按照不同的形式组合成各种几何形状，画面大多以四方连续中的散点式构成，纹饰朴素大方，整洁有序，给人简洁明快的感觉。这一类纹样在秦汉并没有出现过，它是受游牧民族的影响产生的一类新纹样，后广泛流传开来。

服饰纹样作为特定的审美对象，是和时代的思想意识紧密相连的，当社会观念产生变化之后，服饰纹样也会随之变化。秦朝的纹样以动物的形态为主。汉朝政权稳固，经济发展，统治阶级希望可以长生不老，子嗣绵延，万世不断，皇权永固的思想在服饰的纹样中也逐渐清晰地展示出来。天上的日月星辰、传说中的神仙、珍禽瑞兽、花木藤蔓、吉祥文字和图纹开始出现在不同的服饰之中。从新疆楼兰出土的汉代织锦，大都是以充满神话色彩的动物、云气、山岳为主题，用起伏流动的曲线做成云气、山岳的骨骼，再在波纹的空白处分布龙、虎、麒麟、仙鹤或仙人骑马、老君骑牛等图案。魏晋南北朝时期，盛行于汉代的动物云气纹慢慢地衰退，纺织品上的纹样不如东汉时期的精致了。

魏晋南北朝时期，由于连年的战乱，社会局势动荡不安，民不聊生，原始的鬼怪崇拜已不能满足人们的精神需求。东汉时期从印度传入中国的佛教，此时找到了合适的社会土壤，在统治阶级的尊崇和倡导下迅速地传播开来。生死轮回、因果报应的佛教理论，对于当时正处于水深火热中渴望解脱的老百姓具有极大的诱惑力，信徒们怀着极大的忠诚把佛教的纹样迅速地发展起来，并将其充斥到社会各个角落。当时佛教有几种纹样广受追捧。

天王化生纹主要是由莲花、半身佛像及“天王”字样组成的服饰纹样。由于佛教的影响，更是因为人们对幸福、和平、美满的天国生活的向往，莲花在各种装饰中成为重点。莲花能成为佛教的标志主要是因为佛教的传说故事，据说佛祖释迦牟尼出生的时候曾经出现过“八祥瑞”的迹象。其中有一种就是在沼泽里长出像车盖一样大的莲花，在八种祥瑞出现以后，鲜花盛开，佛祖出生放出万丈光芒，每道光芒都变成千千万万的金色莲花，而且每朵莲花都有佛盘坐在上面。所以佛教常以莲花自喻。按佛教的礼仪说法，“天王”是欲界六天最下层的四大天王，如果凡人能够苦心修行，死后就能升天化佛。因此，由莲花、天王字样等组成的服饰纹样备受欢迎。

忍冬纹是佛教的另一个典型代表纹样。忍冬纹原本来自罗马的建筑纹样，后来由于佛教的影响，经由印度传入中国。在魏晋时期的纹样中，忍冬纹往往是和莲花纹结合在一起来用的。大多数忍冬纹被做成饰边，忍冬纹基本上用忍冬草侧面三叶尖作为元素，对其进行反复、翻转或相背，动态舒展翻卷，自然优美，体现了中国人的审美习惯。

繁华艳丽的女子服饰

魏晋的女服多承袭汉制，一般上身穿袄、衫、襦等，下身穿裙子。服饰风格有窄瘦和宽博之分。因为受到民族融合的影响，妇女们的服装除了大襟还有对襟。领与袖多施彩绣，腰间系一个围裳或是抱腰，也称腰彩，外面束一条丝带。服饰的色彩变化丰富，如白素的月白色、艳丽的红霞色、葡萄的紫红色或青绿色、石榴的红色、鲜艳的酒红色等。这些都充分说明了当时织绣印染技术已经比较成熟，为魏晋南北朝讲究服装色彩提供了一定的物质基础。

一、上俭下丰

魏晋时期女子穿着极其讲究，不仅样式繁多，其个性化特点也相当突出。北朝由于胡汉杂居的现象普遍，故汉族女子更多受到鲜卑等北方游牧民族的影响，在原有的服饰样式之外更多地着窄袖小袄。甚至在北魏孝文帝下令改穿汉族服装以后，仍有相当一部分妇女穿着胡服。北朝妇女喜着胡服，不仅是因为胡服穿起来行动方便，而且胡服能更好地衬托女性妖娆的身姿。对普通妇女来说，胡服更方便劳动。正是这些社会生活的因素，才引起了北朝时期妇女服饰的互相渗透和影响，并演绎出多元化的风格。

女子服饰在吸收少数民族服饰特色的同时，将传统的服饰进行了改造。两汉时期流行的深衣已不为男性所穿，但在女性间仍然流行着，只是在款式上有所改变，主要是下摆的变化，形成了上俭下丰的服装形式。从形制来看，衣身部分紧身合体，袖口肥大，裙多褶裥裙，长裙曳地，将下摆裁成数个三角形，上宽下尖，层叠相间，形状类似旌旗上的羽毛，围裳中伸出的数条飘带，走起路来摇曳飘舞，美艳无双。到了南北朝时，有些将摇曳飘带去掉，加上了尖角燕尾，又将服饰进行了改进，从而达到英俊潇洒的效果。再加上丰盛的首饰作为陪衬，反映出奢华靡丽之风，这些迷人的女服在东晋画家顾恺之的笔下留下了珍贵的视觉形象。

魏晋南北朝时期的女子罗裙更是五彩斑斓。当时贵妇穿多层长裙，《晋书·东宫旧事》曾记载，皇太子纳妃，有绛纱复裙、绛碧结绫复裙、丹碧纱纹双裙、紫碧纱纹绣缨双裙、紫碧纱縠双裙、丹碧杯纹双裙……其中极为精巧者则有珍珠点缀在上面，例如北齐武成帝高湛为自己的胡皇后造的珍珠裤裙，南北朝庾丹《秋闺有望诗》云："谁缝金缕裙？"

魏晋时期，妇女只能偶尔参与政治活动和社交活动，但即便是一些上层贵族和高官显宦的内眷，她们的服饰风格也同样要取决于丈夫官职的高低。等级最高的就是皇太后与皇后，其次是诸位嫔妃、公主，然后是根据品级高低依次排列的官员夫人，她们的服饰分礼服和常服。礼服的色彩和样式必须严格按照规定，如祭祀时必须着皂色，在举行亲蚕仪式的时候必须着蚕衣。皇太后和皇后为青上缥下，其余全是浑身青色，其配饰是绶带玉石之类。自皇后以下至较高官员等妇人，蚕衣又被当作朝服使用。

魏晋南北朝女子服饰的演变过程，与男子服饰一样，在承袭秦汉服制的同时也受到了少数民族服饰风格的影响，呈现出自然豁达、飘逸灵动的审美观。不同的是，男子将服饰中的上衣下裳，改为便于行动的裤褶等，服装的形制日益宽博，有着极力摆脱繁文缛节，追求通脱的优雅轻盈风姿；而女性则是将原有的裙裳变得更加丰富、艳丽。曹植《美女篇》云："罗衣何飘飘，轻裾随风还"，可见魏晋女子摇曳动人、飘逸灵动的自然美。在形制上，这种上俭下丰的服装样式，繁复多样的装饰和变化，也反映出魏晋女性追求自由奔放的生活方式。她们蔑视封建礼教给女子强制的职责和义务，追求与男子的平等，投身于艺术、文学和玄学研究，这种率性的行为背后隐含的是一种无言的反抗。

二、蝉鬓云髻

崔豹《古今注》记载："魏文帝宫人绝所宠者，有莫琼树、薛夜来、田尚衣、段巧笑四人，日夕在侧。琼树乃制蝉鬓，缥缈如蝉翼，故曰蝉鬓。巧笑始以锦衣丝履作紫粉拂面。尚衣能歌舞，夜来善为衣裳，一时冠绝。"又《妆台记》云："魏武帝令宫人扫黛眉，连头眉，一画连心细长，谓之仙娥妆；齐梁间多效之。"当时妇女对美妆的重视可见一斑。

这与当时妇女社会地位的提高有很大关系。特别是北朝，由于士族制遗风的影响，男女的交往，相对自由，妇女们并不是足不出户，在家中相夫教子，而是可以参加一系列有男子参与的社会活动，她们往往衣饰精美，尽情展示自我。表现在发髻上，则是变化多端，力求别具一格，引人注目。

当时妇女的发髻比之汉朝，既有传承，又有创新，如坠马髻、灵蛇髻、芙蓉髻、凌云髻、随云髻等。其中灵蛇髻的由来比较奇异。据《采兰杂志》载："甄后入魏宫，宫廷有绿蛇，口中恒有赤珠，若梧子大，不伤人；人欲害之，则不见。每日后梳妆，则盘结一髻形，后效而为髻，巧夺天工。故后髻每日不同，号为'灵蛇髻'。宫人拟之，十不得其一二。"

乐府诗《陌上桑》："秦氏有好女，自名为罗敷……头上倭堕髻，耳中明月珠。"南朝徐陵《玉台新咏序》："妆鸣蝉之薄鬓，照堕马之垂鬟。"这些诗歌表现的就是此类发髻典型的写照。少女通常将头发梳成双环或用发覆额，《洛神赋图》与《古帝王图》中陈文帝的侍女等皆是此类双环，左思《娇女诗》也有："吾家有娇女，皎皎颇白皙……鬓发覆广额，双耳似连璧。"

当时除将头发梳成各式发髻外，还流行戴假发髻。皇后、公主等使用的大十字髻就属于假发髻，东晋时曾十分流行。到北朝后期，妇女皆"剪剔以著假髻，而危邪之，状如飞鸟"。与南朝相比，虽同是假髻，但形式却又起了变化，姿态更加夸张灵动，犹如飞鸟状。

三、钗环装饰

首饰发展到魏晋南北朝，表现为富丽的特点。其取材之稀贵，名目之繁多，都是前所未有的。这显然与士族社会的奢靡风气有关。当时妇女发髻上的饰物有步摇、花钿、钗、簪、鲜花等。

步摇，《释名》称："上有垂珠，步则摇也。"本来应用范围局限于皇后、妃子、公主等贵族妇女，但在这一时期，实际使用范围要大得多。傅玄《有女篇》记载："头安金步摇，耳系明月珰。珠环约素腕，翠羽垂鲜光。"南朝女诗人沈满愿《咏步摇花》对其作了相当形象的描绘："珠华萦翡翠，宝叶间金琼。剪荷不似制，为花如自生。低枝拂绣领，微步动瑶瑛。但令云髻插，蛾眉本易成。"由于步摇可助长动姿之美，不仅流行于中原，同时也为边境少数民族妇女所喜爱。

钿是一种用金、银、珠宝、玉石等做成花朵型的饰物，用于掩饰头髻的簪子。后妃、公主及官员夫人都是用花钿的数量来区分等级的高低的。《明帝时宫人谣》："不服辟寒钿，那得帝王怜。"《敬酬柳仆射征怨》有："耳中解明月，头上落金钿。"

簪，是男女通用的饰物，男子用于将冠与头发相固定，而女子则用于固定头发。

钗，是女子常用的饰物。《释名》："钗，枝也，因形名之也。"这一时期，制作钗的原料有很多，例如金、银、铜、玉石、翡翠、玳瑁、琥珀等。用料精巧，一般常用的就是双股钗，但是还有一种金爵钗，也被称为雀钗。曹植《美女篇》记载："头上金爵钗，腰佩翠琅玕"。金爵钗是在钗头上做成雀的模样的钗子，花费不小，做工精美繁杂，故而是有身份、有地位的妇女所佩戴的。

珰，就是耳环，这一习俗起源于南方少数民族。《释名》对珰的解释是："穿耳施珠曰珰，此本出于蛮夷所为也。蛮夷妇女轻淫好走，故以此琅珰锤之也，今中国人仿之耳。"虽然其目的是束缚，然而珰随女子行走而摆动，助长动姿之美，故也为妇女所喜爱。

跳脱，也称条脱，是妇女在小臂所戴的金属饰物，垂手时则脱落在腕部，后世多称为臂钏或腕钏，也叫臂镯或者手镯。南朝梁简文帝萧纲《和湘东王名士悦倾城诗》云“衫轻见跳脱”，说的就是风吹动衫袖，露出臂钏。

《宋书·五行志》载：“晋惠帝元康中，妇女之饰有五兵佩，又以金银、玳瑁之属为斧、钺、戈、戟。”魏晋南北朝由于民族矛盾，阶级矛盾异常尖锐，而且战乱不断，这在妇女服饰上也集中体现出来，更说明社会环境的变化对妇女服饰影响至深。

宗教信仰下的僧服道袍

魏晋南北朝时期是我国古代衣冠服饰演变的一个重要时期，丝绸之路的不断发展，多元文化的交流，也使不同的宗教文化得到很好的发展。佛教广泛传播，道教也逐渐兴盛，还有来自西域各国的宗教在中原大地获得了广泛的信众。宗教服饰在此时期也应运而生了，并在世俗化的交流中逐渐形成了更为汉化的服饰趋向。尤其因佛教的兴盛而带来的僧衣得到了极大的发展，而道袍还停留在比较原始的状态，直到南朝梁时期，道教人物与佛教信众的服饰甚至可以互通。

一、北魏造像

佛教传入中国以后，逐步本土化。佛像服饰的变化，也反映了这种本土化的趋势，北魏造像服饰的演变，反映了民族风格的进一步发展。大抵来说，十六国时期的造像流传极少，北魏和平年间以前的造像也保留得不多，北魏和平年间，云冈石窟开始凿建，掀起了当时开窟造像的高潮，通肩式的服装逐渐退居次要地位，而在吸收外来艺术精华的基础上，出现了具有新特征的斜披式服装，而且成为造像的主要衣制。最初佛教僧侣还都是袒露右肩的，但是这种光着一条臂膀的样子，与我国古代的习俗不符，所以从北魏起，我国的僧侣服饰就有了改进，在肩膀上半搭偏衫，把裸露的肩膀遮起来，再到后来逐渐改穿有袖的僧衣。因此，斜披袈裟，肩上半搭偏衫的服饰是具有民族特色的。

偏衫出现在北魏时，高承《事物纪原》卷三“偏衫”条云：“僧尼之上服也。”赞宁《僧史略·服章法式》曰：“又后魏宫人见僧自恣，偏袒右肩，乃施一肩衣，号曰偏衫，全其两扇衿袖，失祇支之礼，自魏始也。”考古发现河北蔚县北魏太平真君五年（444 年）朱业微石造像的主尊，斜披袈裟，袒露右半身和右臂膀，在右肩上半披着斜衫，袈裟自左肩斜裹下来，并雕刻出稠密的条形衣褶纹，线条劲健，衣褶转折处棱角分明，内着僧祇支，衣裙褶纹稠密，向下呈扇形，覆于僧座之上。这尊造像完工于魏太武帝毁佛运动之前，其造像之服饰形制反映了北魏前期的僧侣服饰风格。

河北临漳邺城遗址出土的北魏正光二年（521 年）邓宣文造像，身穿圆领通肩大衣；北魏武泰元年（528 年）邓法念造像则是具备北魏晚期造像的特点，观音头戴莲花瓣状装饰的宝冠，面相长圆，颈戴项圈，腕饰钏，裸上身，披长巾。主像观世音，面相方圆，头戴宝冠，冠两侧宝缯飘垂至臂，身穿褒衣博带式大衣，内着僧祇支。

山东博兴出土的铜佛造像，追求形式严整，强调装饰化的风格，秀骨清像，风神飘逸的形象，反映出孝文帝迁都洛阳后，进一步推行改革政策，南朝造像风格影响到北方，上层社会风气由质朴豪逸转向优雅繁杂。山东莱州市出土的北魏景明三年（502 年）铜造像，左佛座肩斜披袈裟式偏衫；济南市出土的北朝石造像，衣纹线条流畅，显示出北朝晚期的艺术风格。山东邹县发现的东魏武定三年（545 年）造像和北齐天保八年（557 年）造像，均为单身观世音菩萨，面相清瘦，发髻呈馒头状高髻，身披通肩袈裟，内着僧祇支，具有山东地区北朝晚期铜佛像的特点。

我国早期佛教造像受印度犍陀罗风格的影响，多为袒右肩大衫，有高而清晰的犍陀罗式衣纹，如云冈、龙门的早期佛像等，都是如此。褒衣博带式的佛像服饰，则是在佛教造像中国化过程中出现的新形式。如四川茂汶南齐永明元年（483 年）造像碑的无量寿佛立像和弥勒佛坐像，皆着通肩直领大衫，下垂左右对称，均匀排列，整齐有序，是目前已知我国佛教造像中年代最早的褒衣博带式石刻造像。这种具有南朝风格的褒衣博带式服饰，到北魏时期北方才盛行。因此可以推断，褒衣博带式服饰是由南朝兴起，再从南方传到北方的，这与现实生活中的民族融合与服饰交流，以及佛教本土化的步伐是一致的。

二、黄巾羽衣

1. 黄巾与黄冠

道服，也叫作道衣，起源于东汉末年张角的黄巾起义。黄巾起义的口号是：“苍天已死，黄天当立。岁在甲子，天下大吉。”起义者皆裹黄头巾，以为标志。晋干宝《搜神记》记载：“灵帝中平元年，而张角起，置三十六方，徒众数十万，皆是黄巾，故天下号曰‘黄巾贼’，至今道服，由此而兴。”黄巾裹头，肩穿长衣，被服纯黄，曾是道教服饰的主要特点。

民间道教经过改造，逐步演变为官方可以接受的宗教，束发的黄巾也就演变为黄冠。黄冠就是道士用来束发的冠，一般使用金属或者木类制成，其色尚黄，由于道教徒皆戴黄冠，所以“黄冠”又成了道士的代名词。但是在习惯上只称男道士为黄冠，女道士不称黄冠，只是称女冠，因为男子二十而冠，不指明黄冠，则不能显出道和俗的区别；女子本无冠，凡有冠者必是女道士，则谓之女冠也。

绛色的束发之巾，亦称“绛帕头”，也多用于好老庄之学的文人。例如东汉末年向栩恒读《老子》，状如学道，又似狂生，好披发，着“绛绡头”；南阳张津，常着“绛帕头”。绡头和帕头，都是头巾，普通人也可以用，只是戴法不同。此外，还有金精巾、虎巾、青巾、虎文巾、金巾等，也是道教的头巾之名。

2. 羽衣与鹤氅

道教的理想是长生不老，羽化升天。道士别称“羽人”“羽士”“羽客”。道教称成仙为“羽化”，取其变化飞升之意。如《汉书·郊祀志上》载：“五利将军亦衣羽衣，立白茅上，受印。”颜师古注曰：“羽衣，以鸟羽为衣，取其神仙飞翔之意也。”五利将军，就是汉武帝时的方士栾大，方士是道士的前身，道士言飞升成仙，后来亦以“羽衣”指道士。

东晋王恭经常穿着鹤氅裘，涉雪而行，孟昶看见了，叹曰：“此真神仙中人也！”鹤氅，用鹤羽毛织成，仙鹤代表长寿，鹤氅是羽衣中的上品，所以身披鹤氅的人，被视为神仙中人。后来作为道士之衣的鹤氅，随着道士人数的增加与自然界鹤类的减少，实际上大多是用织物制成。其形制如被巾，无领，无袖，呈长方形，着时以纽扣缩结于颈，式如八卦衣，唯周身绣仙鹤。中国古代传统戏剧中的徐庶、诸葛亮等带有道家色彩的人物，亦都穿此服。这些羽人、仙人的服饰形象，反映了这一时期道教人物的服饰风貌，仍以黄冠与黄衣为主要特色，但也有“真仙道士，并戴玄冠，披翠帔”。

魏晋士兵的甲骑具装

能穿戴“甲骑具装”的军队，一定是重骑兵军队，这可是魏晋南北朝人的“特种部队”。当这些身穿“具装”的特种部队出场时，凛凛的气势会惊倒众人。只见军士们头戴盔套，身披战甲，手执盾牌，杀气凌人。就连战马，也穿戴一新，套上铁甲，显示出特种部队的种种不凡。光有威风气势还不行，“甲骑具装”也同样具有“袴褶”和“裲裆”的便利性，甚至还多了防身的作用。

“具装”由铠甲制成，为适应战争需要，人们对这种军服的设计也在不断变化，他们或将铠甲制成鱼鳞状，或用铁与皮合制。如此改造设计后的铠甲，极大地改变了铠甲笨重的缺点，使铠甲变得越来越轻便精细，军士们在战场厮杀，能减少一点负重。

裲裆铠是南北朝最为流行的一种铠甲，裲裆铠只在前胸和后背有两片甲在肩部用带连系，腰上束带。《释名》曰：“裲裆，其一当胸，其一当背也。”裲裆甲长至膝上。腰部以上都是胸甲，有的用小甲片编缀而成，前后衣在肩部相接。裲裆铠穿着方便，又适合活动，所以在当时非常流行。但是裲裆铠只能保护躯干部位，所以当时有地位的将领依旧会穿着保护功能最强的明光铠。

“明光铠”一词的来源，据说与胸前和背后的圆护有关。因为这种圆护大多以铜铁等金属制成，并且打磨得极光，颇似镜子。在战场上穿明光铠，由于太阳的照射，会发出耀眼的“明光”。所以明光铠又称明光甲，明光铠是一种比较精良、贵重的铠甲，不仅有披膊，腿裙，还有护颈，防护面积比其他的各种甲都大。除胸背甲是整块甲片外，其余都是用小甲片编缀而成的。

那个时候铠甲大多都使用铁制造，没有缝隙，很像欧洲那种全金属的胸甲，但问题是铁容易锈蚀，所以当时的人们就想了很多解决办法。经过多次实践，人们发现铁经过水磨后，不易生锈，而且还可以产生明亮的反光，这种反光可以使对方因目眩而不能直视自己，为穿这种铠甲的将士创造了有利的进攻时机。北魏时期的明光铠具有很高的防护功能和战斗力，配备完整，已经是严格意义上的重甲。这种铠甲的样式很多，而且繁简不一。有的只是在裲裆的基础上前后各加两块圆护，有的则装有护肩、护膝，复杂的还有数重护肩。身甲大多长至臀部，腰间用皮带系束。

筒袖铠流行于三国两晋时期，相传是诸葛亮研制的。这种铠甲的基本特征为以小块的鱼纹鳞甲或龟背纹甲片，前后连属，穿缀成圆筒状的甲身，并在肩部装有护肩的筒袖，能够保护上臂和腋下要害部位。在魏晋南北朝时期这样一个开放、创新的时代，筒袖铠这种创新设计的样式，达到了美感和功能性的较好融合。

魏晋南北朝服饰一改秦汉端庄稳重之风格，追求“仙风道骨”的飘逸与脱俗。南北交融的历史带动了汉族服饰与少数民族服饰文化的互相渗透。“褒衣博带”的服饰，独特的西域宗教纹样，上至王公贵族下到平民百姓都十分盛行。男子穿衣袒胸露乳，力求轻松、自然、随意的感觉；女子服饰则长裙曳地、大袖翩翩，饰带层层叠叠表现出优雅、飘逸之美。另外，玄学道教的兴盛，佛教文化的传播，对当时的服装形制和纹样也产生了深远的影响，带来了新的服饰美学观念。可以说魏晋南北朝的服饰在中华服装史上具有举足轻重的地位。作为魏晋文化的一种物化载体，其服装凝聚了一个时代的特色，表现出与众不同的服装风格。

气象万千的盛唐服饰

在我国源远流长的历史长河中，有一个鼎盛朝代，便是唐朝。唐朝国力强盛，是中国历史上最为灿烂的朝代。唐朝的政治经济高度发达，文化艺术空前繁荣，人民安居乐业，民族交融密切频繁。唐朝的京城长安，成了当时东西方文化交流的中心，曾经和唐朝政府有过友好往来的国家，有三百多个，灿烂的中国文化，通过他们传到世界各地。也正是因为大唐文化的兼容并包，唐朝的服饰呈现出气象万千、兼收并蓄的特点，服装款式、色彩、图案等都呈现出前所未有的新局面。而这一时期的女子服饰，可谓中国服装史上最为精彩的篇章，其冠服之丰美华丽，妆饰之奇异纷繁，令人目不暇接。唐朝的服饰对世界的影响也十分深远。时至今日，唐朝服饰仍影响着东亚地区的很多国家，其独特的造型、开放的样式、艳丽的色彩，让世人惊叹。

盛唐风貌的男子服饰

《新唐书·车服志》称，“群臣之服二十有一”，指唐代已确立了相对详尽的服制，但实际上的执行往往与典籍上所记不符，只有一部分被制作出来供大朝会或者其他祭祀大典礼时使用，其他公干出行、日常起居，男子不论贵贱一律着圆领袍衫。圆领袍衫是唐朝男子服装的主要形式。

一、圆领袍衫

圆领袍衫又称团领袍衫，样式为上衣下裳连属的深衣制。穿圆领袍衫时上戴幞头，下蹬乌皮六合靴，腰系革带。

唐代官员的袍衫，主要是以颜色来区别等级的。根据《旧唐书·舆服志》记载，贞观四年（630 年），定三品以上官员服紫色，五品以上服绯色，六品七品服绿色，八品九品服青色。后因“深青乱紫”，改八品九品服碧色。以后数朝变更，服色也有所变化，但大抵以紫、绯、绿、青四色来定官品高低。

受胡服的影响，袍衫在结构形式上与秦汉、魏晋时期相比有了很大的变化。中国衣冠所固有的褒衣大袖、长裙丝履的形式，到隋唐时期改为圆领、窄袖；领袖及襟已经没有了缘边，长至膝下，有的长度甚至已经达到了脚部。在唐朝，新型袍衫很受欢迎，不分尊卑贵贱都是一样的样式，普遍流行。这一时期的袍衫有很多种类型，如襕袍、襕衫、缺胯袍、缺胯衫、铭袍与铭衫等（图 4–1）。

图 4–1 步辇图（摹本），北京故宫博物院，田云升摄

1. 襕袍与襕衫

这是一种上衣下裳的连体形式的服饰，受胡服的影响而成，与深衣制有相同之处，也有不同之处。深衣为交领大袖，而且领、袖、襟均有缘饰。襕袍与襕衫就不同了，领子为圆领，袖口是窄袖，领、袖、襟均没有缘饰，是士人之上服，也就是所谓的常服。

襕袍、襕衫有一个最大的特点，就是在传统袍衫的下摆上施加一个横襕，因此而得名。在南北朝时期，北周武帝曾经下令，要效仿古制，在袍、衫下加一横襕，用以象征古代的下裳，可见其对上衣下裳制的传承。

2. 缺胯袍与缺胯衫

所谓的“缺胯”，是指在袍衫的两胯下开“衩儿”的一种形制，这种袍衫一般是庶民、婢仆等下等人的服装，因为这种袍衫是开衩的，利于行动，走路、干活等都很方便。陕西历史博物馆的唐三彩牵马俑穿的就是缺胯袍（图 4–2）。其形制为圆领、窄袖、缺胯，衣长至膝下，甚至到脚踝处。穿这种袍衫的时候，一般都会内着小口裤，可以将衫子的一角放在腰带间，这样的话，劳作时就会很方便，不会因为衣衫过长而烦恼，或是耽误劳作。这种着装方式也就是所谓的“缚衫”。

图 4–2 唐三彩牵马俑，陕西历史博物馆

3. 铭袍与铭衫

铭袍、铭衫与别的服饰很不一样，属于官服一类，铭袍与铭衫是指在袍衫上绣以“铭文”纹饰的服装。在武则天掌权后，曾经一度改制李唐的官员服饰，铭袍与铭衫是其统治时期实行的官服。

铭袍与铭衫的形制均为右衽、圆领、大袖。前面有鸟兽纹饰，背后有铭文，纹饰与铭文是依据文武官职的不同以及品级的高低来进行区分的。铭文的刺绣也很讲究，先在袍上绣出一个“山”形，然后再用金银线绕“山”形绣成回文铭，并绣以不同的鸟兽纹来区分文武、尊卑。自武则天时期开始，铭袍与铭衫代代沿袭，直至明清两朝，出现了一种独特的官服——补服。

二、幞头之制

幞头，又名折上巾、软裹，是一种包裹头部的纱罗软巾。因幞头所用纱罗通常为青黑色，也称“乌纱”，俗称“乌纱帽”。幞头是中国隋唐时期男子的普遍服饰。

沈从文在《中国服饰史》中称：“幞头之制出于北齐，隋唐之初逐步定型。这是一种用黑色纱罗做的软胎帽，裹在发髻的后部，稍稍突起并微微前倾；帽带两条系于帽顶前部，两条垂于颈后，或长或短，式样有三五种，初尚平头小样，而后渐高。唐开元年间玄宗赐臣下‘内样巾长脚罗幞头’，可知长脚式先出宫中，后垂的两条带子或下垂或上举，或斜耸一旁或交叉在后，带形初如梭子，继为腰圆式，中施丝弦为骨。”

幞头系在脑后的两根带子，称为幞头脚，开始称为“垂脚”或“软脚”。后来两根垂在脑后的带子加长，打结后可作装饰，称为“长脚罗幞头”。而幞头不仅仅是男子头衣，还在宫中广为流行，逐渐演变为乌纱帽。幞头和帻很是相似，都是由低到高不断变化的，发展时间长久，使用范围很广。

平式幞头，是一种软裹巾式，顶上的巾子较低而平，亦称“平头小样”，为一般士庶与官吏宴居时戴用。

软脚幞头是在幞头之下衬以“巾子”或“木围头”，使幞巾的外形平整固定，幞巾的两脚加厚并涂漆，使其平展下垂，行动时则飘动尔雅，为文官与学士所爱。

圆顶直脚幞头，是一种硬裹幞头，用“木围头”衬在额前，再用幞巾裹之；也可用藤草作内型，外糊皂纱，涂漆而成，其两脚用铁丝织成，外罩漆纱，使其向左右平伸，为朝臣与地方官吏所用，唐、宋、明历代皆有采用。

三、鞢带銙饰

唐朝时期，鞢带已是男子常服通用的东西，鞢是革带上以备挂物的小带子。因鞢带是从西北少数民族传入中原，至隋唐而盛行，故在唐朝初期，革带上所系鞢较多，盛唐以后减少，少数民族和东西邻国所系鞢较多，汉族所系较少，这是生活方式不同的缘故。过着游牧流动生活的少数民族，居无定所，需要随身携带弓、剑、砺（磨刀石）、火镰、帉（大巾）、帨（手巾）、针筒、算囊之类生活器具，带得越齐全，使用时越方便。汉族过着定居的生活，腰间东西挂得太多，反而感到累赘。北朝末期和隋唐初期，以鞢带上銙的质料和数目多少表示穿用者身份的高低，最高级的革带装十三銙，为皇帝及高级大臣所用。銙的形状有变化，唐太宗赐给功臣李靖的十三环玉带，銙形七方六圆。

《唐会要》中记载，景云二年（711 年）令内外官依上元元年（674 年）敕，文武官带七事，即算袋、刀子、砺石（磨刀石）、契苾真（雕刻用的小楔子）、哕厥（用以解绳结的小锥子）、针筒（存放纸张书信的小筒）、火石袋等鞢七事。后唐马缟《中华古今注》卷上说唐朝后来规定天子用九环带。唐有五品以上武官佩鞢七事的制度，但初唐绘画如《凌烟阁功臣像》和《步辇图》中的官员只佩香囊和鱼袋，而敦煌壁画中却有进香贵族佩鞢七事的形象，可见胡汉习俗的不同。自盛唐以后，汉族革带鞢渐少，至晚唐几乎不在革带上系鞢，只把带銙保留下来作为装饰了。

带銙有玉、金、银、铜、铁等不同质地，以玉銙最贵，唐代玉銙有素面的，有雕琢人物动物纹样的（图 4–3）。玉銙紧密排在革带上的称“排方”，排得稀疏不紧的，称为“稀方”。

图 4-3 “白玉纯方”带銙（唐代），陕西历史博物馆

革带尾端所装尾（又名挞尾、獭尾、鱼尾），带尾端原来由上向下反插，唐高宗诏令尾向下插垂头。《新唐书·车服志》说“腰带者，搢垂头以下，名曰鉈尾，取顺下之义。”唐代金带铭文都刻在尾上，前蜀王建墓出土的玉带具，尾也刻有铭文。从中唐时期起，革带除单带扣、单尾的款式以外，又出现了一种腰部左、右两侧各系一带扣和尾的双带扣双尾款式，系紧之后，双尾分垂两旁，起对称装饰效果。五代顾闳中《韩熙载夜宴图》中的执扇者是背侧身的姿势，正好能看清楚他的装束效果。这种革带，前腹和后背部分都可装銙，不像单尾带那样穿过扣眼后有一段会被銙带遮住，故到宋金时期就渐渐流行开来。

四、唐代胄甲

根据《唐六典》记载，唐代的铠甲有许多种，有明光、光要、细鳞、山文、乌锤、白布、皂绢、布背、皮甲、木甲、锁子等十三种。有的铠甲是以甲片的样式来命名的，还有一些是以制造材料命名的。唐代的胄甲，在实战中最为常用的，是铁甲和皮甲。除此之外还有绢布甲，它是用绢布一类的纺织品制成的铠甲，其结构轻巧，外形美观，但没有什么防御能力，不能用于实战，所以只能作为武将平时服饰或者举行仪仗时的装束。

在这些铠甲中，最著名的要数明光甲了。明光甲的胸部前后各安一个较大的圆护，有些在腹部也安一个较大的圆护，甲片叠压，光色耀人，可以振奋人心。李贺《雁门太守行》“黑云压城城欲摧，甲光向日金鳞开”，描写了边塞战争的紧张气氛和壮阔场景，敌人兵临城下，士兵们穿戴着金色鳞片状的盔甲准备迎战。在阳光下反射出震慑人心的光芒的甲片就是明光甲。

唐代军服大体为左右对称，方圆对比，大小配合，因此十分协调，并突出军服的整体感。铠甲里面要衬战袍，头戴金属头盔，即“兜鍪”，肩披“披膊”，肩戴“臂韝”，下身左右各垂“甲裳”，胫间有“吊腿”，脚蹬革靴。

铠甲不仅款式要符合作战需要，而且色彩也要体现军队的威力和勇往直前的精神。其色彩多以金色为主，另有紫色、五色配之，据军官级别，分别绣以各种凶禽猛兽。

在初唐时期，铠甲和戎服基本保持着南北朝以来的样式和形制。在贞观以后，进行了一系列服饰制度的改革，逐渐形成了具有唐代风格的军戎服饰。高宗、则天两朝，国力鼎盛，天下太平，但是上层集团的奢侈之风日趋严重，戎服以及铠甲的一部分逐渐脱离了其实战功能，演变成以装饰为主的礼仪服饰。中唐时期的铠甲要比初唐时期更加精致，甲衣上还有装饰，非常繁缛细致、美观豪华。在“安史之乱”后，胄甲才又恢复了其作战的实用状态。

五、服色品级

1. 皇帝宠黄

皇帝着黄色，并不自唐始，但黄服色成为帝王的专宠，却是这一时期形成的千年不易的制度，这就耐人寻味了。

根据五行五色学说，黄主中央之土。《礼记·郊特牲》中有“黄衣黄冠而祭”；又《月令》：“天子居大庙大室……衣黄衣，服黄玉。”汉代董仲舒将此学说整合到儒家系统之内，有了为帝王加持的儒家学说，黄色底蕴更见深厚，于是黄色一路流行起来。

儒家尚黄，道教亦尚黄。相传黄帝常着黄衣，汉代道教崇尚黄帝与老子，冠帽服履皆用黄色，以后相沿成习。唐代的韩愈在《华山女》一诗中写道“黄衣道士亦讲说，座下寥落如明星”。

更为有趣的是，佛教也尚黄，视黄色为神圣之色、超凡脱俗之色。不仅僧人着黄袍，佛像塑金身，寺庙还有黄墙、金顶、金幢（一种用黄色绸缎制成的圆帐状长筒饰品）等。

唐以前黄服色可以上下通服，如隋朝士卒服色就是黄色。但是到了唐高宗时代，却全面禁止官民服黄。直接诱因似乎纯属偶然，是洛阳县尉柳延穿黄色衣服夜行被人殴打事件。更为必然而深远的原因，乃是儒释道三教对黄色的一致尊崇。学说颇多歧异的儒释道三教，竟然不约而同地崇尚黄色并赋予它神化的内涵，尽管其内在的逻辑与依据大相径庭，但这股跨文化合力，就将黄色推到了前所未有的崇高地位。黄色成了神圣、崇高、祥瑞的体现。唐朝的帝王专享黄色也就有了充分的依据和十足的底气，黄袍就成为帝王的专属而代代不衰。

2. 品色衣

服饰等级制源远流长，在《周礼》《礼记》《仪礼》中，就对不同身份的人在不同场合的穿戴标准提出了明确的规范，并通过款式、面料、图案、佩饰等不同细节来区分等级。品色衣制度，起始于北周，形成于唐朝，是以衣服的色彩来区分官品高低的服制。利用系统化的色彩标识功能，无疑使等级区分更明显、更醒目。隋大业二年（606 年），制定舆服制度，明确提出让服色皆有等差。隋大业六年（610 年），诏从驾涉远者，文武官等皆着戎衣，贵贱异等，杂用五色。

唐承隋制。贞观四年（630 年），诏三品以上服紫，五品以上服绯，六品七品服绿，八品九品服青，妇人之服从夫之色。高宗上元元年（674 年），敕三品以上服紫，四品深绯，五品浅绯，六品深绿，七品浅绿，八品深青，九品浅青，庶人服黄。随着黄色成为皇帝的专宠，高宗很快又禁止官民服黄。

从太宗到高宗，且高宗在相距很短的时间内连连下诏强调品色衣，说明新的制度需要在不断地强调中巩固以成惯例，也似乎说明统治者敏锐地发现，品色衣在管理与监督方面带来了某种便利。

段成式《酉阳杂俎》记载了这么一个故事。唐明皇封禅泰山，张说为封禅史。按照惯例，凡封禅后自三公以下皆迁转一级。而张说的女婿，原九品官郑镒却骤然升迁至五品，穿上了绯红朝服。不久，明皇诏赐臣民聚饮，见郑官位腾跃，好生惊怪，疑而问之，郑无言以对。旁人不无含蓄地说此泰山之力也。以泰山指代丈人的典故由此而来。显然，倘若没有显示官员品级的品色衣，唐明皇怎能迅速地发现升官封爵的弊端呢？

唐虽沿袭隋制品色衣，但却更为严密精细。对官服色彩等级的强调，既有对周礼的继承，也有更新与变异。如定紫色为三品之尊，就是大有悖于儒教思想的，孔子就曾声讨齐桓公尚紫以及引发的紫服色流行现象。然而以紫为贵还是道教推崇的神仙境界。远在爱琴海地区的古希腊、罗马也一直视紫色为尊贵之色。自汉张骞通西域以来，丝绸之路在唐时更是盛况空前，西亚、北非、东欧的客人来来往往，服色的以紫为尊也许还有跨文化传播的因素。

3. 举子着白衣

唐士子还没有进入仕途时，都着白袍。《唐音癸签》就曾这样记录“举子麻衣”，麻衣即白衣。唐代推重进士，因为许多宰相都由进士出身，即使他们还未担任官职，但已经享有卿相的资望，因此也被称为“白衣公卿”或者“一品白衫”。

《周易·贲卦》中有“白贲无咎”，意思是纯洁无瑕，没有不祥，朴实无华，是最美的装饰。全国学子着素白之色，象征着读书人纯真无瑕、素净高洁的品行。汉代文人士大夫穿着素白鹤氅的形象也为学子们所崇尚。还有很多歌颂白衣的诗句，如“缟衣綦巾，聊乐我员”“白衣方外人，高闲溪中鹤”等。

佛教色彩文化中，把恶引起的果报称为“黑”，把善引起的果报称为“白”，可见“白”色在佛教是圣洁的象征。据说释迦牟尼“往胎”之相为白象。释迦牟尼“八相成道”之三则有白莲花，之六有白马。佛画中往往用白来表示菩提之心，比如观音菩萨的衣饰多用白色。《维摩诘经》说维摩诘居士“虽为白衣，奉持沙门清净律行”。

另外，唐代包容的民族政策，也使得各少数民族的文化或多或少影响了中原的服色文化。由北地入主中原的匈奴、鲜卑、羯、氐和羌等五个少数民族因为羊图腾、白灵石崇拜而多崇尚白色。而在唐代与内地有密切关系的吐蕃，原本就是古羌族的一支，属羊图腾白色崇拜的民族。他们本是游牧民族，草原上的云朵在空中飘动着，好似珍珠的羊群成为其生活的支柱、生命的依靠。雪白的羊毛羊皮为衣为裳，洁白的羊奶为饮为食，因而他们视白色若宝而顶礼膜拜。由于冬雪化为积水才可供人畜饮用，牧草才能丰盛，白色也象征着丰收与祥瑞。这一切都会对中原服色产生不同维度的渗透，不断地冲击着人们的服色观念。

开化风尚的女子衣裳

唐代开放的社会，使妇女获得了某种解脱，没有了那么多束缚她们的规矩。在独有的时代环境以及社会氛围下，妇女服饰款式众多，色彩艳丽，有很多创新装饰手法，其华美的风格使其成为中国服饰史上最重要的绚丽篇章，它不仅为灿烂的唐文化增添了光彩，也影响着后世历代妇女的服饰生活与文化。

一、半臂襦裙

1. 襦裙

襦裙是唐代的主要服饰，隋代至初唐时期，妇女穿的都是短襦，用的都是小袖。下身穿紧身长裙，裙腰较高，一般在腰部以上，有一些甚至到了腋下，而且还是用丝带系扎，给人们一种视觉上的美观，有一种俏丽修长的感觉。

按裙腰之高低，可将襦裙分为齐腰襦裙、高腰襦裙、齐胸襦裙。以领子的式样来分，将襦裙分为交领襦裙和直领襦裙。按是否夹里，将襦裙分为单襦和复襦，单襦近于衫，复襦则近于袄。襦衫以红紫为流行色，如唐诗常称之为“红罗襦”“紫罗衫”。

这种始于汉代的套装，在魏晋时期裙腰日高，上衣日短，衣袖日窄；后来又走向另一极端，衣袖加阔到二三尺。隋统一全国后，上襦又时兴小袖，贵族妇女内穿大袖衣，外面再披一件小袖衣，名披袄子。讲究用金缕蹙绣，听任小袖下垂，竟成一时风尚。唐代人长期穿小袖短襦和曳地长裙，但盛唐以后，贵族妇女衣着又转向阔大拖地，衣袖竟大过四尺，长裙拖地四五寸，不得不用法令加以限制。（图 4–4）。

图 4–4 韩熙载夜宴图（局部），中国国家博物馆，田云升摄

2. 半臂

半臂又称半袖，是从魏晋以来上襦发展而来的一种服饰，在唐代前期十分流行。形制有对襟、套头、翻领或无领式样，袖长齐肘，身长及腰，也有领口宽大、露臂套头的式样，呈袒胸状。面料多以精美的锦制成，色彩艳丽，花纹繁复，被称为“半臂锦”。唐代妇女一般将半臂穿在衫、襦外面，或是束在裙腰内，以小带子当胸结住，营造出风姿绰约的样子。隋唐初期，民族融合，社会风气开放，受胡风的影响，女子多穿窄袖紧身襦裙，外套半臂，显得身姿纤长。穿着半臂的风气逐渐由宫廷流传至民间，后来男子也有穿着。到了唐代中后期，服饰日趋肥大，襦裙之外很难套上半臂，因此半臂的使用范围也就慢慢缩小了。

3. 石榴裙

石榴裙，是唐代年轻女子极为青睐的一种服饰款式。这种裙子色如石榴之红，鲜艳夺目，使女子俏丽动人。石榴裙一般上配深色短小襦衣，裙腰高束，上短下长，年轻女子穿上后，妩媚动人，像一朵石榴花。

关于石榴裙，还有一个浪漫的故事。“拜倒在石榴裙下”与唐明皇和杨贵妃有关。传说杨贵妃非常喜爱石榴花。唐天宝年间，唐明皇投其所好，在华清池西绣岭、王母祠等地广泛栽种石榴，每当石榴花竞放之际，这位风流天子即设酒宴于“炽红火热”的石榴花丛中。杨贵妃饮酒后，两腮绯红，唐明皇爱欣赏宠妃的妩媚醉态，常将贵妃被酒染之粉颈红云与石榴花相比谁红得艳丽。因唐明皇过分宠爱杨贵妃，不理朝政，大臣们不敢指责皇上，就迁怒于杨贵妃，往往对她拒不施礼。一天唐明皇设宴召群臣共饮，并邀杨玉环献舞助兴。可贵妃端起酒杯送到明皇唇边，向皇上耳语道：“这些臣子大多对臣妾侧目而视，不施礼，不恭敬，我不愿为他们献舞。”唐明皇闻之，感到宠妃受了委屈，立即下令，所有文官武将，见了贵妃一律施礼，拒不跪拜者，以欺君之罪严惩。众臣无奈，凡见到杨玉环身着石榴裙走来，无不纷纷下跪施礼。于是“拜倒在石榴裙下”的典故流传千年，至今成了崇拜女性的俗语。

石榴裙流传的时间很久远，从南北朝开始，一直有关于石榴裙的诗词描写。南北朝诗人何思澄《南苑逢美人》中有“风卷葡萄带，日照石榴裙”；唐代诗人白居易《官宅》诗云“移舟木兰棹，行酒石榴裙”；白居易《和春深二十首》“眉欺杨柳叶，裙妒石榴花”；杜审言《戏赠赵使君美人》“红粉青娥映楚云，桃花马上石榴裙”；武则天《如意娘》“不信比来长下泪，开箱验取石榴裙”；万楚《五日观妓》“眉黛夺将萱草色，红裙妒杀石榴花”；韦庄《赠姬人》“莫恨红裙破，休嫌白屋低”。白居易在《琵琶行》中也曾提及，他描写了那位弹琵琶的女子色艺惊人：“曲罢曾教善才服，妆成每被秋娘妒。……钿头银篦击节碎，血色罗裙翻酒污。”这“血色罗裙”即石榴裙。宋代的刘铉《乌夜啼》：“垂杨影里残红，甚匆匆，只有榴花，全不怨东风。暮雨急，晓鸦湿，绿玲珑，比似茜裙初染，一般同。”明代徐渭《燕京五月歌》：“石榴花发街欲焚，蟠枝屈朵皆崩云。千门万户买不尽，剩与女儿染红裙。”可见，石榴裙真的深受女子喜爱，石榴裙的美也被一代又一代诗人不断咏唱。

唐代的妇女，对裙子特别钟情。除石榴裙外，还有许多别致的款式。初时，裙子窄而瘦长，穿者将裙子提得很靠上，甚至提到胸部，故唐诗中有“慢束罗裙半露胸”的句子。到盛唐时，将裙子制作得精美华丽，有的裙子价格昂贵，主要式样有间裙、百鸟裙、花笼裙等。间裙，即用两种或两种以上颜色的材料互相间隔排列而做成的裙子，每一间隔叫作“一破”，有“六破”“七破”和“十二破”之分，颜色有红绿、红黄、黄白诸种。百鸟裙，是用多种飞禽的羽毛捻成线织成的裙子，因做工考究，故立体感强，“正视为一色，旁视为一色，目中为一色，影中为一色”，穿上它“百鸟之状皆见”。可以说唐代的裙子款式新颖、质料上佳、图案精美、颜色丰富等，其制作工艺达到了前所未有的水平（图 4–5）。

（a）

（b）

（c）

图 4–5 唐代陶俑

（a）唐三彩女立俑，陕西历史博物馆

（b）陶女俑（唐代），苏州博物馆西馆

（c）陶乐舞俑（唐代），苏州博物馆西馆

4. 内衣诃子

唐代女子喜欢穿半露胸式裙装，她们将裙子高束于胸际，然后在胸下部系一阔带，两肩、颈、上胸及后背无带且袒露，穿时由后及前，胸前有一排扣子系合，或用其他带子系束，外披透明罗纱，内衣若隐若现。内衣面料考究，多为织锦，色彩缤纷，与今天流行的“内衣外穿”颇为相似。为配合这样的穿着习惯，内衣需无带，称为“诃子”。

做“诃子”常用的面料为“织成”，这种面料挺括略有弹性，比较厚实，穿时在胸下扎两根带子束紧以支撑胸部，使两肋至腰部臀部形成诱人的曲线。“织成”保证胸的上部分达到挺立的效果。这时候的内衣功效已经有点接近今天的美体内衣了。唐代画家周昉《簪花仕女图》里的女性就带有一种健康丰腴的自然美，她们的裙子高束在胸际，在胸部下方系一根装饰性的锦带，外穿透明绣花罗纱衫和随风飘曳的披帛，臂膀、后背与前胸若隐若现。裙子里面的“诃子”在画面上表现不出来，但这正是“诃子”的特点，“诃子”没有带子，在胸际为“一字形”的包缠式。这是唐代女性那份自信与坦然，是古代女性自然形体美的亮相。

据《唐宋遗史》及《绿窗新话》等书记述，这种内衣为杨贵妃所创。杨贵妃与安禄山私通，两人颇为狂悖，无意之间安禄山的指甲误伤了贵妃的胸部，贵妃担心被皇帝发觉，于是制“诃子”以遮之。后宫嫔妃未悉深情，反以为未肯露乳，觉得新奇，遂群起效之，成为一时风俗。由此可见，“遮丑”也是内衣的主要功能之一。“诃子”的美在于藏而不露，隐而不显。

另外，在唐代，只有有身份的人才能穿开胸衫，永泰公主可以半裸胸，歌女可以半裸胸以取悦统治阶级，而平民百姓家的女子是不允许半裸胸的。唐朝的“诃子”应当是现代女子所用胸罩的雏形，“诃子”作为内衣的功效也更接近于今天的女性内衣。

5. 披帛

在盛唐流行的“披帛”，是由六朝之“帔子”形成的。帔子和披帛，均可以披在女子肩上。帔子较短，披帛略长，又说在室用披帛，外出用帔子。唐代女子通过披帛来展示自身的窈窕，成为当时的一种时尚。在唐代绘画及陶俑中我们常见女子肩背披一丝帛，所用的布料为轻薄的纱罗，上面还印画图纹。因其长度在两米以上，所以用时要将其披在肩上，并且盘绕于两臂之间。唐代画家张萱的《捣练图》描绘了当时妇女在捣练、络线、熨烫、缝衣时的场景。画中的“练”为一种丝绸，质地较硬，所以在煮熟以后需要经过一定的处理，使其变得柔软，然后再用熨斗熨平即可。图中的妇女皆为成年妇女，身着短襦，肩搭披帛，可见披帛在唐代妇女中十分流行。

二、袒露之风

在唐代以前，服饰还是比较保守的，男子赤身裸体便被视为无礼之举，女子比男子的地位低，更不可以袒露身体。随着中西文化的交流和胡服的流行，唐代女子服饰渐趋开放。从唐代遗址出土的一些彩绘石雕以及唐代仕女图中我们可以看到女子服饰流行袒领，领子低开，袒胸露颈，着半露胸式长裙。

在敦煌莫高窟中，有许多半裸赤身的雕塑，比如半裸体的彩塑菩萨和彩绘半裸体飞天等。在唐代画家周昉《簪花仕女图》中，仕女身着长裙，而这些长裙通常为领子直至胸前，而双肩、双臂和大部分胸背都是袒露在外的，只是披上了一件相对比较轻薄宽松的大衫衣，透白的肌肤清晰可见。古诗中的“粉胸半掩疑晴雪”“胸前如雪脸如莲”“长留白雪占胸前”等诗句，都是对当时服饰的真实描写，可见唐代女子服饰的前卫与大胆。

早在初唐时，宫中就已经开始慢慢流行低领的服饰了，但是领口比较小，整体相对比较保守。到了盛唐以后，宫中低领逐渐流向民间，民间也开始流行领子又大又低的服饰，但是这些服饰并不是人们日常穿的，而是在特定的节日和平时嬉戏游玩或赏花时才会穿。到了中唐和晚唐，袒胸服饰在一些劳动妇女中变得十分普遍。在《逢邻女》一诗中，诗人周濆就这样写道：“日高邻女笑相逢，慢束罗裙半露胸。莫向秋池照绿水，参差羞杀白芙蓉。”

唐代女子勇于袒胸露肩、向世人展示属于自己的美体之风，袒露之美，与女性地位的不断提高和唐代多元的文化以及开放的心态是分不开的。据《唐六典》记载，八世纪的长安有百万总人口，各国侨民和外籍居民约占百分之五。唐先后和三百多个国家有交往，最少时也有七十多个。当时长安城中有三十多个国家的使臣、商人和留学生，仅在国学中学习的留学生就有来自高句丽、百济、新罗、日本以及吐蕃、高昌等国家和民族的八千余人，说明长安已成为各国各族人民聚居的国际化大都市。不少士兵、将军、朝廷官员甚至对外使节都由外国人来担任，西域诸国也尊崇拥戴唐太宗为天可汗。中国当时的版图一直延伸到里海和阿富汗以及印度边界的广大地区。这样一来，不同国家不同民族的服饰款型，不同的服饰观念与习俗，不同的服饰传统与心态，就会渐渐发生变化，变得彼此亲近与相融起来，包括西方欣赏人体美的风俗文化，也在一定程度上影响了唐代女子的服饰变化。

鲁迅先生曾说过“唐人大有胡气”。唐朝皇室有许多人是具有少数民族血统的。据史料记载，李世民有着八分之一的胡人血统。长孙皇后的祖先即北魏献文帝拓跋弘之兄，她的姓氏经历西魏北周王公大人的身份，才改为长孙。太宗时太子李承乾就喜说突厥语，着突厥服。武则天母亲杨氏与隋杨为一家，隋炀帝的一个女儿为李世民之妃，而隋炀帝即出自独孤氏，独孤氏也是鲜卑大姓。当时朝中这样的人有很多，也可以看出少数民族首领与有门第的汉人联姻，经过北朝各个阶段，成为一种新型的贵族，也有垄断朝政的倾向。因此，在唐代胡服胡风的流行也不可避免。胡人本来就一直有袒裸的习惯和风俗，这也就能解释唐代女子袒露之风的渊源了。

另外，唐代服饰的袒裸之风应与佛教的流传有很大关系。唐朝人们尊崇的儒道释三教中，对佛教的信仰普遍度较高。在佛教文化中，这种袒露的服饰并不少见，寺院中和尚披袈裟，多露一肩一臂。许多佛像在雕塑及壁画中也可见袒露身体。敦煌壁画中飞天女神形象就富有对人体美感的追求。这种袒露之风也许还深受景教的影响。基督教认为：人是上帝按照自身形象创造出来的。那么上帝就赋予了人自有的光辉与尊严。景教，是基督教的分教，同时还获得过皇帝的准许，建寺长安，传教百年，所以它独特的文化和思想观念也会在民间流传开来。

因此，在唐代人们视露体为寻常事情，着装没有什么特殊的要求和忌讳，开放式的服装样式随处可见。今天我们看到唐人的着装多引入不同的格调，有着不同的创新和前所未有的风貌，甚至新异、奇崛、怪诞。因为在唐人那里，不同文化格局下的服饰观念不受阻碍而得以广泛传播，不同意味的款式都能模仿交流而不受扼杀，不同凡俗的服饰有了更为广阔的展现空间和发展余地，因为这里有多样的标准与超脱的眼界。

三、女着男装

唐朝的女性喜欢着男装曾经风靡一时，成为我国服饰历史上最为亮丽的一道风景线。女着男装，它所展示的不仅仅是女子对男子服饰的欣赏，更是社会环境与历史文化的不断开放与融合。这种新思潮、新着装是对传统着装观念的冲击与刷新。着男装的女性，多了一份豪迈与潇洒，对自身有了前所未有的自信与珍重。

女着男装的风俗自古有之。《晏子春秋》中记载："灵公好妇人而丈夫饰者，国人尽服之。公使吏禁之，曰：'女子而男子饰者，裂其衣，断其带。'裂衣断带，相望而不止。晏子见，公问曰：'寡人使吏禁女子而男子饰者，裂断其衣带，相而望不止者，何也？'晏子对曰：'君使服之于内，而禁之于外，犹悬牛首于门而卖马肉于内也。公何以不使内勿服，则外莫敢为也。'公曰：'善。'使内勿服，不逾月而国人莫之服。"意思是齐灵公喜欢内宫的女子穿扮男人服饰，全国女人全都效仿穿男人服装。灵公派官吏禁止她们，并且指出："穿扮男人服饰的女子，撕破她的衣服，扯断她的衣带。"尽管人们看见有人被撕破衣服，扯断衣带，但还是不能禁止。晏子进见时，灵公问道："我派出官吏禁止女子穿扮男人服饰，撕破她们的衣服，扯断她们的衣带，还是止不住，为什么啊？"晏子回答说："您让宫内妇女穿扮男人服饰，却在宫外禁止它，就如同在门口挂牛头却在里面卖马肉，您为什么不先从宫内女人开始禁止，那么外面也就没有人敢了。"灵公说："好。"即令宫内不要女扮男装，过了一个月，全国就没有女子穿扮男人服饰了。

在传统封建社会中，女扮男装，往往是女性迫于无奈的扮饰手段，或是寻求新鲜感，或是对男权社会的反抗手段。如乐府诗中描述的花木兰、戏曲中的祝英台等女扮男装，那都是迫不得已、隐瞒自身性别的服饰欺骗行为。而唐代的女着男装则是公开化、生活化与普遍化。

女着男装的现象首先出现在上层社会。《新唐书·李石传》中说禁中有两件金乌锦袍，是玄宗与杨贵妃游幸温泉时穿的。杨贵妃身着金乌锦袍，自然会引发女着男装的新潮。《新唐书·五行志》中记录了这一现象："开元初，从驾宫人骑马者，皆著胡帽，靓妆露面，无复障蔽，士庶之家，又相仿效，帷帽之制，绝不行用。俄又露髻驰骋，或有著丈夫衣服靴衫，而尊卑内外，斯一贯矣。"

值得注意的是，《新唐书·五行志》记载了太平公主女扮男装的新风貌："高宗尝内宴，太平公主紫衫、玉带、皂罗折上巾，具纷砺七事，歌舞于帝前。帝与武后笑曰：'女子不可为武官，何为此装束？'"说的是高宗内宴时，太平公主以全新的扮饰为之歌舞，她头戴黑色罗纱折上巾，身穿紫色袍，腰间系玉带，带环上分别饰有帉、砺等"七事"，高宗一看，笑对武后说，女子不能做武官，怎么这般装饰呢？面对女儿男装扮饰，帝后不曾训诫，不曾斥退，没有伦理风化的联想与担忧，没有闺阁风范的强调，只是彼此笑谈而已，可见是以宽厚的心态予以默许，或许还有欣赏的意味。

其实，获得默许甚或赞赏，不只是公主的撒娇邀宠，嬉乐笑闹。如上述种种，在当时的现实环境中，女着男装也是在更为广阔的场景中的普遍现象。如高祖之女平阳公主和在安史之乱中勇杀叛贼的侯四娘等，都是直接披挂戎装，在千军万马的军阵前指挥杀敌的巾帼英雄。再如唐永泰公主墓壁画的侍女中，就有一戴幞头、着胡装、穿乌皮靴的男装形象。唐张萱《虢国夫人游春图》中九位女子骑马随行，竟有五人穿男式圆领袍衫，下身穿长裤和靴子。

不只文物，倘翻及有关唐人的典籍文献，类似资料也十分常见。《大唐新语》记载："天宝中，士流之妻，或衣丈夫服，靴衫鞭帽，内外一贯矣。"《新唐书·车服志》记载："中宗后……宫人从驾，皆胡帽乘马，海内效之，至露髻驰骋，而帷帽亦废，有衣男子衣而靴，如奚、契丹之服。"《唐语林》记载："武宗王才人有宠。帝身长大，才人亦类。帝每从禽作乐，才人必从。常令才人与帝同装束，苑中射猎，帝与才人南北走马。"

女着男装，就其浅近而直接的原因来说，自然是外来的胡服带来了可资参照的行为模式。胡人原本男女同装，更何况西域诸国着装习俗不断强化这一趋势。如《洛阳伽蓝记》讲于阗国“其俗妇人袴衫束带乘马驰走，与丈夫无异”。再如《文献通考·四裔考》讲占城风俗：“妇人亦脑后摄髻，无笄梳，其服与拜揖与男子同。”

但就其更为深刻的社会氛围与时代原因来说，则与唐代宽厚的文化不无关系。甚至还可猜测到武则天称帝唤起唐代女性如男子那样有所作为的特殊感受，而着装扮饰如男子则是这一思路的初步实践与直接现实。儒道虽不无贬损女性的思维定式，但畅通无阻的佛学宣扬众生平等的观念，可能会给女着男装带来理论底气。恰恰也是自武则天时代起，佛学趋于大盛，而妇女喜着丈夫衣服靴衫成为更普遍的社会现象。着装行为与时代联系看似宽泛而疏远，实则内在而密切。

千人千面的时世梳妆

唐代的时世梳妆整体风格大胆开放、浪漫夸张，可以新奇前卫，可以稚拙浪漫，可以复古简朴，可以异想天开，可谓千姿百态、变化万千。唐代女性的个性得到尊重与张扬，不同的时尚观念与习俗互通互融，各行其道，百花争艳，随意自在，充分彰显了太平盛世的大唐风度，反映了唐代社会的繁荣与开放。

一、面部妆容

唐代女子化妆过程大致分为七个步骤：敷铅粉、抹胭脂、画黛眉、贴花钿、画面靥、描斜红、点口脂。铅粉质地细腻，多用于面部、颈部以及胸部，涂抹后使女子“纤白明媚”。胭脂是提取红蓝花汁再加以猪脂和牛髓制作成的一种膏状颜料。黛眉是用黛勾勒出不同式样的眉毛。花钿是一种额饰，材料多为金箔、云母片、黑光纸以及鱼鳃骨等，将这些材料剪制成各种各样的花的形状。在花的种类里，梅花最为常见，常常贴在眉间，如最负盛名的梅花妆。面靥是面部上的一种点染，为的是使女子们的妆容更加唯美。斜红是位于面颊太阳穴处胭脂染绘的两道红色的月牙形纹饰，是中晚唐时期妇女的一种时髦的打扮形式（图 4–6）。《唐语林》还记载晚唐穆宗时期，有女子将眉拔掉而在眼睛上下画上三四道血痕，称作“血染妆”。

图 4–6 弈棋仕女图（唐代）
中国国家博物馆
田云升摄

1. 敷铅粉

古人化妆的第一个步骤是敷铅粉，作用与现在打粉底类似，都是为了凸显自己肤白貌美。据《说文解字》记载：“粉，敷面者也，从米声分。”由此推测，古代女子敷面，最早用的是米粒研磨出来的米粉。米粉的制作是有要求的，毕竟是要用在面颊上的。《齐民要术》就详细记载了米粉制作方法，米要选用粱米或粟米，将米磨成细粉沉于凉水发酵，再洗去酸气，然后用一个圆形的粉钵盛以米汁使其沉淀，最后放在日头下暴晒，晒干后的粉末即可用来敷面。

米粉之后，人们又发明了铅粉，《神农百草经》就提到过女性用铅丹和粉锡化妆。铅是炼丹的附属品，经醋化的白铅变得像米粉一样细腻，“洗净铅华”中的铅华其实就是铅粉。铅粉是重金属，虽然涂在脸上会增白，但长期使用会有副作用，让皮肤发青、发黄，使妙龄少女最后变成了黄脸婆。不过这也吓不跑爱美的女性，因为她们在铅粉中添加辅料调和使用。唐人喜欢在粉中掺入西域香料，称作迎蝶粉；宋人将益母草、蚌粉等调制成玉女桃花粉；明人则以玉簪花为主料，制作成玉簪粉。

2. 抹胭脂

唐代称胭脂为“红粉”，妇女以胭脂做红妆风靡一时，诗人也一再歌咏这种妆容。孟浩然的《春情》诗写道：“青楼晓日珠帘映，红粉春妆宝镜催。”《敦煌曲子词·竹枝子》记载：“恨小郎游荡经年，不施红粉镜台前，只是焚香祷祝天。”

传说体态丰腴的杨贵妃，到了夏天流的香汗都是红色的，可见涂抹胭脂之多。但这还不算最夸张，花蕊夫人《宫词》中曾描写过这样一个宫女，“归到院中重洗面，金花盆里泼银泥”，宫女只是洗把脸就把整盆水染成了银泥浆，可见当时女子浓妆艳抹之盛。

3. 画黛眉

眉毛是面部最为传神的一个部位，也会使面部更加立体，所以古人将眉毛称作“七情之虹”，因此眉妆在中国古代的地位远高于眼妆。诗词中多以“远山黛青”“翠螺玉舒”等华丽的辞藻来描写女子的双眉，甚至还有“张敞画眉”这样的闺房逸事。话说张敞妻子幼时受伤，眉角有了缺憾，张敞每日为妻子画眉，形容伉俪情深。

战国没有特定画眉毛的材料，于是女子们就把柳枝烧焦，然后将其涂在眉毛上。屈原在《楚辞·大招》中记载“粉白黛黑，施芳泽只”，“黛”是一种青黑色的颜料，专供女子画眉。那时还没有眉笔，女孩子一般用青色的柳枝点着稀释后的颜料画眉。唐代女子眉毛样式种类繁多，玄宗在四川的时候曾命令画工画《十眉图》，名目有鸳鸯眉、小山眉、倒晕眉等。初时流行阔眉，后流行浓且长之眉，唐玄宗时期尚细与淡，中晚唐时期，眉则作八字低颦，《簪花仕女图》中女子也有作短促而斜上如蛾翅者。

4. 贴花钿

在莫高窟第130窟《都督夫人礼佛图》中，“女十一娘”和“女十三娘”两个少女的妆容繁复，略有些青春年少的俏皮、爱美的情趣。特别是十一娘，在面颊、嘴角、眉角处贴有花钿。

贴花钿，是用丝绸、彩纸、金箔、云母片等材料剪成样式各异的装饰物，粘贴在眉心或前额，也可以贴在两颊或嘴角等处，形状有圆形、菱形、月形、桃形以及花、鸟、鱼、蝴蝶、鸳鸯等，颜色主要是红、绿、黄三色。

贴花钿始于南北朝时期寿阳公主的“梅花妆”，到了唐朝，美丽的姑娘们不再满足于单一的花瓣，而是改用金箔、银箔等来装饰，甚至用昆虫的翅膀、鸟类的羽毛剪出花样贴在额头，就如同《木兰辞》中的那句“对镜帖花黄”。

5. 画面靥

靥指酒窝，酒窝是很吸引人的，有些人的酒窝很深，看起来就很好看。画面靥是在女子的面颊两旁，用丹青、朱红等颜料点缀出各种形状。不仅仅有红色圆点，还有很多形状，有的面靥形如钱币，称为“钱点”；有的状如杏桃，称为“杏靥”；还有各种花卉的形状，称为“花靥”。到了晚唐五代时期，面靥更加盛行，有的女子甚至将剪成花鸟虫鱼的面靥贴得满脸都是。

相传，面靥妆始于宫廷，一开始并不是为了装饰，而是一种特殊的标记。当某个后妃来例假时，不能被帝王临幸，又羞于启齿，就在脸上点两个小红点，女史见了不会列名安排侍寝。后来，面靥逐渐成为一种装饰，流传到了民间。

6. 描斜红

南北朝时，斜红开始流行起来，就是在眼角两旁各画一条红色的月牙形，涂抹的深浅、粗细各有不同，在唐代的宫廷中颇受女性欢迎。唐代墓葬出土的女俑也有此妆容，面部常有月牙形妆容，色泽浓艳，造型古怪，有的还被故意描绘成残破妆，远远看去，宛如白净的脸上平添两道伤疤。

相传斜红的来历，还真和伤疤有关。《妆楼记》记述了一个传说。三国时期，魏文帝曹丕宫中新添了一名宫女，名叫薛夜来，文帝对她宠爱有加。一天夜里，文帝正在灯下读书，四周围以水晶制成的屏风，流光溢彩。薛夜来悄无声息地走向文帝，一不留神，竟一头撞上屏风，顿时血流如注，伤处如朝霞将散，愈合后留下两道疤痕。她忧心忡忡，以为毁容后定要失宠，谁知这种楚楚动人的面容，令文帝对她更为怜惜。其他宫女见此情状，也模仿薛夜来的样子，用胭脂在脸部画上血痕，取名“晓霞妆”，后来演变成一种特殊的妆式——斜红。

7. 点口脂

口脂，即口红。在唐代，仅供制作口脂的植物就多达二三十种。唐人以蜂蜡代替前人的动物脂膏，又掺以朱砂、紫草，终于调试出红色、粉红、红褐色等不同色号的口脂。

唐朝的唇妆种类也是异常繁多，仅晚唐的三十多年时间里，唇式就出现了十七种，有圆形、心形、鞍形等，其中最风靡的要数樱桃形和花朵形。古人崇尚“樱桃小口一点点”，为了达到这种效果，女孩子们先用白色打底以覆盖唇色，然后用口脂在嘴唇正中画出唇形。

唐代的种种面妆展示了唐代女子放任、自由与浪漫的情怀以及对服饰美感意识的充分自觉。不断地尝试，不断地吸纳，不断地出新，只是为了增加自身的魅力，为了美感本身。这对于中国传统服饰文化，是一次伟大的进步与拓展。

二、发髻梳妆

唐代近三百年，女子的发髻样式和插戴妆容可以说是中国古代最为丰富繁多的时期。女子追求妆梳的美丽，既承袭前朝，又模仿他国与其他民族，在发式、头饰、佩饰上都有对于美的创意。

早在两汉时期，贵族妇女就已经开始流行梳高髻，汉代民谣中有“城中好高髻，四方高一尺”的形容。并流行用假髻使发髻进一步增高。汉代文字记载中有“凌云髻”“望仙九鬟髻”等名，均是形容高髻之美。高耸的发髻使人显得增高，突出女性的窈窕，给予人们一种视觉盛宴，更重要的是表明了地位的尊贵。“凌云”“望仙”等名，则更赋予了一层通神升仙的神秘意味。因此人间的贵妇，天界的仙女，无不以头上高耸的云髻来显示其地位身份的独特。

到了魏晋南北朝时期，高髻与高鬟更加流行，也更重视对发髻的装饰。“钗朵多而讶重，髻鬟高而畏风。”髻与鬟的区别在于空心和实心，鬟是中空作环形，多为未婚年轻女子所梳饰，有垂鬟和高鬟之别。东晋顾恺之的名画《洛神赋图》中的洛神，头上梳的就是当时宫中贵族妇女流行的高鬟，以这种发式突出人物年轻貌美的特征。

到了唐代，妇女的发式造型之精美前所未有，高低错落婀娜多姿，华丽繁复达到顶峰。有文字记载的发式名称就有几十种，其中许多都在敦煌壁画中得到了再现。但无论新的发式如何层出不穷，对高髻的崇尚都一直未变。唐诗中吟咏的“插花向高髻”“翠髻高丛绿鬓虚”“髻鬟峨峨高一尺”等都如实反映了当时的风气。

在当时，头饰也是必不可少的，簪、钗、步摇、钿、花等都是发上饰品。这些饰品多以玉、金、银、玳瑁等材料制成，工艺十分精美。簪、钗常成对使用，而且用法不仅仅是一种，可以横插、斜插或者倒插。步摇是其中的精品，常用金玉制成鸟雀状，雀口衔挂珠串，随步行摇颤，倍增韵致。唐中后期妇女中还盛行插梳，将小花梳饰于发上，因其精致美观，带给人们不一样的感觉，看着更加唯美。

三、元和时世妆

唐代诗人白居易有一首著名的诗歌《时世妆》，描绘的是唐宪宗元和年间女子的妆容变化。诗中有云：“时世妆，时世妆，出自城中传四方。时世流行无远近，腮不施朱面无粉，乌膏注唇唇似泥，双眉画作八字低。妍媸黑白失本态，妆成尽似含悲啼。圆鬟无鬓堆髻样，斜红不晕赭面状。昔闻被发伊川中，辛有见之知有戎。元和妆梳君记取，髻堆面赭非华风。”

元和时期流行的时世妆容呈现出一种怪异的审美，又叫作“啼妆”，因其“状似悲啼者”故名。两腮不施朱粉，以乌膏注唇，作八字眉，赭面、圆鬟、无鬓、堆髻，所以白居易才发出了“非华风”的感叹。而这种妆容与中唐时期盛行的回鹘服相匹配时，更显得格格不入。回鹘服颜色鲜艳华丽，而元和时期的时世妆却暗淡无光；回鹘服略似男子的长袍，而时世妆的八字眉却显示出女性娇弱委屈的一面；回鹘服以暖色调为主，而时世妆却喜乌唇。服饰体现出一种对少数民族强势权力的崇拜，而妆容则体现出一种惹人怜爱的病态美。

此外，盛唐各式各样的配饰、发髻样式、妆容样式也逐渐消失在人们的视野中。国家在经历安史之乱后走向了下坡路，妆容所体现出的美也出现了消极的色彩。毋庸置疑，这种病态颓废的妆容是不符合整个国家改革弊政、渴望中兴的社会潮流的，因此唐文宗也对女子的妆容进行了一些规定："妇人衣青碧缬，平头小花草履、彩帛缦成履，而禁高髻、险妆、去眉、开额及吴越高头草履。"

然而就像是不能挽救每况愈下的国力一样，文宗政令并没有让这种妆容消失。世风所行，这种颓废美在晚唐更为盛行，显示了整个国家所弥漫的矫饰病态、日益衰败的景象。白居易还在另一首诗《和梦游春诗一百韵》中明确指出："风流薄梳洗，时世宽妆束。"而他的朋友元稹则在《寄乐天书》中说："近世妇人……衣服修广之度，及匹配色泽，尤剧怪艳。"值得注意的是，白居易的这些诗歌，全然没有像孔子那样对披发左衽的抗拒，虽最后指明这一时世妆是胡俗风貌而非华夏传统，但仍不乏从容宽厚的叙述态度。

应该看到，如此宽厚容物的态度，固然有白居易眼界与学养的因素，但主要还是时代的氛围使然。有唐一代，时尚的潮流波澜起伏，浩浩荡荡，上到宫廷官署，下到村镇市井，东西南北中，官士农工商……无时无处无人不在模仿追求流动的时尚。

皇帝可以是时尚策动之源。唐玄宗不喜冠服，玄宗一朝不喜冠服的大臣就很多，名相姚崇甚至死后也不以冠服陪葬。唐文宗喜穿桂管布衫，于是满朝都穿桂管布衫。前蜀后主王衍好戴大帽，结果士民皆戴大帽。皇室贵族也因地位显赫而成为服饰模仿流动的对象。如赵公长孙无忌用黑羊毛做浑脱毡帽，"天下慕之"，名为"赵公浑脱"。安乐公主用百鸟羽毛织成毛裙，"百官百姓家效之"。再如杨贵妃的黄裙子、韩熙载的轻纱帽、南唐周后的高髻纤裳与首翘鬓朵等，在不同时期不同范围内，都成了众人崇拜模仿的对象。

正如白居易、元稹诗文所咏叹的那样，异域胡服更是流行的重点。前期有直接受西北民族如高昌、回鹘文化的影响，间接受波斯诸国影响的高髻翻领小袖长袍；后期有主要受吐蕃影响的蛮鬟椎髻、乌唇黄脸与八字低眉的面饰与发型。它们在不同时期都成为时尚聚焦的风范。

兼容并蓄的胡服风尚

唐代中国在政治、经济、军事、文化、中外关系等各个方面都取得了辉煌的成就。唐朝崇高的国际地位和辉煌的经济文化成就，使中国成为亚洲诸国经济文化交流的桥梁和中心。与西北各民族往来甚密，因此胡服之风也影响到唐人的装束，同时也孕育了中华文明开放的着装制度，并对后世影响颇深（图 4-7~ 图 4-8）。

图 4-7 陶文官俑（唐代），苏州市横塘新兴大队唐墓出土，苏州博物馆西馆

图 4-8 陶武士俑（唐代），苏州博物馆西馆

从乾陵章怀太子墓、永泰公主墓及吐鲁番阿斯塔那张礼臣墓出土的壁画、绢画中可知，唐人胡装，由锦绣帽、窄袖袍、浑裆裤等组成。衣式为对襟、翻领、窄袖，领子、袖口和衣襟等部位多缘一道宽阔的锦边。

沈从文先生在《中国古代服饰研究》一书中认为，开元天宝年间妇女着胡服，也许是受回鹘文化的影响。天宝三载（744年）回鹘在蒙古高原建立了回纥汗国，接受唐朝册封，从此与内地关系密切起来。回鹘装遂令汉族妇女着迷，引起了模仿流行之风。花蕊夫人《宫词》描写的正是这一着装风貌："明朝腊日官家出，随驾先须点内人。回鹘衣装回鹘马，就中偏称小腰身。"

唐人不只着少数民族之服，还着大量异国之服。盛唐举世瞩目，条条大路通长安，万国衣冠拜冕旒。与唐王朝来往的国家数以百计。唐长安城不只住着汉族人、回纥人、龟兹人、南诏人，还有大量外国人如日本人、新罗人、天竺人、波斯人、大食人等。这些兄弟民族及外国人云集长安并常驻于此，胡服在中原地区盛行，与此影响有关。雄伟壮丽的长安大街，成为当时世界上最为瞩目、最为宽阔的T台，让尽可能多的民族服饰在此间展演与示美。

唐人崇尚胡服，妇女着胡服者甚多。《新唐书·车服志》记载："开元中……奴婢服襕衫，而士女衣胡服。"这似与胡舞的流行有关。从记载来看，胡舞的动作姿态，与舞者的服饰有密切关系。如从西域康国传入的胡旋舞，"舞二人，绯袄，锦领袖，绿绫浑裆袴，赤皮靴，白袴帑，舞急转如风，俗谓之胡旋。"再如从石国传入的胡腾舞，舞人须戴虚顶帽，着窄袖细毡衫。唐刘言史《王中丞宅夜观舞胡腾》记载："石国胡儿人见少，蹲舞尊前急如鸟。织成蕃帽虚顶尖，细氎胡衫双袖小。"可见异族服饰的别具一格。

唐玄宗、杨贵妃喜胡舞，上有所好，下必甚焉，如白居易诗《胡旋女》所述"臣妾人人学圜转"。既然人人学胡舞，那么服饰装扮也自然在模仿中流行起来。可见从艺术到生活往往只是很短的距离，因为服饰本身就兼备了实用与审美的双重功能。于是这一演变的轨迹，便顺理成章地从对胡舞的崇尚，演绎到对胡服的模仿，进而是胡女盛行的格局。元稹诗《法曲》咏叹道："女为胡妇学胡妆，伎进胡音务胡乐"，"胡音胡骑与胡妆，五十年来竞纷泊"。模仿到痴迷时，甚至一个微小的细节也不放过。例如舞者腰带上往往系一金属小铃，随舞步发出有节奏而清越的声响。它以闪光的色彩、悬垂的动感、精致的形态和悦耳的音韵进入服饰，便平添一份鲜亮，一份活泼，一份童趣。这既是西域舞服的点缀，也是日常服装的美饰，唐人模仿胡舞时，爱屋及乌，自然也洎来了这一缀饰。

唐人着胡服不单是模仿既有的款式，同时也接受新的着装观念与习俗。外来服饰款式与观念带来了强有力的新异感与冲撞感，譬如袒胸装的出现与流行，再譬如脱帽礼。北朝胡人自不知亦可不理孔子“君子正其衣冠”的教导，他们没有着冠为尊、脱帽失礼的习俗与观念。没有如此文化积淀的他们，从容地演绎着自己以脱帽为乐的习俗，并且将这一切渗透到隋唐朝野。《资治通鉴·梁纪十》记载，孝庄帝想谋杀尔朱荣，为骗其入朝，派元徽假报太子出生之喜，见面后，“徽脱荣帽，欢舞盘旋”。可见脱帽欢舞虽然在儒家看来是失礼，是放荡不羁，却有着特殊的风俗习惯和时代背景。

不仅如此，胡服还被引入了官服制度中。袴褶服到隋唐时代成为一般朝服。据《武德令》，此服要求头戴平巾帻，上身五品以上紫褶加两裆，六品以下绯褶加两裆；下身白裤，束起梁带，脚穿靴。《武德令》不仅针对武官，唐太宗下令百官朔望日上朝都要服此款式。到了武后文明元年（684 年），不仅在京的百官每日上朝要穿，诸州县长官在公衙也要穿袴褶。《新唐书·车服志》记载：“平巾帻者，乘马之服……紫褶，白袴……有靴。”群臣“袴褶之制：五品以上，细绫及罗为之，六品以下，小绫为之；三品以上紫，五品以上绯，七品以上绿，九品以上碧”，流外官员、宫娥彩女等，均按一定制度穿用袴褶。到玄宗朝甚至规定百官上朝时必须穿袴褶服，否则论罪。

武则天当朝时，创造过一种新型服饰，即在不同职别的官员袍服上绣以不同的纹样，文禽武兽而泽被深远。玄宗时，朝服也“多参戎狄之制”，朝服制度规范而森严。个人着装则活泼得多，有了多样的参照系，方能融会贯通，不断出新。《新唐书·五行志》记载：“安乐公主使尚方合百鸟毛织二裙，正视为一色，傍视为一色，日中为一色，影中为一色，而百鸟之状皆见。”千姿百态的异域风貌不只带来了别样的款式、质料、图案与色彩等，更像打开了一座取之不尽、用之不竭的服饰思想库，从而不断地引发借鉴与创新的冲动与构思（图 4–9~ 图 4–10）。

图 4-9　唐三彩釉陶载乐骆驼，中国国家博物馆

图 4-10　唐三彩釉陶载乐骆驼，中国国家博物馆

新装自然会带来新感觉。从宫廷到市井，从城镇到朔漠，上上下下，男男女女，不断变换的胡服，使日常生活充满了情趣与乐趣。今日紧身小袖，明日宽衣大袖，不断翻新的款式与装饰，把美的因素融进生活的每时每刻之中，融进人类的举手投足之间。唐代是中国文化登峰造极的时代，制度完备，文化粲然。唐朝的服饰受到多元文化的影响，兼容并包的大唐风尚，创造了前所未有的大唐服饰盛景。

高贵典雅的宋代服饰

宋朝是中国历史上商品经济、文化教育、科学技术高度繁荣的时代，结束了五代十国的混乱局面，中国又进入了经济繁荣、文化昌盛的太平盛世。陈寅恪言：“华夏民族之文化，历数千载之演进，造极于赵宋之世。”

在经济上，宋朝商业发达，服务业昌盛，上层社会生活奢靡；在文化上，朝廷重视文人，“唐宋八大家”里，宋朝就有六个；在科技方面，沈括写了《梦溪笔谈》，四大发明也在宋朝被改进和应用。从北宋画家张择端所绘《清明上河图》可见，当时的北宋都城汴京（今河南开封）商品经济发达，市民生活繁荣，这在客观上影响了宋朝服饰的发展。

宋代纺织业发达，特别是丝织品的产量、质量以及花色品种都有较大幅度增长与提高，因此在服饰材质的运用上要比唐代更加丰富。另外，对后世影响至深的宋明理学，儒、道、佛思想的互相渗透，以及宋王朝重文轻武、尊孔复古的统治思想，在一定程度上影响了艺术和美学的发展，形成了宋代独有的理性之美。诸如在建筑上用白墙黑瓦与木质本色；在绘画上多强调水墨淡彩；在陶瓷釉色上突出单色。宋代服饰总的来说，低调奢华有内涵，服装款式虽没有唐代大胆开放，却也十分典雅高贵。

端庄风雅的男子服饰

宋代在服装制度上，非常重视中华传统，《宋史·舆服志》中记载了几次服制改革。聂崇义编《三礼图》，是为了“详求原始”，详细考证制度，“遵其文”“释其器”，以“恢尧舜之典，总夏商之礼”“仿虞周汉唐之旧”。在历代舆服志中，《宋史·舆服志》篇幅最长，规定最严谨，文化气息也最浓。

一、宋代官服

宋代官服大部分沿袭唐代，分为祭服、朝服、公服、时服、戎服和丧服等。宋代朝服，也叫具服，是祭祀及朝会等重大典礼时穿的服装。朱衣朱裳衬以白罗中单、腰束大带、绯罗蔽膝、颈项下垂白罗方心曲领、着白绫袜黑色皮履，挂以玉剑、玉佩、锦绶，风格端庄典雅。这种服饰，因官职大小有所不同，六品以下就没有中单、佩剑及锦绶。

公服，又名“从省服”，是百官日常上朝的服装。以曲领大袖、腰间束革带为主要形式，通过服色区别等级，三品以上穿紫色，五品以上穿朱红色，七品以上穿绿色，九品以上穿青色。五品以上都要佩挂金银装饰的鱼袋，从而区分职位高低。

时服是皇帝按季节赐发给官臣的衣物，袍、袄、衫、袍肚、裤等，大部分织有鸟兽的锦纹。

常服指“燕居服”，即“私服”。宋时常服“袍”有宽袖广身和窄袖窄身两种类型，有官职者着锦袍，无官职者着白布袍。

着朝服时必戴进贤冠、貂蝉冠、獬豸冠。进贤冠冠后有“纳言”，以示忠正，这是五品以上高官朝会的首服。貂蝉冠也叫笼巾，貂象征“内劲而外温”，蝉象征“居高食洁”，这是中书门下的首服。獬豸冠，即法冠，取其“能触邪佞”之意，这是御史大夫、中丞的首服。冠上有梁，以梁的多少来分等级爵位。

幞头也是宋代官吏的常见首服。上到皇帝，下至普通官员，在朝会、处理公务时，要穿礼服，戴幞头。这种幞头多用藤或草编织巾里，外面用漆纱。它与唐代幞头相比，有所改进，大多数为直角。起初，两支左右平直展开，后来，两支伸展加长。穿公服时头戴幞头，一般都用硬翅，展其两角，只有穿便服时才戴软脚幞头。

官吏也戴头巾。按款式分，有圆顶巾、方顶巾、琴顶巾等；按质料分，有纱巾、绸巾等；按人名分，有东坡巾、程子巾、山谷巾等。东坡巾，又名乌角巾，因宋代文豪苏东坡所戴而闻名。其巾制有四墙，墙外有重墙，比内墙稍窄小。前后左右各以角相向，戴之则有角，介在两眉间。杨基在《赠许白云》中曾这样描写：“麻衣纸扇趿两屐，头戴一幅东坡巾。”这描绘的是一个典型的宋代文人的形象。

宋代官吏腰间佩“带”，以质地和颜色的不同来区分职位高低。皇帝、皇太子佩镶玉带。大臣佩金丝制带子，还有银、犀、铜、铁之类，各有等级差别。宋代腰带特别长，可以绕身一圈半以上。这种腰带的形制与如今的腰带十分相似，一头有带扣，就是长度惊人，系的时候就将多余的别在身侧或者身后。也有皇帝把玉带赐给臣子。宋神宗熙宁六年（1073 年），熙河之役告捷，宰相王安石率群臣到紫宸殿祝贺，宋神宗亲自解下腰间白玉带赏赐给他。熙宁八年（1075 年），岐王颢、嘉王頵蒙赐方团玉带，不敢服用，诏以玉鱼赐之。亲王佩玉鱼自此开始。元丰五年（1082 年），神宗下诏：“三师、三公、宰相……观文殿大学士等，佩金球文方团带，佩鱼。”所谓佩鱼，就是按官级不同分别佩戴金、银制成的鱼饰，作为饰物悬挂于后腰间，以明贵贱。宋代规定，穿紫色官服的高级官吏可以佩戴金带和金鱼，穿绯色官服的中级官吏戴银鱼。

二、民间服饰

孟元老在《东京梦华录》中追忆昔日北宋都城汴京的繁华与风俗，记载“其卖药卖卦，皆具冠带。至于乞丐者，亦有规格。稍似懈怠，众所不容。其士农工商诸行百户，衣装各有本色，不敢越外。谓如香铺裹香人，即顶帽披背；质库掌事，即着皂衫角带不顶帽之类。街市行人，便认得是何色目”。士农工商诸行百业的人穿不同的服饰，千姿百态，各有不同，这是宋代士民阶层衣着服饰的真实写照。

宋代士大夫常穿圆领袍衫。衫一般指单衣，是一种男女皆可穿的服装，有作为内衣的短衫，也有作为外衣的长衫（图 5-1）。下摆加接一幅横襕的襕衫是举子的专属服饰。《宋史・舆服志》记载襕衫：“以白细布为之，圆领大袖，下施横襕为裳，腰间有襞积，进士及国子生、州县生服之。”

图 5-1　素罗单衣（南宋），中国丝绸博物馆

除此之外还有紫衫、凉衫、皂衫、毛衫、葛衫等。“紫衫非公服，特小衫也”，因此紫衫又称“窄衫”，样式比较修身。紫衫原本是戎服，前后开衩，方便骑马，是南宋初年士大夫的普遍穿着，后逐渐被废。凉衫较紫衫宽大，因色调偏素白色，似凶服，孝宗时规定除骑马出行外，不准穿凉衫。从此以后，凉衫遂成为丧事专用的服装。皂衫是一种有乌纱帽的皂罗衫，又称“帽衫”。到南宋时逐渐变成士大夫加冠礼、婚礼及祭祀时的专用服装。

当时退休的官员、士大夫多穿一种叫作直裰的长衫，特点为斜领交裾、不加横襕，后背有一条直通到底的中缝，衣长过膝。直裰最初多用于僧侣和道士，如《水浒传·第九回》："两个公人看那和尚时，穿一领皂布直裰，跨一口戒刀，提起禅杖，抡起来打两个公人。"宋代赵彦卫《云麓漫钞》谓："古之中衣，即今僧寺行者直裰。"苏辙在《答孔平仲惠蕉布二绝》中说："更得双蕉缝直掇，都人浑作道人看。"

普通平民多穿襦、袄。两者皆为短衣，多为劳动人民所穿，士大夫只作为燕居之服。男子襦衣中有一种"短褐"是专属平民的衣着。短褐是指用粗布做成的短上衣，是平民百姓穿得起的衣着，因其身狭袖小，又称之"筒袖襦"。靖康之变时，有些士大夫用自己身上的绮罗和平民百姓换取粗布袄裤，以躲避金人的抢掠。褐衣，不像短褐那样又短又窄，一般指不属于绫罗锦一类的衣料，也有用麻或毛织成的，一般文人隐士好穿，也是道家所用的衣服之一。

三、宋人风雅

陶晋生先生在其《宋辽金元史新编》中，曾经做过这样的论断："这一时代里中国人并重理想与现实，兼备雅与俗的口味。就政治和军事方面而言，尊王攘夷是理想，士人政治和对辽金妥协则是现实；就思想而言，理学家对儒家思想的阐释是理想，改革家则企图将理想付诸实践（偏被理学家反对）；就文学艺术而言，词的典雅和文人画的意境是理想，而通俗的曲和小说的发达则是适应现实的需要。"在宋代趋于平民化的大环境之下，雅俗兼备、精致与俚俗互通，成为时代的突出特点。宋人的风雅，体现在日常生活的细节之处，不同于唐代的豪放不羁，宋人多了一分闲情雅致。所以风雅的宋人便有了平日里"焚香、点茶、挂画、插花"这四种雅事，通过嗅觉、味觉、视觉和触觉，将感官与艺术相融合，从而表达出自己的内涵修养与精神境界。

宋人风雅体现在服饰上，有着独特的内敛含蓄、简朴舒达的美学风格。如服饰剪裁，量体裁衣，追求瘦长清逸的审美；衣裳颜色崇尚以素色为主，体现沉静雅致、质朴淡泊的文人气质。宋代在服饰方面力求节俭，使得宋代服饰以保守、淡雅、平和、简朴示人。宋代历朝皇帝都曾多次敕令“务从简朴”“不得奢僭”。比如，宋真宗时期严禁百姓穿绢金织物等高档面料制作的服装。宋高宗曾对臣下说：“金翠为妇人服饰，不惟靡货害物，而侈靡之习，实关风化，已戒中外，及下令不许入宫门。”整个社会提倡“惟务洁净，不可异众”，因此服装不求标新立异，鲜艳华美，只求清淡整洁。

宋人风雅还体现在不分男女老少，人人爱簪花的习俗。据说司马光在二十岁时中进士，皇帝为新科进士举办贺宴，并赐花于群臣，这是皇家恩荣，也是朝廷礼仪，对于臣子来说，是最值得回忆的平生盛事。《宋史》中就有相关记载：“群官戴花北向立，内侍进班齐牌，皇帝诣集英殿，百官谢花再拜，又再拜就坐。”杨万里有诗曰：“春色何须羯鼓催，君王元日领春回，牡丹芍药蔷薇朵，都向千官帽上开。”这里就很清楚地描绘了朝廷百官戴花上朝和皇帝庆贺节日的情景。宋代吴自牧《梦粱录》中还记载了宋度宗赐花和簪花的场景：“赐宰臣、百官及卫士、殿侍、伶人等花，各依品位簪花。”皇帝摆宴席的时候会赐花给官吏，收到赐花的官员，就得戴着花回家去。

宋代簪花的习俗，不仅仅在宫廷，还在民间、士大夫之间流行，并且为这些花卉赋予人格，宋词之中随处可见以花喻人、抒情的做法。苏轼有诗自夸：“人老簪花不自羞，花应羞上老人头。醉归扶路人应笑，十里珠帘半上钩。”黄庭坚《鹧鸪天》：“黄菊枝头生晓寒。人生莫放酒杯干。风前横笛斜吹雨，醉里簪花倒著冠。”《南乡子》：“催酒莫迟留，酒味今秋似去秋。花向老人头上笑，羞羞，白发簪花不解愁。”辛弃疾曾有词句回忆少年时代：“少日春怀似酒浓，插花走马醉千钟。”

戴花这种与自然连接，又重新赋予了社会意义的举动，在宋代盛极一时，收到赐花成为莫大的荣耀。参加宫廷宴席可以得到花，在宴席上崭露头角也可以得到花，就像是不同等级的荣耀证书一般。司马光就曾有诗云：“洛阳风俗重繁华，荷担樵夫亦戴花。”后世我们常看到状元郎、新郎官戴花，其实就是簪花礼仪在后世的一种残留。

修身婉约的女子服饰

宋代女子服饰基本上仍然是上衣下裳制，按不同形制来划分，主要有亵衣、衫、襦袄、袍、褙子、半臂、背心、裤等。宋代女子着装与唐代相比，发生了翻天覆地的变化，身形上不再以丰满、浑圆为美，在服饰色调上也不再追求明艳浓丽，转之以纤细体态、式样严谨、温婉且修身的衣裙来显现女性的本真之美。妇女都是上穿瘦长、窄袖、交领衣，下穿各式长裙，颜色淡雅，流行清逸瘦削、清新自然的风格。

一、上襦下裙

襦和袄都是宋朝女子的日常服式。诗人陆游曾写道“业农……惟布襦裙，取适寒暑之宜”。襦袄有夹、棉之分。襦的长度一般到腰间，穿时下身常常搭配长裙，将上衣系在长裙之内，长裙之外再系上腰带，因此常有“上襦下裙”之说，这也是宋朝女子的日常装扮之一。宋朝的襦裙样式和唐朝的大体相同。由于受少数民族服饰的影响，宋朝襦裙的衣襟形式可左可右；身上的装饰并不复杂，除披帛外，只在腰间飘带上增加一个玉制圆环饰物，主要是为了压住裙幅，使其在走路或活动时不会因随风飘舞而影响美观，即史书所称的“玉环绶”。襦裙分为单襦和复襦两种，复襦是在单襦外再套上一件襦裙。

贵族妇女又常穿一种“大袖衫”。大袖衫是晚唐五代遗留下来的服饰，在宋朝依然流行。《宋史·舆服志》记载：“其常服，后妃大袖。”其原是皇帝嫔妃日常所穿的衣物款式，后来传到民间，成为贵族妇女的礼服。宋大袖的基本样式为对襟、宽袖、衣长及膝，在衣服的领部、衣襟处都镶有花边，衣身后带有三角兜，用于装霞帔。一般在婚礼、受封等重要或特定的场合使用。

宋朝的裙子大多以罗制成，曰“罗裙”（图 5-2）。宋朝裙子有六幅、八幅、十二幅之分，多褶裥。宋朝长裙裙褶较多、裙围较大，不仅立体美观，还修身显瘦，褶裥随着步态起伏而开合变化，极富美感。当时还流行一种旋裙，是一种为了出行骑乘方便而前后开胯的裙。

图 5-2　星地折枝花绫裙（南宋），江西德安周氏墓出土，中国丝绸博物馆

二、亵衣和褙子

亵衣是古代人们紧贴身体所穿的内衣，也称小衣。因平时不能轻易示人，故用“亵”字表示。中国古代女性很早就开始穿亵衣，经历了两汉、魏晋以及唐朝等多个朝代的形制演变，形成了如抹胸、肚兜等不同的样式。宋朝抹胸别具特色，时称“不制衿式”，即在内穿一件长抹胸，然后外罩一件褙子，衣襟敞开，不施衿纽。如此一来，原为内衣的抹胸也成了外装的一部分，这种“内衣外穿”的装束，可以充分地显示女性曲线，其大胆奔放之处，可见宋朝女子衣着并非全都保守拘谨。除贴身的“抹胸”外，还有一件“腹围”。腹围是一种围腰、围腹的帛巾，其繁简不一，颜色以黄为贵，时称“腰上黄”。宋朝年轻女性在选择亵衣时，富贵人家的女子多选用色彩鲜艳的布帛，并绣以不同的纹饰，平常人家的女子则选用棉制品制成的亵衣，而老年人则多选用双层纳絮棉的内衣，并在其中放入药物，以达到预防疾病强健身体的目的。

褙子（背子）是宋代才出现的新样式服装，也是最具宋代特色的服装，男女、贵贱均可穿，形成极为普遍的时代风格。宋代男子穿的褙子不能作为正式服装使用，一般穿在里面做衬服。宋代程大昌在《演繁露·卷三》中描述：“今人服公服，必裹以褙子。”褙子在宋代妇女中最为盛行，并且还有正式的规定将其列入冠服之列，妇女完全可以将其作为常礼服穿在外面。比如皇后在受册封之后去谒家庙时穿褙子，普通的平民百姓过节时也穿褙子。女子所穿褙子长度，取决于其身份，劳动妇女所着褙子只及膝上，而贵族女子穿的褙子往往长至过膝。

《朱子语类》曾提到“背子本婢妾之服，以其行直主母之背，故名‘背子’”。褙子已成为士庶妇女的常服穿着。褙子的流行不仅仅因为其穿着舒适得体，和宋朝的审美也是分不开的。宋朝女子穿上褙子后整个身形会显得更为瘦弱，符合宋朝盛行的文人气息，清新脱俗中又不失典雅大方，带着几分随性洒脱，是宋朝女子服饰中最具时代特色和代表性的（图 5–3）。

图 5–3　绢袜（图左），罗地小脚鞋（图右）（南宋），中国丝绸博物馆

三、缠足和绣花鞋

在宋代，缠足成为一种普遍的习俗。据传缠足之风起于五代。南唐李后主的舞女窅娘因身段纤巧，风流善舞，深受李后主喜爱。李后主命人制作一朵六尺高的金莲花，让她在上面跳。窅娘把脚用铁丝裹紧，使得脚弯如新月，纤小上翘。她在金箔做的贴地莲花上翩翩起舞，“步步生莲”，李后主愈加宠爱，引起人们的欣羡，于

是以小脚为美，缠足之风由宫廷向民间蔓延开来。小脚因此被称为“金莲”，为强调其小，又以“三寸”来形容，故名“三寸金莲”。

“一钩罗袜素蟾弯”，宋朝妇女都用一条狭长的布条，把脚紧紧地裹住，缠时先将拇趾以外的四趾屈于足下，用白棉布裹紧，从而使脚骨变形，足弓缩小，等脚型固定后，穿上尖头鞋。白天家人扶着走路，活动其血液，夜间将裹脚布用线密缝，以后日复一日加紧束缚，使脚趾弯曲变形，最后只能依靠脚趾端的大拇趾行走。要缠到“小瘦尖弯香软正”才算完事。为了让脚纤小“美观”，甚至不惜朽骨腐皮。自宋代以来不知道有多少妇女从四岁开始就要缠足，受尽折磨，哭干眼泪。所以民间有“小脚一双，眼泪一缸”之说。一直到成年以后，骨骼定型，才能解下这种布带。还有不少妇女终身缠着两条布带，直到去世。

由于缠足，宋代妇女穿靴变得不多见了，大多穿小足鞋，如“绣鞋”“缎鞋”“锦鞋”“凤鞋”等。这些鞋子都是用锦缎制作成的，鞋子上绣着各式各样的图案，红色鞋子最流行（图 5–4）。对于当时的女人来说，只有脚上穿双这样的鞋子，才够得上一个标准的美人。不仅富人家的女子要缠足，贫民的女子也要缠足。《女儿经》一针见血地道出了女子必须缠足的天机：“为甚事，裹了足？不因好看如弓曲，恐她轻走出房门，千缠万裹来拘束。”缠足、穿小足绣花鞋，不只是让妇女成为男

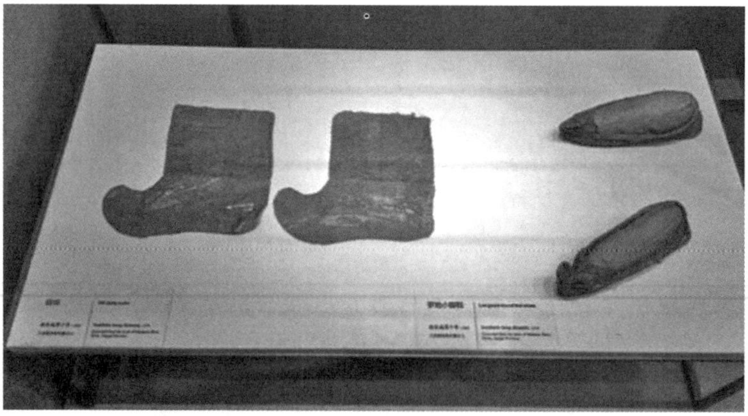

图 5–4 绢袜（图左），罗地小脚鞋（图右）（南宋），中国丝绸博物馆

性玩物的病态审美观念的表现，更是一种对妇女的控制和禁锢，是封建礼教的体现。病态的封建礼教把妇女走出大门视为不守妇道，缠足、小鞋，正适应了封建统治下的这种需求。层层包裹，一步一步完善起来的“三寸金莲”，不仅抹杀了宋代女人的天性，还让她们毫无怨言地严守三从四德的家训，足见“理”之严厉，不仅把中国妇女的脚裹了一千年，也把中国妇女禁锢了一千年。愈演愈烈，直到二十世纪初中国的封建王朝覆灭之后，才渐渐消失。

四、妇女梳妆

宋代妇女的发髻种类颇多。有的梳成“朝天髻”，就是把头发梳至头顶，编成两个圆柱形发髻，然后将发髻朝前反搭，伸向前额。为使发髻高耸，在髻下衬有簪钗花钿，将发髻前端高高托起。有的梳成“同心髻”，即将头发束在顶部，然后编成一个圆髻，寓意渴望团圆，故称“同心髻”。有的梳成“流苏髻”，髻式上耸而略向后倾，插上各种珠翠，并有两条红飘带垂下。

为了使发髻更加光彩夺目，有的将金银珠翠制成多种簪钗、梳篦插在头上。有的将罗、绢、金、玉、玳瑁制成桃、杏、荷、菊、梅等花卉贴在头上。有的在发冠上插花，用漆纱、金、银、玉制成高冠，冠插白角长梳，左右两侧插花，把一年四季名花同时嵌在冠上。据史书记载，宋徽宗时，汴京妇女“作大鬟方额”。政和、宣和之际，“尚急扎垂肩”，即北宋流行的一种妇女高冠，高不能过七寸，广不能过一尺。宣和后，“多梳云尖巧额，鬟撑金凤”。

宋代妇女也喜欢戴花，有真花有假花，以牡丹、芍药为多。她们穿什么服装戴什么花形成了一系列模式。例如，穿紫衣服，簪白花；穿鹅黄衣服，簪紫花；穿红衣服，簪黄花。有的女子，上着紫衫，下穿橘红长裙，头簪紫花。宋代花冠采用绢花，把桃、杏、荷、菊、梅等不同季节有特色的花卉合插一冠上，谓之“一年景”。《东京梦华录》记：“公主出降，有宫嫔数十，皆真珠钗插吊朵玲珑簇罗头面。”《梦粱录》中也记“飞鸾走凤七宝珠翠首饰花朵”一类发饰。逢年过节，妇女们都特意打扮。周密在《武林旧事·元夕》中写道：“元夕（正月十五日夜）节物（应时节的景物），妇人皆戴珠翠、闹蛾、玉梅、雪柳……而衣多尚白，盖月下所宜也。”宋朝女子还十分喜欢插梳，北宋时就有女子将漆纱及金银珠翠制成高冠，再在高冠上插上多把用白角制作的长梳，“白角长梳，侧面而入”，这种梳子还有“冠梳”的美誉。而宋朝女子的簪花、插梳，其目的都是提高女性高贵典雅的气质。

宋代妇女在化妆中最讲究眉式。不论皇后还是宫女，比较突出的眉形是“倒晕眉”，常把眉画成宽阔的月形，然后在月眉的一端用笔晕染，由深及浅，向外散开，别有风韵。还有“浅文殊眉”非常受当时的女性欢迎，这是宋代女子依据文殊的细眉而自创的一种眉妆。相传就连年轻的女尼，也都纷纷沿用了这种“浅文殊眉”。

宋代的女孩子们，会用烟墨画眉。这种女性特供的眉墨，有一个香艳的名字：“画眉集香丸”。历史上著名的“廷珪墨”中，就有一款专供画眉之用。文人用来写字的墨，写在纸上成了文章，画在眉间，则成就了女子的一段风情。另一种办法是将原有的眉毛剔除，画上全新的眉形。

另外值得一提的是，远山黛在宋代十分盛行。据宋朝《清异录》记载：一名叫莹姐的妓女，发明了近百种眉形以求日新月异。宋朝吴门王希默，每天都过得简单平淡，没有其他爱好，只爱对着镜子修整眉鬓，并乐此不疲。这说明当时的部分男性也十分注重自己的鬓发、眉毛，会做一些相应修饰。当时，篦子这种工具也被称为“鬓师眉匠”，男性用于梳理鬓角，女性则用来整理眉毛。制作工艺复杂的眉笔是古代的奢侈品，不是人人都能享用的。普通的贫民女孩，同样也有爱美的权利，会使用一些杉木炭末、柳枝条等一些亲民的眉笔。

胭脂是妇女妆面不可或缺的一部分，在北宋词人笔下，常用酒红、霞光、芙蓉、荷花形容之，如晏幾道写的“娇面胜芙蓉，脸边天与红”，晏殊的“晚来妆面胜荷花”“酒红初上脸边霞”。宋朝还有专门卖胭脂的店铺，如修义坊北张古老胭脂铺、染红王家胭脂铺等。

宋代妇女对花钿有着特别的喜好。当时京师贵妇中流行“珍珠妆”，在原来的面靥、花钿以及斜红的位置，都饰以珍珠，既清新淡雅，又雍容华贵。而普通百姓用不起珍珠，则会用花草或者榆钱来代替。《宋史·五行志》记载：“淳化三年，京师里巷妇人竞剪黑光纸团靥，又装镂鱼腮中骨，号‘鱼媚子’以饰面。”指的是这些平民剪下黑光纸来装饰自己的酒窝，又将加工过的鱼鳃骨作为花钿来使用。

宋代唇妆也发生了很大的变化，不再是桃心唇，而是比较丰满圆润的唇形，以浅色为主。宋朝唇红的范围比唐要少很多，显得更加自然一点。北宋中后期有一种下唇妆，比如北宋仁宗后、英宗后画像，以及河南登封宋墓里的女性，均仅涂饰下唇。甚至仅在下唇点唇珠，北宋真宗后的画像，便是在下唇中央以深红色点一唇珠，北宋张先的词《师师令》，对此还有具体描写："唇一点，小于珠子。"时常见诸笔端的"樱唇"，应当指的就是这类唇妆。

与盛唐妆容相比，宋代惯有的淡妆让人们记住了"三白妆"。"三白"指的是额头、下巴、鼻梁这三处着重涂白。关于这种与唐朝反差甚大的妆容，在当时还被人们称为"薄妆""素妆"，特点就是"薄施朱色，面透微红"。还有一种宋朝特有的很粉嫩的妆容，叫作"檀晕妆"。化妆前混合铅粉和胭脂，使之变成檀红色——即粉红，直接涂于脸颊上。杜牧有诗云"暗砌匀檀粉"，正是说这种妆容。

精美绝伦的锦绣丝织

我国是纺织业的发源地，有着漫长而悠久的历史。宋朝的丝、麻、毛纺织业都非常发达，两浙和渝川地区丝织业最发达，重庆、四川、山西、广西、湖北、湖南、河南等地麻织业非常发达，西北地方流行毛织业。到了南宋时期，广东雷州半岛地区和广西南部成为棉纺织业的中心。南宋时期，官府设有独立的部门从事各种绢帛、丝织品的生产。北宋在都城设有绫锦院，征调手艺精湛的工匠织作锦、罗、绉、绫、绢等高级丝织品，用来满足皇室及朝廷官吏制作服饰的需要。后来绫锦院发展到拥有 400 张织机（图 5–5）。许多州、府也有专门从事织物的机构。欧阳修曾用《送祝熙载之东阳主簿》中"孤城秋枕水，千室夜鸣机"这句诗来形容婺州东阳即现在浙江东阳丝织业的繁荣景象。

由于南北技术交流，宋代的丝绸无论是在产量上还是在花色品种上，较前代都有明显增加，丝织品的花形、图案、质量都有了很大的创新。福州南宋黄昇墓出土

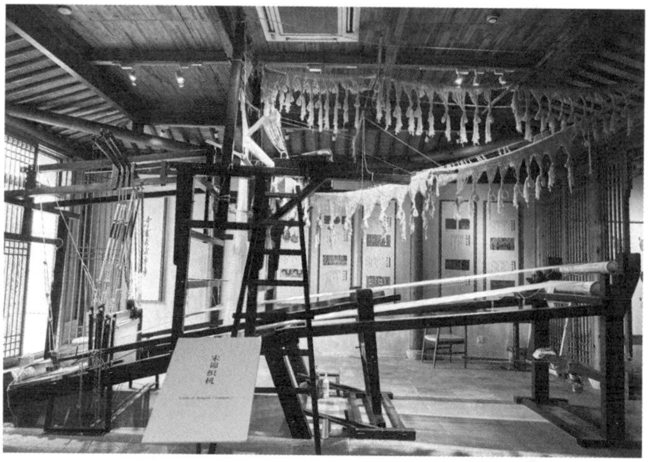

图 5-5 宋锦织机，苏州丝绸博物馆

了300余件宋代服饰及丝织品，简直就是一座古代丝绸服饰博物馆，囊括了绫、罗、绸、缎、绢、纱、绮等各种丝织物面料，包括袍、衣、背心、裤、裙、抹胸、围兜等不同衣裳，还有香囊、荷包、裹脚带等小件物品。这些服饰制作极为考究，有泥金、印金、贴金、彩绘、刺绣等，在印金纹饰的线条里，还填敷以各种颜色，使得这些服饰绚丽多彩、富丽堂皇。宋代丝织品类之繁多，做工之精美可见一斑。

因为宋代延续唐朝制度继续以绫为官服的主要材质，使得绫的产地进一步扩大，品种也越来越丰富。比如除了原有的仙纹绫、越绫、白绫、白织绫、方纹绫等，又增加了今四川三台县的白熟绫、白花绫，今四川仪陇县的综丝绫，今四川阆中市的莲绫，今湖北荆州的方纹绫，今安徽宣城市的熟线绫等品种。在宋代，绫除用于服装外，也常被文人墨客用作书画经卷的装潢封面。

织罗技术可以说是到了宋代才到达巅峰状态。在宋代，罗的名目繁多，由于技术进步使其成为当时的著名织物，因此被称为“宋罗”，大多数为贡品。“宋罗”有很多名贵品种，比如成都的大花罗，蜀州的春罗、单丝罗，婺州的暗花罗、含春罗，江边贡罗、东阳花罗、越州越罗，等等。而织罗署出产的云纹罗更是风靡一时。

缎织物在宋代也到达了鼎盛时期。“雀鸟纹价重，龟甲画样新。纤华不让于齐纨，轻楚能均于鲁缟。掩新蒲之秀色，夺寒兔之秋毫。”这是张元晏在《谢衣段启》中对缎织品制成的衣物进行的描述。缎其实是指缎地丝织品，缎非常华丽，柔软有光泽，同色彩丰富的织锦技术相结合就成了人们所熟知的“锦缎”。

在众多面料之中，宋代织锦可谓最上乘，其数量多达上百种，其中最著名的要数成都的蜀锦，而最著名的蜀锦都多达数十种，可见宋代纺织技术相当发达和成熟。蜀锦最大的特点在色彩上，常用青绿、鹅黄、紫皂、绯红、玛瑙、真红色等，其中真红是蜀锦独具的特色。

宋代刺绣工艺也得到高度发展，宋代刺绣之所以发达，是当时朝廷奖励提倡的缘故。为了能让作品书画之中富有传神意境，刺绣之前需要心中有计划，刺绣时照顾到整体才能绣出精巧的图案。纹样结构简单，纹样的取舍留白也要适中。宋代刺绣针法细密，无论是丝线还是绣针都细如发丝，加之巧妙的构图，这样绣出来的绣品才更加精妙传神，山分远近，水阁立体，人物远眺目光传神，小巧的花鸟鱼兽跃然纸上。福州南宋黄昇墓中出土的衣衫都有彩绘花边，有牡丹、玫瑰、芍药、茶花、秋海棠、桃梨、蔷薇、菊花等一年四季的各种花卉，组合成“一年景”的花饰，这些花纹清丽典雅，活色生香，使整件衣服流露出一种低调的奢华。用刺绣花边沿边的衣服，对后世的影响也很大，在一些女子服饰中又出现了画领、刺绣领。据《老学庵笔记》记载，“裤有绣者，白地白绣、鹅黄地鹅黄绣，裹肚则紫地皂绣。”

纵观整个宋王朝的服饰，从初年的简朴到末年的奢侈，在一定程度上表明了社会经济的大力发展，同时也反映了统治阶级的日渐腐朽。宋代服饰在很大程度上受到少数民族融合的影响，以至于一直处在不断变化的过程之中，也使得它具有属于自己的鲜明的时代特征。比如不时出现一些新奇的冠帽、衣裳、鞋履，常会受到“服妖”的指责。宋代朱熹曾在《朱子语类》中谈到宋代服饰的渊源，明确指出“今世之服，大抵皆胡服，如上领衫、靴鞋之类，先王冠服扫地尽矣”。中国衣冠之乱，自晋五胡，后来遂承袭。唐接隋，隋接周，周接元魏，大抵皆胡服。民族之间的文化交流，丰富了人们的物质和文化生活，也是长期以来民族交往和民族大融合的必然结果。

辽金蒙元北方游牧民族服饰

五代十国以后，辽、金、蒙古并存，1125 年金灭辽，1234 年蒙古灭金，“辽”以契丹族为主，“金”以女真族为主，他们的生活习惯、服饰衣冠和汉族截然不同。他们的服饰制度既沿袭汉、唐、宋的特点，又具有本民族特色。

“一国两服制”的辽金服饰

辽在立国以前为契丹族，位居于辽河流域，地处我国北方，唐末开始强盛起来。五代时，得到晋北方十六州，地域辽阔，跨长城内外。辽太祖在北方称帝时，衣冠服饰制度都没有完备。一直到 946 年灭后晋之后，才在汉族服饰制度的基础上创立了属于自己的服饰制度，并在国内实行“一国两服制”，以辽服制治理契丹人，以汉服制治理汉族人。在宫中，皇帝、汉官均穿汉服，太后以及北族官吏穿胡服，体制并不统一。

一、辽代衣冠制度

契丹人原来生活在辽河上游的寒冷地带，文明程度较低，以兽皮裹身。一直到建立辽之前，才学会养蚕缫丝，纺布织锦，穿起布织衣物。五代十国时期开始效仿汉族的服饰制度，但是并不完备。辽太宗即位后，才在后晋服制的基础上建立了自己的衣冠制度，以辽制治契丹，以汉制治汉人，采取了“一国两服制”的服饰制度。对汉和契丹的统治分南官、北官。南官以汉法治汉人，穿汉服。北官以契丹法治契丹，穿契丹服。皇帝及汉族官僚穿汉服，皇后及契丹族官僚穿契丹服。乾亨年间，辽代服制经过改制又有所变化。三品以上的契丹族官吏在举行隆重典礼时也要穿汉服。重熙元年（1032 年）以后，在大礼时所有人都改为穿汉服。因此，我们不难发现，辽代皇帝和宋代皇帝对待异族服饰的态度大不相同。宋代皇帝采取禁止胡服流传的强硬做法，而辽代皇帝对汉服采取吸收和宽容的态度，把它当作礼服。特别有趣的是，皇帝日常着汉服，皇后穿契丹服，呈现出和睦相处的良好气氛。

契丹族以游牧为主，祭山是大礼，服饰尤为重要。大祀时，皇帝头戴金冠，身上穿白绫袍，腰间束红带，佩玉带，带犀玉刀，脚穿络缝乌靴。小祀时，头戴硬帽，穿红色丝龟纹袍。朝服络缝红袍，束犀玉带，后改锦袍金带，以穿新疆獐皮靴为贵。公服紫皂幅巾，紫窄袍，束玉带或穿红袄。常服高圆的盘领，左衽绿衣窄袖袍。贵者紫里貂裘，青者次之。腰带有弓、剑、帉帨、算囊、刀砺等鞢。狩猎时，头戴幅帽，身穿甲戎装，以貂鼠或鹅项、鸭头为捍腰。辽代君臣大都穿貂裘。银貂裘最为名贵，只有皇帝才有资格穿，大臣皆穿紫黑貂裘，下属则穿沙狐裘等。

皇帝又着汉服的衮冕：冕为金饰、垂珠十二旒、充耳、玉簪导、玄衣、缋裳。衣有日、月、星、龙等八种图案，裳有藻、粉米等四种图形。大带、舄加金饰。这是祭祀宗庙、遣将出征、纳后时的衣着。这种衮服与宋代衮服相比，衣多一种图形，裳少一种图形，图案大同小异。

辽国皇后身着契丹服，一般祭祀时佩戴红帕，穿络缝红袍，腰间悬挂玉佩和双同心帕，脚穿络缝乌靴。皇后常服有紫金百凤衫、杏黄金缕裙、红凤花靴，梳百宝花髻等。这与宋代后妃服饰相比，无论是花式还是服装款式都略显简约单调。

皇太子谒庙还宫、元日、冬至、朔日，要戴远游冠，着绛纱袍。其冠三梁，加金附蝉九首，首施珠翠，犀簪导。与宋代皇太子相比，朱明衣换成了绛纱袍，略趋简朴。

辽代臣僚戴毡冠，饰金花，加珠玉翠毛，额后垂金花。有的戴纱冠，制如乌纱帽，无檐，不掩双耳。额前缀金花，上结紫带。有的着紫窄袍，系带，用金玉、水晶、靛石缀饰，称为“盘紫”。高龄老臣，可着锦袍、金带。三品官以上戴进贤冠，三梁，加宝饰；五品官以上，其冠二梁，加金饰；九品官以上，其冠梁无饰。臣僚通常着窄袍、锦袍，一般左衽、圆领、窄袖，颜色偏灰暗。

1986 年，在内蒙古哲里木盟（现为通辽市）奈曼旗青龙山发现了一座公主墓，墓的主人是辽景宗的孙女陈国公主和丈夫萧绍矩。据考古学家研究，下葬时间是辽开泰七年（1018 年），是迄今为止发现的保存最完整、出土文物最丰厚的契丹族皇室墓葬。墓葬主人从头到脚穿戴的都是契丹贵族所特有的金银材质的殡葬服饰，头下枕着金花银枕头，身上穿着单股银丝编织的银丝葬衣，脸上戴着由纯金打造的面具，脚上穿着金色绣花银靴子。公主头戴精致的高翅鎏金金冠，双耳挂着珍珠琥珀鱼形耳坠，脖子上佩戴珍珠项链，双手手腕上各戴一只金手镯，双手十指佩戴金戒指 11 枚，并且公主的腰间佩有鱼形金銙丝带，做工精致，令人震惊。除此之外墓中还有丰厚的随葬物品，辽国服饰可见一斑。

二、契丹传统服饰

契丹人冬天服装以皮毛为主，穿貂皮和青鼠、狐、羔羊皮服饰的多为贵族；穿牛、马、猪、羊、猫、犬、鱼、蛇等皮毛材质的多为贫苦百姓。贵族夏天衣着的材质则以丝、锦罗为主，百姓服饰以棉布为主，身着服饰的颜色一般与环境相关。

契丹族的传统服饰以长袍为主，在辽代契丹男女都穿长袍，其样式相同。通常是窄袖紧身，下摆长到小腿部位。男子穿的长袍一般都是圆领、窄袖、左衽，毛皮做里子，与传统的汉族服装方向正好相反。在长袍的圆领中露出白色的衣领，下穿套裤，脚穿长筒皮靴，裤管放在靴筒之内。腰间束带，挂着箭囊、刀、豹尾等物品。《便桥会盟图》描绘的是契丹人臂鹰出猎的场景，其中的男子都是髡发，穿着圆领或者皮领小袖袍、长靴的契丹将士。妇女多穿交领长袍，内穿交领白色内衣，下身在长袍内穿裙。女子的长袍比较长，衣摆曳地，并且左右两侧有开衩。锦带在身前打结，长出的锦带在身前长长地垂下。妇女腰间配饰与男子不同，腰间束着自己亲手绣的锦囊，充分展现古代女子的心灵手巧（图 6–1~ 图 6–4）。

图 6–1　对鸟麒麟纹锦虎皮帽（辽代），哈尔滨金上京历史博物馆

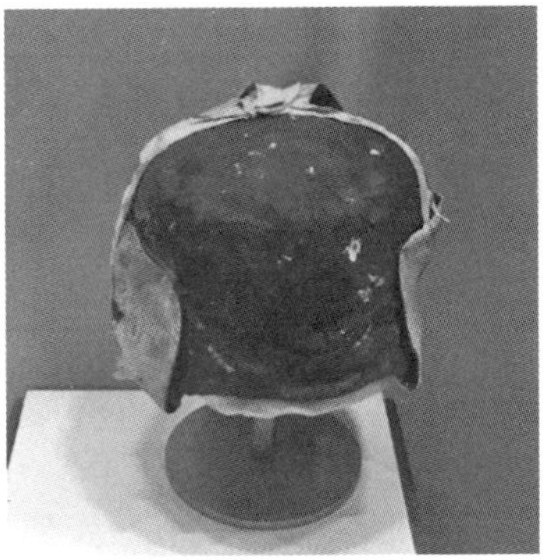

图 6–2　绫地贴金团花夹帽（辽代），哈尔滨金上京历史博物馆

图 6–3　几何形花叶纹锦袍（辽代），哈尔滨金上京历史博物馆

图 6–4　绫锦缘刺绣皮囊（辽代）哈尔滨金上京历史博物馆

长袍的颜色比较灰暗，有灰绿、灰蓝、赭黄、黑绿等几种，纹样也比较朴素。长袍的面料大多是兽皮，如貂、羊、狐皮等，其中银貂裘衣最贵重，为贵族阶层所用。贵族的长袍，大多比较精致，通体绣满花纹。在辽宁法库县出土的辽代锦袍，领口上有两条龙纹，肩部、腹部、腰部都绣有桃花、蝴蝶等丰富的五彩图案。在契丹族男子的服饰上出现的龙纹等图案是汉族的传统纹样，反映了在辽代契丹的民族服装受到了汉族文化的影响。

辽国契丹服装对汉民族也产生影响，北宋时，京师洛阳士庶，也有许多人穿契丹服，由于辽宋敌对，故宋天圣三年（1025 年）和庆历八年（1048 年）都曾下令禁止穿契丹服，士庶不得穿黑褐地白花衣服及蓝、黄、紫地撮晕花样，妇女不得将白色、褐色毛缎，淡褐色匹帛做衣服，并禁穿吊敦（袜裤）。北宋末年洪皓出使东北，著《松漠纪闻》记载在东北时的见闻，在补遗中讲到辽金纺织品中，耀段（缎）褐色，泾段白色，生丝为经，羊毛为纬，好看而不耐穿。丰段有白有褐，质量最好。驼毛段出河西，有褐有白。秋毛最佳，不蛀。冬间的落毛，选去粗者，取其茸毛，都用关西羊。毛织品中还有褐黑丝、褐里丝、门得丝等名称，从西夏国运输到辽国作为衣料。

三、辽代特色妆发

辽代男子依照契丹族习俗多作髡发。其样式从传世的《卓歇图》《胡笳十八拍图》及辽墓出土的壁画上都可以看到，是典型的契丹族发式。髡发就是将头顶部分的头发剃光，只在两鬓或前额留少量头发作为装饰，有的在额前留一排短发；有的在耳边披散着鬓发，也有的将左右两绺头发修剪整理成各种形状，然后下垂至肩。女真族、回鹘族、吐蕃族的男子也有髡发的习俗，但都是垂辫发，而契丹族是垂散发。元代蒙古族男子的髡发，则是在前额留一块桃子式的发结成辫发，并在一只耳朵上戴耳环。

与男子发式相比，辽代女子发式相对简单。一般女子流行高髻、螺髻或者双髻，仕宦之家的子女们偶尔也有披发的。在额头上用巾带扎系，女子在幼年时期髡发，出嫁之前将头发留起，出嫁之后梳髻。有一些爱美的妇女也会对头发进行装饰，把耳边的头发盘在头顶，其他部位的头发披散下来，并且用头巾包裹起来。这种发式不分尊卑，不只是在契丹族妇女之间流传，有些汉族妇女也会模仿这种发式。

辽代妇女常以金色涂面，称“佛妆”。是北方少数民族妇女们常用的一种妆容。根据史料记载，辽代妇女将一些金色的东西，涂于面部，且长久不洗，以此面妆见人，后来佛妆也被称为黄妆。在宋代叶隆礼《契丹国志》卷二十五《张舜民使北记》里便有明确的记载：“北妇以黄物涂面如金，谓之‘佛妆’。”后期关于佛妆，抑或是黄妆的记载也层出不穷。宋代朱彧《萍洲可谈》记载：“先公言使北时，见北使耶律家车马来迓，毡车中有妇人，面涂深黄，红眉黑吻，谓之‘佛妆’。”与施粉相似，这种涂于面部的金黄色物质就像我们现在涂抹的雪花膏一样成为辽代女子护肤的主要方式。少数民族的游牧生活造就了她们奔放的性格。再加上北方干冷恶劣的气候环境，使得这些爱美的少数民族姑娘必须想一些特殊的办法保护肌肤，使其免遭风沙洗礼。

关于这种奇异妆容的由来，除日常护肤的需求外，还有另外一种说法。古代女子地位低下，如果有几分姿色，更容易被迫沦为歌伎或妓女。有些性情刚烈的女子为了不向这样的命运妥协，不惜将自己的容貌变丑以求得安全。于是有了将深秋之后的瓜蒌涂于面部，使得面部浑浊不堪的办法，直至第二年春季才洗去。这原本只是用来逃避“庸役”的方式，却在无意间保护了面部，使得面部洁白如玉，肌肤也更加嫩滑。这种既躲避了灾难，又保护了肌肤的奇异妆容便这样在辽代女子之中大规模流传开来。

此外，关于辽代的佛妆还有受到佛教影响的说法。寺庙的佛像大多以金色塑身、金色面容为尊，因此金色佛妆也凸显了尊贵和信仰。还有一说，佛妆从鹅黄妆衍生而来。佛妆是辽代的特色，金朝以及后期宋朝也都有“佛妆”的踪迹，不过称呼不一样了。

四、金代女真服饰

金原为女真族，是满族的祖先，原来长期生活在黑龙江、松花江流域和长白山地区，隋唐时期还过着原始的氏族部落生活，并且以渔猎为生，曾附属辽两百余年。辽天庆五年（1115年），女真首领完颜阿骨打在会宁称帝，定国号为大金（图6–5）。不久之后金灭辽，开始了对宋的侵略。金人进入燕地时期，服饰制度效仿辽，分南、北两个制度，金的服饰大体保持着女真族形制，又继承了辽样式，在占领了宋北部领域之后，也吸收宋的服饰风格。金熙宗天眷二年（1139年），完善了官服制度，并对皇帝冕服、朝服、皇后冠服、大臣朝服、常服都作出了详细规定。大定年间，对百官公服和庶民服做出了更详细的补充，使得金服饰制度完备。因此金服饰有着别具一格的女真、契丹、汉族三合一的综合特征。

图6–5 完颜阿骨打雕像（辽代），哈尔滨金上京历史博物馆

皇帝的冕以青罗材质为表，红罗为里，镶嵌琉璃珠的串子穿在冕天板的四柱上。垂系珍珠共计二十四颗，头上插玉簪，簪顶刻镂空云龙，与唐宋时期的相比显得更加古老有韵味。皇帝的衮服包括衣和裳两部分，衣用青罗夹制，掺杂着金丝和五颜六色的丝线织绣成图案，胸前有日月星辰、升龙腾云等图形，背面绣有星、龙等图形。裳用红罗夹制，绣有藻、粉米等图形。一般所有的大祭祀、加尊号，皇帝都要穿上衮冕。皇帝临朝听政的服饰，前后期有所不同，开始穿赭黄袍，后来穿淡黄袍。平时上朝戴小帽、红襕、偏带或束带。

皇后的首服是青色为表面，青色绢锦衬金色红色罗的花株冠，图案样式为九龙、四凤，前胸绣大龙衔穗球一朵，前胸后背各十二簇小花，还有孔雀云鹤等图案，用粉色珍珠穿成，下有金圈口，上用七宝钿窠。花株冠因有“十二株不同的花”而得名。皇后的祭服又名棉衣，深青色罗织成翟纹的样式，颜色朴素，样式简单，领、袖端、衣边用红罗云龙。裳，用深青罗组成翟纹，边缘为红罗云龙。翟纹是仅次于凤纹的高级别纹样。后妃之下的皇族女性和命妇，其服饰和冠饰中常出现一种叫作“翟”的禽鸟。“翟”的整体造型与现实中的长尾雉鸡形象吻合，头如雏鸡，顶上无冠，颈部较粗，尾羽细长，非锯齿或火焰状。

皇太子的贵冠采用九颗白色的琉璃珠，用红色的丝线串在一起充当缨，青纩充耳，犀簪导。衮服，青色上衣，红色下裳，衣服上绣有山、龙等五种图案，下裳有藻、粉米等四种图形，穿白袜，朱舄。皇太子谒庙时的衣着，基本和宋代皇太子衮服没有什么不同。太子入朝、赴宴时穿紫色长袍，佩戴玉，腰间系双鱼袋的朝服。这样的穿着是金代皇太子议事的普遍穿着。戴小帽，穿皂衫，束玉带，这种装束显得轻便、随和、自然。

金代文武百官的朝服都是在导驾和行大礼这样的隆重场合穿的。正一品官员穿貂蝉笼巾、犀簪导、七梁额花冠、佩剑、绯罗大袖、绯罗裙、绯罗蔽膝、绯白罗大带、白绫袜、乌皮履。正二品的官员穿七梁冠、绯罗大袖、杂花晕锦玉环绶。以此类推，品级越低，冠梁越少，服饰质地越次。文职官吏五品以上的穿紫色礼服，六品、七品绯服，八品、九品绿服。三师、三公、亲王、宰相一品服大独科花罗，执政官服小独科花罗，二品、三品服散答花罗，四品、五品服小杂花罗，六品、七品服绯芝麻罗，八品和九品服绿无纹罗。以不同品种花卉标志不同品级，这是金代官服的首创，别具一格。

金代前期实行鱼袋制。皇太子束玉带，佩玉双鱼袋；亲王束玉带，佩玉鱼袋；文官一品官员束玉带，佩金鱼袋；二品官员束笏头球纹金带，佩金鱼袋；三品、四品束荔枝或御仙花金带，佩金鱼袋；五品束乌犀带，佩金鱼袋。与文官不同，武官一品、二品佩玉带；三品、四品佩金带；五品至七品束乌犀带，并且都不佩戴金鱼袋。大定十六年（1176 年），金世宗认为吏员与士民的服饰区别不大，不容易区分出官吏与士民，因此决定将鱼袋制改为书袋制，即在官吏束带上悬书袋，作为官吏区别于士民的标志。其质料、颜色因品级不同而有所不同。

金代男子的常服通常由四个部分组成，头上裹皂罗巾，身上穿盘领袍，腰系吐鹘带，脚穿乌皮靴。金代男子服饰最大特点是采用保护色，即衣着颜色与不同季节周围环境颜色相同或相近，比如黑、蓝、绿等。这和女真族的生活习俗有关，他们以游牧狩猎为生，采用保护色，服装颜色和周围环境接近，既可不被凶猛野兽发现，起到保护自身的作用，又可以轻易靠近被猎取的对象。冬天，他们多穿白色皮袍，和冰天雪地化为一体；夏天，他们多着绣有鹘、鹅、熊、鹿、山林、花卉等图案的服装，和周围环境合而为一。保护色不仅有利于狩猎，而且便于军事行动，服饰的实用功能体现得淋漓尽致。

从服饰面料来看，因为金人久居天气寒冷的北方，所以服装多采用毛皮制作。《大金国志》说，女真人"以地处不毛之地，非皮不可御寒，所以无贫富皆服之"。不过，有钱的用貂鼠皮、青鼠皮、狐狸皮、貉子皮、羊羔皮等，没钱的就用獐皮、鹿皮、麋皮、狗皮、猫皮等。金代画家张瑀的《文姬归汉图》和宫素然的《明妃出塞图》都表现东汉时的历史故事，但画中的匈奴服装却是按照女真族的服装来描绘的，画中人的长袍边缘露出的里子上的皮毛，说明女真族的服装大多用皮毛制作。随着与中原的交往，女真人也发现了绢、帛、织锦等丝织品的好处，就开始穿用丝绸、纱罗、织锦和白细布等高级布料做成的服装。不过能穿得起这种布料的都是些富贵之人，穷人只能穿些粗布衣裳。

金代女子上身穿直领的长衫，在接缝二傍作双折裥，颜色多采用黑、紫、绀等深重的颜色。待嫁的女子通常穿着色彩鲜艳，绣着金色花纹的褙子，后摆曳地。下身束襜裙，裙用黑紫色，在裙上织绣全枝花，全裙用六个折裥。这种款式的衣裙原本为辽人服饰，后来金人也承袭了这样的穿衣习惯。

金代贵妇披戴的用锦缎织绣成的菱形披肩，是一种具有游牧民族特色的装饰品。这种披肩又名"云肩"，也就是五代十国时期乐伎常戴的那种，四周绣着如意云纹，有些边上还缀有流苏。

罗地绣花鞋是金朝鞋子中的精品。这种绣花鞋鞋面上下分别用驼色罗和绿色罗，绣的是草纹，鞋头尖尖的，上翘。鞋底是麻底的，比较厚，鞋底还有米色的暗花绫，工艺精良的程度非同一般。

金代贵妇大多喜爱金和珠玉，常常在她们佩戴的羔皮帽上镶嵌珠玉。但是一般妇人首饰不许用珠翠钿子等物，翠毛除可以装饰花环冠子外，余并禁止。奴婢只许服绝䌷、绢布、毛褐等。迎接宣诏，圣节赐宴及公宴承应的情况下，可暂服绘彩服饰，平常则与庶人同。

辽金等北方少数民族在短期内能很快强盛起来，离不开对中原先进的生产技术、政治制度、社会文化的吸收采纳。在这个民族融合的时代下，服饰风格融合为新面貌。一方面，中原汉人服饰是唐代服饰的沿袭，从奢华张扬向朴素内敛发展；另一方面，辽金服饰在继承本民族特色的同时也融合汉人服饰进行创新，形成了独具特色的服饰文化。中国古代服饰文化是各民族服饰相互借鉴、不断融合形成的，也是劳动人民智慧的结晶。

草原风格的蒙古服饰

元朝是中国历史上首次由少数民族建立的大一统王朝，由蒙古族建立，定都大都。蒙古族是东亚古老的传统游牧民族，他们的服饰起源可以追溯到遥远的史前时期。据记载，史前的蒙古草原气候温和，水源充足，林草成片，十分适宜人类生存发展，因此蒙古先民同其他民族一起过上了“逐水草而居”的游牧生活。《蒙古风俗鉴》中“衲莫衣物，束腰挡体”正是其服饰的起源。在此之后蒙古先民在与各民族的交往互换过程中学习剥离动物毛皮制成衣物。蒙古高原上的匈奴、鲜卑、契丹、突厥等民族的服饰直接或间接影响了蒙古服饰。在蒙古建国前夕，蒙古高原上存在许多不同的民族和部落，他们各自为政，相互吞并，成吉思汗统一蒙古后，这些不同的民族文化形成了独特多样的蒙古文化，也构成了蒙古族服饰的多民族元素特征（图 6-6~ 图 6-7）。

图 6-6　蒙古族民族服饰之一，王锦强摄

图 6-7　蒙古族民族服饰之二，王锦强摄

一、蒙古袍

蒙古袍是蒙古族的传统服饰，从材料、工艺、款式到穿着方式都体现了蒙古民族独特的风俗特点，凝聚了蒙古族人在长期的南征北战、游牧迁徙过程中的智慧结晶。

最早的蒙古族服装，是用植物叶子编排而成，仅做遮体之用。后来人们开始狩猎，转用兽皮加工衣服。随着畜牧业经济的发展，衣着渐以家畜皮制作，但很简朴。据《蒙古秘史》记载，羊皮短衣是古代蒙古族人主要的服装。随着蒙古族与其他民族的交往，尤其是唐代以后，大批的布匹、绸缎进入蒙古族区域，蒙古族又吸收了突厥、契丹的圆领长袍、束腰、幞头、短靴等服装样式。这类服装不同于汉族人的上衣下裳，更适合这些少数民族骑射放牧。蒙古族吸收这一类民族的优势，并根据自己的喜好加以改进，从而形成今天的蒙古袍。

蒙古人所服的“蒙古袍”服式分夹、棉、皮三种，冬以羊裘为里，多用绸、缎、布作面，夏用布、绸、缎、绢等料。一般蒙古袍的特点是宽大袖长、高领、右衽，多数地区下端不开衩。袍子的边沿、袖口、领口多以绸缎花边、“盘肠”、“云卷”图案或虎、豹、水獭、貂鼠等皮毛装饰，既美观大方，又具有良好的实用功能。蒙古袍冬天防寒护膝，夏天防蚊虫叮咬、遮暴晒，行可当衣，卧可作被。男子习惯在腰带右边挂蒙古刀，左边挂烟具、绣花荷包等饰物，多喜欢穿棕色和蓝色的蒙古袍。

元代织金绫大袖袍是元朝时期上层女性的正式礼服。它具有鲜明的蒙古族服饰特点，在形制上为交领右衽，这符合蒙古袍服右衽交领的传统形式。其衣袖疏阔、袖口紧窄，既保留了蒙古人为适应游牧生活而形成的窄小袖口，又受到了中原文化广袖的影响，同时宽长曳地的袍身也与文献记载的蒙古贵族妇女服饰“大袖衣”特点相符。在材质上，织金绫大袖袍的主体面料为织金绫，领缘和袖缘采用织金锦，这些加金织物是元代蒙古族服饰中常用的珍贵面料（图 6–8）。

元代长袍下面通常会穿裤子。蒙古人长期从事游牧生活，骑马等活动较多，裤子便于行动，且能保暖。这种穿着方式在元代的壁画、陶俑以及一些文献记载中都有体现。当时的裤子款式多样，有肥阔的，也有较为紧身的，材质上则根据不同阶层有所差异，贵族多采用丝绸等高档面料，普通百姓则以麻、棉等为主。元代六出地格力芬花绫裤，材质面料为花绫，纹样为六出团花格力芬。格力芬是一种源自公元前三世纪两河流域的带翼神兽，常见的有鹰首狮身、豹首狮身、人首狮身等形象。格力芬出现在元代服饰上体现了元代对外来文化的接受和融合，反映了当时多元文化并存的局面。六出团花与格里芬纹样的结合展现了元代独特的审美观念和高超的艺术水平（图 6–9）。

图 6–8 织金绫大袖袍（元代），中国丝绸博物馆

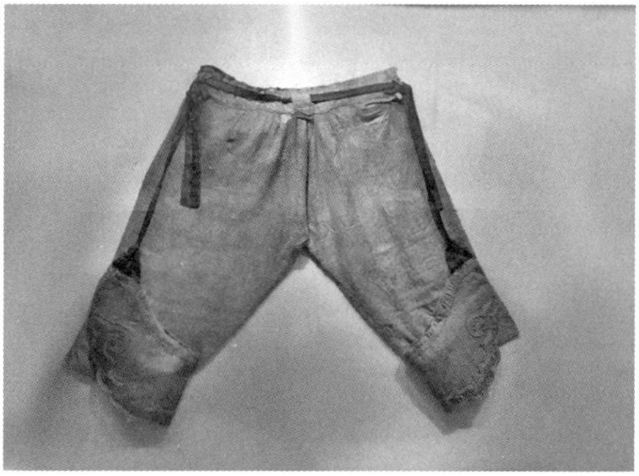
图 6–9 六出地格力芬花绫裤（元代），中国丝绸博物馆

图 6-10 蒙古族科尔沁部红布黑边女长袍，黑龙江省民族博物馆

图 6-11 蒙古族女式盛装，黑龙江省民族博物馆

一般男子与女子所穿的蒙古袍有些许不同，女子所着的蒙古袍窄些，多以红、粉、绿、天蓝等为主色（图 6-10~ 图 6-11）。在女子蒙古袍上最引人注意的是右上襟扣子上的装饰，这个装饰细腻精致，小巧玲珑，蒙语叫“哈布特格”。这是用两片浆过的布，垫上棉花，裹上绸纱缝制成的一种空心小夹子。形状多种，有的像桃、石榴，有的像蝴蝶、葫芦，上面用五光十色的金银丝线绣各种花纹和鸟兽图案。“哈布特格”既是装饰品，又有实用价值，其上端留口，里面可放针线和草原上采集来的花草等香料。“哈布特格”绣制得漂亮不漂亮，在草原上是判断一个姑娘聪明不聪明、手是不是巧的重要标志，也是小伙子们选对象的一个重要条件。因此，“哈布特格”常是传播友谊和爱情的媒介。

蒙古袍的腰带足有三四米长，系腰带的时候，需一个人帮忙拿好一头，系腰带的人不停旋转，才能把腰带系好。这种腰带一般是丝绸材质的，末端一般是塞进腰带或者打结垂在右后边。因为腰带又长又宽，又比较紧，系好后，能收紧人体躯干，减轻人在马背上驰骋时的颠簸，干体力活时，还能够起到保护腰部的作用。还有一种腰带是皮革制成的，就戴在胯部就可以了。一般比较富有的家庭喜欢这种腰带，并在上面镶嵌上金银宝石做装饰，借以彰显自己的身份、点缀自己的美丽。但是在草原上男人不能让别人的老婆给自己系腰带，也不能给女人系腰带，这就是草原人民的风俗。草原上女子只有婚前才系腰带，并在身后把腰带末端打结，显得更漂亮，一旦结了婚，一般都会用束身坎肩来代替腰带。逢节庆之时，蒙古族的女子还要佩戴用玛瑙、珍珠、珊瑚、宝石、金银玉器等原料制作成的首饰，这些首饰富丽华贵，以此来彰显个人魅力。

海青衣是元代十分常见的袍服，与普通的窄袖袍差不多，最大的特点是在袖与肩相接的地方留有开口。根据气候变化和打猎需要，手臂可以从开口处伸出来，多余的长袖背到后面固定，就好像有四条手臂。“海青”指服饰上绣有海东青纹样，是一种飞禽，“取其鸟飞迅速之义”（图 6–12）。

辫线袄，又称腰线袄子，是一种长袍，交领或圆领，窄袖，下摆宽松，腰间扎成细褶，用搓捻成股的红紫丝线横向缝纳固定，细褶上缝有纽扣，袍襟下部也有大量细密的折裥，使得袍子有一定的松紧性，穿时可以在腰间束紧，方便骑马射箭。后来在明代外出骑乘穿用的叫作“曳撒”的服装，就是从辫线袄演变而来的（图 6–13）。

图 6–12　菱地飞鸟纹绫海青衣（元代），中国丝绸博物馆

图 6–13　辫线袄（元代），中国丝绸博物馆

蒙古袍的穿着是一件正经、严肃的事情，整洁端正的穿戴无论是对自己还是对别人都是一种尊重。穿袍子时，一定要穿靴子，戴帽子。尤其到祭祀的时候，必须是袍子、靴子、帽子配套，这样才显得整体协调，严肃庄重。

二、质孙服

元代建立之初，宫中服制沿用宋制，直到元英宗时期才参照古制，制定了天子和百官的上衣连下裳、上紧下短，并在腰间加襞积，肩背挂大珠的“质孙服”制。

质孙服，又称“只孙”“济逊”，质孙在蒙古语里是“华丽”的意思。质孙本为戎服，便于乘骑等活动。在元代，质孙服初为皇帝专用，后成百官、侍卫礼服。汉语称质孙服为“一色衣”，指的是一次赴宴只穿一种颜色的服装。据《元史·舆服志》记载：“质孙，汉言一色服也，内庭大宴则服之。冬夏之服不同，然无定制。凡勋戚大臣近侍，赐则服之。”在元代大宴活动中，天子百官要穿统一颜色的“质孙服”，质孙服可以根据质地、颜色和饰物分成不同的种类、等级，这是承袭汉族又兼有蒙古族特点的服饰。据古籍记载，天子的质孙服款式繁多，冬服有十一种，夏服有十五种。

质孙服是元代达官贵人地位和身份的象征，皇帝赐质孙服以显示对臣僚的宠爱，受赐者往往以此为荣。按照参加质孙宴的人的地位不同，质孙服的结构可分为两类。一类是帝王、大臣、贵族等上层社会的人士所穿的没有“细褶”的腰线袍以及直身放摆结构的直身袍。天子的有十五个等级，每级所用的原料和选色完全统一，衣服和帽子一致，整体效果十分出色。比如，衣服若是金锦剪茸，其帽也必然是金锦暖帽；若衣服用白色粉皮，其帽必定是白金答子暖帽。天子夏服也有十五等级，与冬装类同。百官的冬服有九个等级，夏服有十四个等级，同样是以质地和色泽区分。另一类是在质孙宴上服务于这些上层人物的乐工、卫士等所穿的辫线袍。质孙服是元代宫廷最具特色的御宴礼服，皇帝颁赐的质孙服同色不同制，有等级差异。在臣子出席皇帝即位、寿辰，册立皇后、太子，正旦庆典，群臣上尊号，宗王大臣来朝，岁时行幸等内庭大宴时，都要穿此礼服。

三、蒙古帽

蒙古族久居草原，常年游牧。夏天烈日炎炎，冬季风雪严寒，因此蒙古牧人春夏秋冬都戴帽子，以此抵御自然的侵害。在元代已经出现卷檐、圆顶或尖顶的帽子，当时的帽子檐非常窄，帽子的顶部缀以红缨，帽子前面缀有银佛，用毡子或是皮子制成。据说蒙古人戴的帽子最初是没有檐的，后来元世祖忽必烈时期，因每年要到上都避暑狩猎，随行的察必皇后看到他狩猎时阳光刺眼，看不清猎物，便将原来的帽子加上了檐，使之能够遮蔽阳光。从此人们便将察必皇后的这一发明延续下来，戴有檐的帽子。

1. 圆顶立檐帽

圆顶立檐帽前高后低，有的前后一样高。顶部有红色算盘结，有的垂有两条飘带，用黑毡所做。《呼伦贝尔志略》中有记载说："帽之形平扁，以毡为之，缘反折而上，亦有绸面尖形者，附以皮耳，顶缀红缨一撮，而圆形缎面饰以金边之便帽，尤喜冠之。"据考古资料发现，牧人所戴的圆顶立檐帽与元代所戴的基本一致，显得非常精神。

2. 暖帽

暖帽，即"蒙古帽"，又称"鞑子帽"，近代称"风雪帽"。有尖顶、漫圆顶两种。前额有很窄的小檐翻卷。后有帔，内挂貂、獭、银鼠之皮，遮盖颈部，抵御风雪，暖和、美观。

3. 笠帽

笠帽，由藤、竹、草、木编织而成，形如倒置的升斗，方底方顶，上小下大，也有圆底圆顶者，轻便、凉爽、简易、大方。元代蒙古族男子冬天戴帽子、夏天戴笠子。笠帽是蒙古族特有的男性帽子，它有一圈宽檐和半球形的圆顶，形状和现在士兵作战时头戴的钢盔很像。笠帽的种类也很多，不同的人戴不同种类的笠帽。有一种是四面硬檐，在帽顶缀有玉石珠子，还有一种是前半边加硬帽檐，后半边加软遮檐。笠帽也有窄檐的，上面缀有红缨，还有四边帽檐向上折起的。笠帽在元代很流行，汉人也能使用。

4. 瓦楞帽

元代蒙古族男子还流行一种名为“瓦楞”的帽子。瓦楞帽是笠帽的一种，其形状是四方形的，先用四个大小相同的梯形毡片缝成帽身，再在上面加缝一个帽顶，制成的帽子好像一个倒放的斗。陕西西安元代段继荣墓中出土的彩绘陶俑就戴有瓦楞帽。河南焦作一座金墓出土的陶俑中，也有一个穿辫线袄、戴瓦楞帽的蒙古族男俑。

5. 顾姑冠

元代的贵族妇女，常戴着一顶高高长长，看起来很奇怪的帽子，这种帽子叫作“顾姑冠”。蒙古族贵妇所戴的顾姑冠具有浓郁的时代特色。顾姑冠的汉语写法有罟罟、顾姑、罟姑、固姑、固顾、罟最、括罟、故姑、阃姑、姑姑、三库勒、古库勒、孛哈、孛黑塔、孛黑塔黑等十多种。

顾姑冠的冠体一般是用铁丝编织成的，用竹篾或者桦皮为材料制作骨架，外面包有红绢，用金帛作顶，整个顾姑冠高度在五尺左右，形状像极了细细高高的花瓶。开始是民间流行的普通妇女日常所戴的防风、保暖的帽子，由于它位于人体最显眼的部位，最能反映佩戴者的身份、地位和经济实力，因此人们将一些物件装饰在上面，使得它的装饰性增强，高度逐渐增加。

图 6–14 织金锦顾姑冠（元代），中国丝绸博物馆

随着蒙古族势力的增强、地域的扩大，贵妇们对穿着越来越注重，顾姑冠的装饰也越来越华丽（图 6–14）。蒙古族贵族所佩戴的顾姑冠用红色的绢丝为底，红青锦刺绣，镶嵌金珠玉

石，为顾姑冠增添炫目光彩，越是富裕、地位高的人家，顾姑冠越是华丽。这种象征富裕、地位的顾姑冠是不允许汉族妇女佩戴的，只能流行于蒙古族贵妇之中。民间使用的顾姑冠较为简陋，随着时间的推移，逐步为轻巧、方便的软帽所取代，从而使顾姑冠成为贵族妇女的专用冠帽。

四、蒙古靴

蒙古族靴子种类很多，可根据样式、面料、高矮不同分为若干类。根据样式可以分成尖头靴、圆头靴等；根据面料可分为皮靴、布靴、毡靴；按靴的高矮可分为高靴、中靴、矮靴。

传统蒙古靴的特点是靴头尖而上翘，靴体宽大，靴内衬皮或衬毡，内套裹腿毡、棉袜、毡袜、包脚布等。靴面以贴花、缝缀、刺绣等工艺装饰各种花纹图案，穿着舒适保暖。蒙古靴是蒙古族人民在长期的劳动生产和日常生活中创造出来的，非常适应牧区的自然环境。骑马时能勾踏马镫，行路时能防沙抗寒。因此为牧民们所喜欢，在日常生活中，无论男女，皆穿靴。

马靴，蒙古语称“马海”。有皮制和布制两种。靴尖稍向上翘，靴内宽大，靴较瘦。马靴有中靴和高靴之别，外表都有装饰。皮靴的皮底一般饰有铁钉，以防在草地上飞跑时滑倒；布靴的布底都加有一层皮革，以增强牢度。布靴是用高级布料或大绒制作，靴头和靴筒上往往以金丝线绣花。图案新颖艳丽，具有浓厚的民族特色。靴面、靴帮上都有刺绣的花纹和图案，主要有云纹、回纹、草纹、万字纹及蝙蝠、蝴蝶、鱼虫、花卉等，非常精美。蒙古族妇女制作出来的马海靴美观、耐用，为世人所赞叹。

香牛皮靴子，系香牛皮制作，前面肥大，靴帮、靴面、靴底均系皮子，防寒效果较好。这种靴子古文献有记载。这种靴子要用黑色高档香牛皮制作靴帮，以绿色夹条连在一起，加之由几层熟牛皮纳成的厚底子，式样、质料和色调浑然一体，具有古朴端庄的地域风格。此外还有一种亮皮靴子，其式样类似于香牛皮靴子。在数九寒天骑马出门时，在靴子外面套穿山羊皮靴套，十分保暖。

蒙古白靴，古代蒙古靴中的上品，以皮革制作。蒙古族尚白，故以白靴为洁净、尊贵的象征，与白袍一样，多在庄严、神圣的场合下穿用。在元代，大臣入朝时，必须随身携带一双洁净的白靴，进殿前换上，将脱下的旧靴交与仆役，以免污损殿内之“金锦地衣”。朝毕出殿时再换上旧靴，以备下次入朝时用。蒙古帝王、后妃及贵族死，亦以白袍、白腰带、白靴装殓，以示尊贵。

五、织金锦

元代衣着用料与款式、颜色、图案都代表着不同的等级，用料不同致使质量相差悬殊。高官服装多用色彩鲜丽的织金锦，其质地、造型、装饰都追求华美精致。但平民所穿的服饰却有种种限制，贵族与平民之间的服饰等级有严格区分界限，在阶级社会里，剥削阶级的代表人物总把他们的特定服饰视为至高无上的地位标志，以此炫耀自己。

织金锦是波斯语的译音，元代蒙文中称为“纳石失”，以金缕或金箔切成的金丝作纬线织制的锦，它是一种用金线显示花纹而形成具有金碧辉煌效果的织锦。北方游牧民族酷爱织金锦，因为北方寒冷少水，周围的色彩较单调，唯有犹如太阳光芒般金光灿烂的金色，给生活在广漠中的人们带来一丝生机。因而蒙古族、契丹族、女真族的上层达官贵人的衣着崇尚用金，并以此显示他们的财富和地位。

织金锦所采用的金线有片金和圆金两种。具体制作方法为先将黄金打成金箔，用纸或动物表皮作背衬，再切割成强丝线的片金。也可将片金缠绕在一根芯线之外，即成圆金。织金锦的织造技术对后世的影响极大，尤其是对明清流行的缎织物的产生具有重要的意义。

中国古代丝织物加金约始于战国时期，主要在宫廷中使用。直到魏晋南北朝以后，服饰织金的风气才在全国范围内普及。宋代贵族服饰用金，在技术上已发展到了十八种之多，北宋末年宋朝与金朝议和常用捻金锦作礼物，金朝官服常用织金及金缕刺绣。元代继辽、金之后，在织物上用金更胜于前代，在回鹘族地区最为流行，所织衣料最为精美。内蒙古赤峰辽驸马墓出土的丝绸中，就有织金锦、平金绣、金粉画缋等丝织品。元代织金锦空前发展,《马可·波罗游记》记载当时南京、镇江、苏州等城市曾大量生产织金锦，当时元代的蒙古贵族不仅穿满身华丽的织金锦，就连日常生活中的帷幕、被褥、椅垫，甚至连军营所用的帐篷也是由这种织金锦制成的，绵延数里，场面十分壮观。元朝统治者在统一中国的征战中，打了胜仗之后，就进行屠城，但唯独不杀手工匠者。那些被俘虏和征调的工匠，有时多达几十万名。在元朝官营手工场中，除从江南挑选的十余万丝织工匠外，还有一大批是蒙古军队在西征时从中亚掳来的穆斯林工匠，他们中有不少人是织造织金锦的高手。这些不同民族的工匠被安置在同一地区无偿地进行生产劳动。他们相互交流，共同推进了织金锦技术的发展，也使得这一时期的北方丝织物在织造及纹样上都带有明显的异域风格。

六、蒙古族纹样与色彩

草原文化与黄河文化、长江文化都是华夏文化的重要源流，而草原文化的核心理念是崇尚自然、践行开放。作为一种特殊时期的文化类型，草原文化表现了游牧民族物质文明和精神文明的各个方面，在漫长的历史长河中形成了自己独有的特色。

这种独特的草原游牧文化在蒙古民族服饰中表现得尤为突出。元代蒙古族入主中原，与当时繁荣的汉民族文化交融发展，受到了不小的文化冲击。在服饰改革中，蒙古族保留了传统纹样，更是结合各族文化创造了属于这个时代的服饰图纹，不同寓意的纹样，充分地体现了各族劳动人民的艺术创造力。

蒙古族纹样主要分为两类：一为自然纹样，二为吉祥纹样。自然纹样有花草纹，包括梅花、杏花、牡丹、海棠、芍药等，动物纹样有蝴蝶、蝙蝠、鹿、马、羊、牛、骆驼、狮子、老虎、大象、龟等，另外还有山、水、火、云之类的图案。吉祥纹样如福、禄、寿、喜、盘长、八结、龙、凤、法螺、佛手、宝莲等。

蒙古族服饰图纹内容丰富、色彩艳丽、对比强烈。传统刺绣图案多采用卷草纹、回纹、盘长纹、云纹等，并喜欢组合运用这些纹样，如将盘长纹延伸再加入卷草的云头纹，缠绕不断，变化丰富多彩。技法多以几何形卷草纹为主，利用曲直线的变化，表现不同的感情，将直曲线条的不同形式相结合，达到和谐统一的画面布局。

在蒙古族各种服饰刺绣中，蒙古族摔跤服以鲜明的民族风格和地区特色闻名于世。在“那达慕”大会上，蒙古汉子们穿的摔跤衣裤，绣着龙、凤、虎、象及各种卷草纹样的吉祥图案，威武、古朴，具有极高的艺术欣赏价值。服饰刺绣自然而不造作，朴素而无虚饰，五彩的丝线始终不分贵贱地装点着蒙古族服饰。蒙古族服饰刺绣中，绣线浮凸于布帛及各类皮革之上，姿态各异的针法在绣面上形成丰富多变的触觉肌理，有的粗犷、有的细腻，并且以明快的纹样形象凸显出来，产生一种浮雕的视觉效果。炫奇夺巧的各种针法，各种肌理变化是刺绣艺术的重要审美。蒙古族服饰刺绣，强调颜色由淡到深进行色彩推移。图案在形式上也具有装饰性，体现了图案与颜色协调、统一，同时融汇着蒙古人民对自由、和谐、幸福的无限渴望，形成装饰与实用完美结合的艺术形态。

每个朝代都有自己崇尚的颜色，服饰的色彩能展现一个民族的信仰，蒙古族这个生长在草原牧野之上的民族，善于用色彩来表达情感，他们崇尚白、蓝、红、黄等具有不同象征意义的颜色。《蒙鞑备录》记载“成吉思汗之仪卫建大纯白旗以为认识，此外另无他旗”。他们所崇尚的就是白色代表的纯洁、神圣、高贵等精神特质，这能直接表现出蒙古民族的特点，能传达出吉祥美好的祝福。

蓝色象征着智慧、诚实、宽广、永恒，蒙古族把蓝天比作“长生天”，他们通过拜天、祭天的方式，期盼自己的部落同“长生天”一样长盛不衰。自十三世纪开始，蒙古族把自己的故乡称为“蓝色的故乡”“蓝色的蒙古高原”。现内蒙古自治区的首府“呼和浩特”蒙文的意思便是“青色的城”，“呼和”便是青色或蓝色。

红是火的颜色，火是蒙古民族用以驱魔避邪的神圣之物，蒙古民族在每年的腊月二十三有祭火的习俗，表达对“火”这一神化符号的敬畏，祈求火神能够在未来的日子里继续守护他们。所以我们经常能看到红色的蒙古袍、红色的哈达和红色的帽子。

蒙古族人民还喜爱金黄色，他们认为这是太阳、月亮、星星的颜色，代表着守护他们的日月星辰。在袍子、坎肩等多种衣服中常以金色镶边作装饰。蒙古民族在服饰中选用大气而又庄重的白、蓝、红作基本色，然后选取色彩鲜亮的金黄色作为搭配，通过色彩的强烈对比，表现蒙古族人民豁达、率真、开朗的性格。

从东亚的游牧部族到元代铁骑横跨三洲的蒙古汗国，多少代蒙古族人民在长期的生活实践中，找寻人与自然的共鸣，发挥自己的聪明才智，不断吸收兄弟民族服饰的精华，不断完善和丰富自己民族的传统服饰种类、款式风格、面料色彩、缝制工艺等，创造了许多精美绝伦的服饰，为中华民族的服饰文化增添了灿烂的光辉。

凤冠霞帔的明代服饰

经过辽金元的异族统治之后，明代恢复汉族的服饰传统。明朝初期的服饰改革主要致力于消除蒙元“胡文化”的影响，重新学习儒家的衣冠服饰礼仪。洪武三年（1370 年），拟定皇帝冕服、常服，后妃礼服、常服，文武官员朝服、公服、常服及士庶阶层的巾服等。洪武二十六年（1393 年），又将冠服制度进行了大规模的调整。

明朝的服饰有着严格的等级规定，平民和贵族之间的服饰界限更加严格。按照朱元璋亲自制定的服饰规矩：全国士民的衣冠，以唐朝衣冠为制。士民要束发，官员则要戴乌纱帽，用圆领袍束带，穿黑色靴子。普通百姓戴四方巾，杂色圆领衣，不能用玄黄一类颜色。女性允许用银镀金的首饰，穿浅色圆衫，绫罗绸缎。乐伎则要戴名角冠子，穿着打扮不能与良家妇女相同。而在对士庶服饰的禁令中对商人的限制则更为突出。

在以农立国、重农抑商的封建王朝，为了对商人实施政治压制，统治阶层往往通过种种政策对商人进行限制，如禁止商人乘坐车马、不许商人参加科举、不许商人子弟入太学读书等。明太祖朱元璋把商贩与仆役、倡优同等对待，不许商人衣绸纱、服貂裘。明代中叶，由于生产力水平的提高和生产结构的变化，富商大贾日渐增多。这些富商大贾一方面社会地位得到了认可，另一方面也开始追逐时髦，穿起了本在禁令之列的丝绸服饰。

天子威仪和皇帝冠服

一、皇帝的冕服

冕服，是古代等级最高的服饰。自周朝开始冕服就作为祭服而存在，用于祭祀等大型庆典活动，在祭祀天地、宗庙时必须穿冕服，所谓“周人冕而祭”。自晋朝开始，冕服开始向礼服过渡。到了唐代，皇帝践祚、纳后，也都穿着衮冕。明代，冕服作为一种尊贵的礼服，服制更加完备，而且更加突出了皇权。

始于周代的冕服，分为大裘冕、衮冕、鷩冕、毳冕、絺冕、玄冕六种形制，统称为“六冕”。天子和他的臣属们根据不同礼仪场合，选择不同形制、不同规格的冕服穿用。这种穿着制度，一直被汉族统治的王朝所沿用。洪武元年（1368 年），学士陶安提议制定一种五冕制度，但明太祖认为古代冕服之礼太繁，决定“祭天地、宗庙，服衮冕；社稷等祀，服通天冠、绛纱袍，馀不用”。洪武三年（1370 年）规定，在正旦（农历正月初一）、冬至、圣节、皇帝生日、祭社稷和先农、册拜等大典要穿衮冕。这一御令，既免去了诸多冕服带来的繁复礼仪，也在客观上使得冕服更具权威性。明代的衮冕制度，是在洪武十六年（1383 年）正式确定的，之后又在洪武二十六年（1393 年）及永乐三年（1405 年）不断补充修改，使衮冕制度日趋完善。它的形制基本承袭了明以前的冕服制度，整个衮冕由冕冠、冕服、附件组成。

冕冠作为首服，是古代帝王百官参加祭祀典礼时所戴的最贵重的一种礼冠，它的形制为一个圆形的帽卷，用皂纱制作，上面覆盖着延板。延板为桐木制成，宽一尺二寸，长二尺四寸，这里的尺为周尺，一尺相当于现在的二十三厘米，用彩色丝织品裱裹。洪武十六年（1383 年）规定的颜色是表面黑色、底面浅绛色。而到了洪武二十六年（1393 年）则改为表面黑色，底面红色。延板前圆后方，象征天圆地方，延板前后各有旒，旒用五彩丝绳制成，每根丝绳上穿五彩珠玉，每颗珠玉间距是一寸。延板左右悬红丝带，带上挂用黄锦做成的小球，垂于两耳之旁，叫作黈纩充耳，以示不欲妄听是非。帽卷两侧有纽孔，戴时用玉笄穿过纽孔，把冕冠固定在头顶的发髻上，下面用垂在帽卷两侧的红色丝带系结于颔下。永乐三年（1405 年）的冕冠制度中，在保持原有制度不变的情况下，在帽卷上增加了玉衡以稳住冠帽，又在黈纩的下面增加了一个用黄玉制作的玉珠，并把帽卷两侧的纽孔、系帽缨处和帽卷的下边用金箔加以装饰，更加突出了皇权的至尊无上。

与冕冠相配套的冕服采用古代传统的上衣下裳制，上衣绣十二章纹中的日、月、星辰、山、龙、华虫，下裳绣宗彝、藻、火、粉米、黼、黻六章，腰间系白色绞罗制成的大带，衬里为红色。冕服下穿绞罗制成的白色单衣，衣领为黑色与青色相间，单衣的边缘用青色装饰。鞋袜均为黄色，鞋头用黄金装饰。洪武二十六年（1393 年）下裳的颜色变为浅绛色，单衣则为素纱制作，鞋袜也由原来的黄色变为红色。

在永乐三年（1405 年）的修订中，则对冕服上的十二章纹进行了大的调整。首先将上衣绣六种纹样改为八种，日、月、龙在肩上，星辰、山在背部，火、华虫、宗彝在衣袖上，袖口、衣服的边缘用锦作装饰。下裳的纹饰变为四种，藻、粉米、黼、黻各两个。其次将下裳改为七幅，前面三幅、后面四幅，前后不相连，上面在腰部连接起来。下裳的侧边、底边都作镶边装饰。单衣为素纱制成，领子、袖口、衣边均用青色镶边，衣领还织有黻纹十三个。鞋袜颜色依旧是红色，只是鞋的前边加了形如小穗子的黑色履头饰，鞋头用金线做了装饰。

二、皇帝龙袍

龙袍是皇帝的朝服，象征着皇权的至高无上。龙袍一般用于皇帝日常处理朝政、日讲、省牲、谒陵、献俘、大阅等场合穿着。龙袍基本形制是上下连属的一体式袍服，圆领窄袖，绣有龙纹。古代帝王受《周易》的影响，崇尚“九五之尊”，所以龙袍要绣九条龙，胸前、背后各一，左右两肩各一，前后膝盖处各二，还有一条被绣织在衣襟里面。不过明代的龙袍有些不一样。一方面是颜色上的不同，明代皇帝姓朱，朱也是红色的意思，所以明代就以红色为正色。朱元璋参加的起义军属于“红巾军”系，所以龙袍设为红色。另一方面是龙袍上纹样的不同，明代龙袍龙纹数多于历代皇帝的龙纹数。1958 年出土的“明万历帝缂丝十二章衮服”，就有十二条龙，被绣在一个圆形的中间，俗称团龙。十二条龙因位置不同而有不同的名称，位于衮服前胸和后背位置的龙，被称为“正龙”，或者是“坐龙”，侧身的龙叫作“行龙”，行龙也按照朝向上下的不同分为升龙和降龙。

穿上了龙袍的皇帝在腰间还要系一根带子，俗称“玉带”。明朝开国之初便有革带，带上缀有銙，即按官员品级不同分别用玉、金、银、铜、乌角等不同材料制作的装饰板，这样的革带也就分别被称为玉带、金带、银带等。其中以玉带最为尊贵，一品以上官员才能使用。据说明代开国皇帝朱元璋束的就是玉带，但他的玉带是束而不系的，据说当他的玉带上扬到胸部时，表明他心情很好，反之，当他的玉带下垂到腹部以下时，则表明皇帝大发雷霆之怒。

三、皮弁服和燕弁服

皮弁服是中国古代帝王贵族和品官的礼服，到了明代则变为皇家专用的礼服。它是皇帝在朔日农历每月初一、望日农历每月十五临朝听政，下发诏令，到庙里上香进献章表，四方蛮夷入朝进贡，地方官员朝拜，册封士子时穿的一种礼服，由弁冠、弁服、中单、大带、蔽膝、舄和玉佩组成。

弁冠在明代以前文献中所记载的形状为两手相合的样子，因为早期的用料是白色的鹿皮，所以被称为“皮弁冠”。到了明代这种冠已经发生了很大的变化。按照洪武二十六年（1393 年）制定的弁冠制度看，它不再是白色的鹿皮，而改用黑色丝纱制作。另外，固定方式除用红色丝带系结固定外，又增加了用玉簪固定的方式，使得冠帽固定得更加稳妥。而用来表示等级地位的缝还依旧是前后十二缝，每缝连缀五彩玉片十二个作为装饰，永乐三年（1405 年）又增加了在缝、冠帽下方系结缨的地方、插玉簪的纽孔等处用金玉装饰的内容。

弁冠的配套服饰叫弁服，早期是用白色细布制成，到了汉代改为赭衣素裳，到了唐代用绛衣素裳。而明代基本保持唐代的制度，衣服为绛色纱衣，衣领、袖、衣襟均用本色。红色下裳，由前后两部分组成，上面不编织任何图纹。弁服下为素纱中单，红色的衣领、衣袖，上面装饰着十二章纹中的黻纹，并且依据明制，上面的黻纹应为十三个，是皇帝身份的象征。蔽膝的颜色和下裳的颜色一致，式样与冕服相同。腰间佩镶玉皮带，皮带上佩挂绶带与玉佩，皮带之外是白色的大带。足服为白色袜子、黑色鞋。手中所持玉圭长度为一尺二，背面有脊，雕刻有两缕花纹，其他的制度如玉佩、绶带的形式则与冕服制度保持一致，没有改变。

燕弁冠服是明世宗和内阁辅臣张璁参考古人所服“玄端”而特别创制的一款服饰，用作皇帝的燕居服。嘉靖七年（1528 年），明世宗对冕服等冠服制度做了修改后，又认为皇帝的燕居冠服“多俗制不雅”，遂令张璁稽考古代帝王燕居时所穿法服的形制。张璁根据《礼书》“玄端深衣”的记载，制成图注进呈明世宗：“上览之称善，遂命工如法制燕弁服，稍加文采，衬用深衣、色用黄。令尚衣监收贮，著为式。”燕弁服由弁帽、玄衣、纁裳、中单、大带、玉革带、佩绶等组成，体现了皇帝在非正式朝会场合的庄重形象。

官员品级与官服“补子”

一、百官朝服

朝服为君臣举行重要朝会时的服饰。殷商之时，就有了一定的规定，至唐宋时形制已发展得相当完备。明朝沿用宋代的朝服制度，于洪武二十六年（1393 年）对朝服做了详细规定。基本形制是头戴梁冠，上穿赤罗衣、白纱中单、青饰领缘，下着赤罗裳、青缘、赤罗蔽膝，大带用赤白二色绢、革带、佩绶，脚穿白袜、黑履。一至九品，以冠上梁数辨别等级差别，并附之以佩绶花纹、革带銙饰和笏板原料的不同。另有未入品级的官员，洪武二十六年（1393 年）规定在群臣朝拜庆贺、进献表奏行礼时只穿公服，洪武三十年（1397 年）改令按照九品官穿着朝服。其他负责守卫执勤的武官，朝服则另有样式颜色的规定。

孔府旧藏的明衍圣公朝服是中国古代服饰的典范，是我国现存最完整的明代朝服。赤罗衣，赤罗裳，白中单，梁冠，夫子履，这件朝服象征着中华民族崇尚礼规的秩序观念。颜渊曾经问孔子，何为一个国家？孔子说：用夏代的历法，坐商代的车子，穿周代的礼服，奏上古的音乐。明衍圣公朝服服制“上承周汉，下取唐宋”，它是明代文武百官在最重要的仪式场合上穿的服装，是中华民族仁、礼文化千年延续的见证。

文武官员的公服，是文武官员办理公务时所穿的服装，尊卑贵贱也各有等差，在形制上有别于日常所穿的常服和家居所穿的便服。公服始于北魏年间，至唐宋又称为省服。明朝公服，大体上承袭古代袍制，盘领、右衽、袖宽三尺，材料用纻丝或纱罗，头戴幞头，脚穿皂靴，以服色、花纹和腰带銙饰来区分官职的不同（图 7–1）。

图 7–1 彩绘仪仗俑群（明代），陕西历史博物馆

后来，公服只在朔、望日朝见参拜时穿，负责执勤守卫的武官，不受公服制约。公、侯、驸马、伯爵公服颜色、花纹和一品官的相同。遇到雨雪天气，百官入朝，可以穿戴雨衣。

二、官服补子

明清官员袍服的胸前和后背都有一块方形图案，这就是“补子”。明清官员以补子来区分官职，文官用飞禽，武官用走兽。“补子”是单独做好的，然后加在袍服上，而不是直接在袍服上绣图案，因此，“补子”又叫“补丁”（图 7–2）。

图 7–2　棕褐色四合云纹缎锦鸡绣补单袍（苏州郭巷通桥村明墓出土），苏州丝绸博物馆

这种补子和袍服分离的做法，使得袍服的生产效率提高了，成本降低了。袍服图案都有严格的管理程序，如果与成衣一体，即使是一点细微的错误，整件袍服都要重新制作，而且出了错的袍服也不可能给任何人使用，就会造成极大的浪费，但有了补子以后，就解决了这个浪费的问题，而且还可以方便更换。

每个补子上的图案都有着极深的意义，不仅仅是区分官员等级，而且还象征着皇帝对官员的期待和要求。补子的出现，取代了烦琐的冠冕服饰制度，标志着官服的高度符号化。据《明史·舆服志》记载，洪武二十四年（1391年）规定，官吏所着常服为盘领大袍，胸前、背后各缀一块补子，一至九品所用禽兽尊卑不一，借以辨别官品。补子图案，公、侯、驸马、伯：麒麟、白泽；文官绣禽，以示文明：一品仙鹤，二品锦鸡，三品孔雀，四品云雁，五品白鹇，六品鹭鸶，七品鸂鶒（xī chì），八品黄鹂，九品鹌鹑；武官绣兽，以示威猛：一品、二品狮子，三品、四品虎豹，五品熊罴（pí），六品、七品彪，八品犀牛，九品海马；杂职：练鹊；风宪官：獬豸（xiè zhì）（图7–3）。

图7–3 麒麟纹补子（明代），中国丝绸博物馆

一品文官用仙鹤，仙鹤在古代是长寿的象征。在吉祥鸟的系列中，其地位仅次于凤凰。《相鹤经》云："鹤，寿不可量。"《诗经·小雅》云："鹤鸣于九皋，声闻于天"。官员补子一品采用仙鹤的图案，取其奏对天子之意。做到一品大多是位高权重的老臣，把仙鹤赐给一品大员，一方面体现皇帝希望老臣们福寿绵长，可以多为国家效力，另一方面也希望他们"声闻于天"，能够给皇帝带来真实的建议，有所作为。与仙鹤结合的图案是翻涌的浪潮，"潮"谐音"朝"，正是"一品当朝"的寓意，大气磅礴。补子中总是会出现日月当空的图案，在一品仙鹤的补子中，一轮红日也是很明显的，代表着天子，无论补子中的鸟儿多昂扬，也总是在天子之下的，还体现出崇敬天时，是非常重要的传统思想。

二品官服上绣的是锦鸡，锦鸡亦称金鸡、玉鸡、碧鸡，也是吉祥的象征。锦鸡有一呼百应的王者风范，在古代是非常吉祥的鸟。它的羽毛据说还能驱鬼辟邪，深受古人喜爱，武将也会将其插在衣背头冠上作为服装的装饰。绣在帝王的礼服上，也叫作“华虫”，表示威仪和显贵。二品官员是皇帝的左右手，锦鸡寓意刚正不阿，能守耿介之节。

三品官服上绣的是孔雀，孔雀不仅羽毛美丽而且有品性。孔雀有“九德”，一颜貌端正，二声音清澈，三行步翔序，四知时而行，五饮食知节，六常念知足，七不分散，八品端正，九知反复。在古人看来，孔雀是一种大德大贤，具有文明品质的“文禽”，是吉祥、文明、富贵的象征。以九德辅佐皇帝，则帝业可成。

图 7–4 缂丝孔雀纹圆补（明代），中国丝绸博物馆

图 7–4 中的补子缂工精细，采用平缂、绕缂等技法，运用通经回纬缂出一对孔雀，上下盘旋于牡丹和云纹等吉祥图案中。此补可能原为方补，后经裁剪成圆形，外饰八达晕锦缘（图 7–4）。

四品朝服上绣的是云雁，云雁是禽中之冠，飞行有序，知规守矩，自古被视为“五常俱全”的灵物。四品官员，是朝廷的中坚力量，执行朝廷政策，是做实事的。用云雁的图案做补子体现了皇帝希望百官忠贞仁爱、恭谦有序、遵守规则。

五品官员的补子图案是白鹇，白鹇是南方的一种水鸟，平时仪态优雅，大方娴静。民间视为吉鸟，能赶走灾害，祈求丰收。白鹇鸟的形象作为五品官员的补子，取其举止娴雅，为官不躁，无为而治，并且吉祥、忠诚，总之是百姓追求美好生活的象征。

六品补子图案是鹭鸶，它品行纯洁、高贵，在飞行时努力振翅，自强不息。六品补子以鹭鸶纹，提醒官员努力工作，且要洁身自好。

七品补子图案是瀏鶒，瀏鶒即为鸳鸯，古称“匹鸟”。据说鸳鸯成对，鸳鸣鸯和，左雄右雌双双飞翔，夜晚雌雄羽翼掩合交颈而眠。若其偶失，从不再配。取其羽毛上耸，象征坚定忠心。

八品补子图案是黄鹂，黄鹂身披彩衣，鸣叫声悦耳动听，是吉祥鸟。黄鹂为不妒之鸟，为官者也须如此。

九品补子图案是鹌鹑，鹌与“安”同音，取和谐安宁之意，九品官都在基层，朝廷希望他们能让地方和谐安宁。

《山海经》云：“其鸟羽司帝之百服”，比喻百官是皇帝的服饰，意思是说百官代表皇帝的形象。明朝补子中的鸟多为两只，体现互相扶持之意，而且成双成对是一种吉祥的寓意。

在文官官职里，御史扮演着“法官”的角色，承担国家的司法职责，他们的补子图案是獬豸，獬豸是古代传说中的一种神兽。《述异记》记载“獬豸者，一角之羊也，性知人有罪。皋陶治狱，其罪疑者，令羊触之”。《宋史·舆服志》记述用獬豸角的形状做成帽子，给御史顶戴，称为“獬豸冠”。明清时獬豸作为御史官服补子图案，将獬豸执法护法的象征意义贯穿于整个封建社会。

而武官就不一样了，武官勇武剽悍，威风凛凛，以猛兽为官服补子图案，以彰显其威仪。

一品、二品是狮子。狮子是百兽之王，当是取其勇猛之意。

三品为豹。《说文解字》解释：“豹，似虎圆文。”《山海经·南山经》记述：“南山兽多猛豹。”《诗经·郑风》言：“孔武有力。”武官补子排序，豹在狻猊之下，在虎之上，可见古代豹的神兽地位高于老虎而低于狻猊，亦是取其勇猛之意。

四品为虎。《说文解字》曰：“山兽之君”，以喻威猛。《宋书·符瑞志》说：“白虎，王者不暴虐，则白虎仁，不害物。”所以，老虎为百兽之王，有王者的智慧，具有“仁、智、信”之范。因此被人们视为吉祥的神兽，能守诚信，驱邪气，纳祥瑞。古代天子的兵权象征即为“虎符”。天子和诸侯的大门上要画老虎，故称“虎门”。由于虎威武勇猛，所以古来颇受将帅崇拜。将军的营帐称“虎帐”。勇猛之士称“虎贲”“虎夫”“虎士”等。清代武科进士榜为“虎榜”。

五品为熊。《说文解字》的解释："熊兽似豕，山居冬蛰。"《尔雅》的解释："又罴如熊，黄白文。"可见，古代记述了两种熊：一是狗熊，一是人熊。据《国语·晋语》记载："黄能入于寝门。""黄能"即"黄熊"，比狗熊体形大而且勇猛。作为武官官阶的形象，正如《诗经·小雅》所说："维熊维罴，男子之祥"，取其阳刚之意。

六品、七品为彪。《扬子法言》曰："彪静成文，动成德，以其弸中而彪外也。"宋代周密《癸辛杂识》记述："谚云：虎生三子，必有一彪。"彪最犷恶，能食虎子也。可见，彪与仁德智慧的虎不同，是一种凶悍残暴的动物。作为武官官阶形象，是取其对敌凶狠残暴之意。

八品是犀牛。《说文解字》的解释：犀，南徼外牛，一角在鼻，一角在顶，似豕，从牛，尾声。犀牛的皮可以做铠甲，但只有水犀牛的皮可以做，故《国语·越语》称"水犀之甲"。其书的注解说："今徼外所送，有山犀、有水犀。水犀之皮有珠甲，山犀则无。"用犀牛做武官官阶的形象，是取其皮可制甲，角可制矛，兵器犀利之意。

九品是海马。此处的海马，并不是大海中头部似马、单条尾巴向后上方卷曲的海洋动物，而是和陆地吃草的马模样相同、背上长出两只翅膀的神话中的海兽。既能在天空飞翔，也能在汹涌的波涛中穿行。海马的身世颇为神秘，没有介绍其详细情况和象征意义的资料，只是在解释补子时有极为简单的寥寥数语："水兽，似马，水陆双行，喻水陆皆可攻杀固守。"其文虽短，但意义明确。原来，古代对最下层的军官要求颇高，要既能指挥步兵陆战，又可指挥海军水战。有这样骁勇善战的军官，军队的战斗力肯定极强，有了这样的军队，国家的江山就一定会稳固，皇帝就可以高枕无忧了。

三、特殊的赐服

在明代官服中，还有四种特殊的服装，它们都与皇帝穿的衮冕相似，本不在品官服制之内，是明朝皇帝赏赐给内使监宦官和高级品官的赐服，分别是蟒服、飞鱼服、斗牛服和麒麟服。

1. 蟒服

蟒服，又称蟒袍、蟒衣，衣身饰有蟒纹。蟒原指大蛇，《尔雅》注中说："蟒，蛇最大者，故曰王蛇。"明代的蟒是仅次于龙的高级纹样，整体造型与龙几乎一样，区别在于龙为五爪，蟒为四爪。《万历野获编》说："蟒衣为象龙之服，至尊所御袍相肖，但减一爪耳。"蟒服又是四大赐服当中品级最高的，仅次于皇帝的龙袍。

因为蟒服在外形上自成一格，所以不需要有特别的服装搭配。蟒服的形制基本参考曳撒和圆领袍结合的形式，也有和衮服相结合的形式，充分体现出皇家的大气。一般太监、锦衣卫，采用曳撒形制，因为太监和锦衣卫在宫廷内的工作需要大量运动，方便的曳撒可以满足这种需求。衮服形制的蟒服，仅由朝鲜国王一人穿着，因为古代朝鲜王朝是明朝的属国，要比明朝低一个等级，明朝皇帝是龙，朝鲜国王即蟒，不过并不是因为明朝轻视朝鲜的存在，反倒是为了突出朝鲜在中国朝贡体制下的最高地位，所以才特地赐给朝鲜国王蟒服。

2. 飞鱼服

飞鱼服是在官服上绘制飞鱼纹样的赐服，有飞鱼纹的曳撒、直身、贴里都是不同款式的飞鱼服。"飞鱼类蟒，亦有二角，身上有鳍、有鳞、有翼、有爪、鱼尾，以水纹为背景。所谓飞鱼纹，是作蟒形而加鱼鳍鱼尾，为稍异飞鱼类蟒，非真作飞鱼形"。飞鱼服上有四爪，是明代锦衣卫朝日、夕月、耕藉、视牲、祭历代帝王所穿礼服，由云锦中的妆花罗、妆花纱、妆花绢制成，佩绣春刀，除此之外只有蒙皇帝恩赐才可穿，是明代仅次于蟒服的一种二品赐服。

3. 斗牛服

斗牛服则因衣服上绘有斗牛纹而得名，斗牛通常其身如龙，鳞爪俱全，头生两角。斗牛服与蟒服和飞鱼服的最大不同是龙头有两个向下弯曲的牛角。

斗牛原是天上星宿。《晋书·张华传》说：晋惠帝时，广武侯张华见斗牛之间常有紫气，请通晓天文的雷焕去询问，雷焕说是丰城宝剑之精，上彻于天，就让雷焕为丰城令。焕到任，掘狱屋基得一石函，中有双剑，刻题一曰龙泉，一曰太阿。乃一以送华，一以自佩。后张华被杀，剑忽不见。雷焕死后，其子持剑过延平津，船至江中，剑忽跃出，堕水。但见二龙蟠萦，波浪惊沸，于是失剑。

4. 麒麟服

麒麟是古代传说中的一种动物，形状像鹿，全身有鳞甲，牛尾马蹄，有一只肉角。后人将它作为吉祥的象征广泛用于各类器物的装饰。麒麟的形象也经过一番变化，将头绘成龙首并有两角，尾绘成狮尾等。明代官服绣麒麟，大襟、斜领、袖子宽松，前襟的腰际横有一襕，下打满裥，不仅限于四、五品官员，职位特殊的锦衣卫等也能穿。

这四种衣服的纹样皆因与龙纹相似，而成为明代官吏极力推崇的服饰，获得这类赐服是极大的荣宠。蟒衣最初严禁臣民穿，永乐年间，只有侍立皇帝左右的宦官可穿蟒衣。但因蟒、飞鱼、斗牛都是龙形衍生，人们不能明确区分，观念混乱，加之冠服又是自造，出现了超出品级穿戴的现象。于是从明英宗天顺二年（1458 年）开始禁官民穿“蟒龙、飞鱼”。明孝宗弘治元年（1488 年）禁宦官穿“蟒衣”。嘉靖八年（1529 年）更改百官祭服时，“独锦衣卫，堂上官大红蟒衣”。嘉靖十六年（1537 年），文武官员严禁“蟒衣、飞鱼”。至此，龙袍只有皇帝专用，将相连蟒衣也不能穿。

平民儒生的典型服饰

明代的男装，大人多穿青布直身的宽大长衣，头上戴四方平定巾，一般平民穿短衣，裹头巾。

一、典型的巾和帽

“四方巾”和“六合帽”是明朝服饰的两个特别发明，寓意四方六合，天下一统，尽显帝王气魄。四方巾亦名“方巾”，为明初颁行的一种方形软帽，为职官、儒生所戴的便帽，以黑色纱罗制成，其形四角皆方，所以又名“四角方巾”。据传明初士人杨维桢头戴此巾参见太祖朱元璋，太祖未曾见过这种服饰，便询问此巾之名，杨维桢为取悦他，回答说：“此四方平定也”。太祖听罢，龙颜大悦，诏布天下，复制此巾，令士庶服用。当时，举国上下皆可头戴四方平定巾，不像其他服饰规定那么严格。后来，四方巾变得特别高大，所以百姓笑称戴四方巾的士人真的是读书人，他们出门都是“头顶一个书橱”，可见此时的四方巾演变得多么的高大。

“六合帽”是将绸缎或者其他布料裁制为六瓣，缝合到一起，是明朝人们日常所戴之物，这种小帽式样很多，可随意与身上的袍褂配套来穿，因形似西瓜，又被人们称为“瓜皮帽”。《竹枝词》云：“瓜皮小帽趁时新，金锦镶边窄又匀。”

明代又一个重要的发明是男子束发用的网巾。网巾是明代男子用来束发的网子，也是明初建立的冠服制度中最具有朝代象征的巾服之一。由于“人无贵贱皆裹之”，网巾也是明代最没有社会等级区分功能的服饰，从明代祭祀礼俗到日常社交等方面，处处可见网巾的踪迹。网巾虽小，其承载的明代社会文化意涵却极为丰厚。网巾一般多用黑丝、马尾、综丝等材料编织而成，万历年间转为人发、马鬃编结。平时在家里可以直接戴网巾，外出时再戴上四方巾和瓜皮帽。网巾的网口有布帛做成的“边子”，边子内有金属做成的小圈，内有抽绳，戴上网巾后可以用抽绳收紧，头发就完全束住了。

飘飘巾，帽子像三角形屋顶、帽脊前后又各有一片长方形布披，随风飘动，所以叫飘飘巾。与八仙之一吕洞宾戴的帽子一样，所以又称纯阳巾（纯阳真人是吕洞宾的道号），不过纯阳巾的前后帽顶布披有圈卷的云纹。有的帽披上也加块玉，后垂两条长带子。

此外明代的巾帽还有儒巾、平顶巾、汉巾、软巾、吏巾、二仪巾、万字巾、披云巾、瓦楞棕帽等，形形色色。

二、明代士人常服

圆领大袖衫为明代儒士所穿的服饰，与其他官吏一样，都有详细的制度。如明代生员（即秀才）穿的圆领大袖衫，是用玉色（一种淡黄或淡褐色）的布料或绢制作。袖子宽阔，袖口和衣缘用皂色的布料镶边。头戴软巾，上有皂色的垂带。即使通过了乡试的举人和在国子监学习的监生，在穿着上也不改变其生员的服饰。

明代士人还常穿直裰、道袍等交领袍服。直裰的特点是后背有一条直通到底的中缝，也有说长衣而下面无襕的叫作直裰。直裰又称直身，与道袍相似，它们都是斜领交裾，全身连体通裁的长袍，只是下摆的结构略有不同。

贴里在明代也是男性服饰的基本款式，既可外穿又可内着。有文献记载，贴里前后襟均断开，腰部以下做褶，形似百褶裙，大褶之上通常还有细密的小褶，无马面。随着时代潮流的改变，贴里的袖子形状、腰线高低、腰下褶子造型都略有不同。

曳撒，承袭自元朝辫线袄，腰间有细褶，即腰线袄。在明朝早期主要作为内廷侍卫服饰；明朝后期曳撒的使用范围逐渐扩大，款式也不断变化，并且和传统汉服融合，最终成为汉民族服饰的一部分。永乐以后曳撒的称呼逐步增多，又称“衣色”“一色”“一撒”，窄袖也逐渐变为琵琶袖。

氅衣，一种对襟样式的外套，用以遮风寒，男女都可以穿。一般为大袖敞口，对襟直领，两边开衩。一般认为这是从宋朝的褙子发展而来的，只是更为宽大，在衣襟处有丝带，可以用来固定。

三、明代男子的鞋子

明代男子的鞋子，种类颇多，其中有丹舄、云履、朝靴、干黄靴、皂靴以及油靴和凉鞋等。如云履，亦称“云头履”，鞋头高翘翻卷，形似卷云，式样端庄大方，在明代为官员和士大夫所穿。又如油靴是在雨天所穿的靴子。当时明朝严禁胡风，靴亦在被禁之列，但在下雨、下雪的日子允许穿着油靴。

当时明代江南地区最流行的鞋，应该是一种产自陈桥以黄草编织而成的宕口鞋，因出自宜兴史姓匠人之手，故名“史大蒲鞋”。明范濂《云间据目抄》记其风俗时称：“以黄草结宕口鞋甚精，贵公子争以重价购之，谓之史大蒲鞋。”《金瓶梅》中曾描写西门庆的穿着样貌：头上戴着缨子帽儿，金玲珑簪儿，金巾玉栏杆圈儿；长腰才，身穿绿罗褶儿；脚下细结底陈桥鞋儿，清水布袜儿，腿上勒着两扇玄色挑丝护膝儿；手里摇着洒金川扇儿，越显出张生般庞儿，潘安的貌儿。“细结底陈桥鞋儿”形容陈桥鞋的鞋底紧密、结实，名不虚传。从西门庆的这通身打扮，可见当时追求时髦的浮浪子弟最流行的穿搭，也是明代男子趋之若鹜的服饰打扮。

女子服饰与凤冠霞帔

一、上衣下裙

明朝妇女服饰主要有衫、袄、霞帔、褙子、水田衣、白绫袄、比甲及裙子等（图 7–5~ 图 7–6）。明人常以“三绺梳头、两截穿衣”代指女性。三绺梳头是将左右两鬓头发分作两绺，额上之发为一绺，两鬓发绺掠耳而过，额上发绺向后梳，与

图 7–5　钱氏墓出土女服（明代），中国丝绸博物馆

图 7–6　黄绮折枝花卉女单衣，曲水如意云纹罗裙（明代），中国丝绸博物馆

顶发合在一起绾成发髻。两截穿衣即女子上衣下裙的着装，自唐宋以来，上身穿衣、下身着裙已经成为女子服装的基本形制，一直延续到近代。

1. 褙子

褙子是由半臂或中单演变而成的上衣。宋代受程朱理学的影响，人们的审美观追求质朴，宋代男子的褙子常衬于公服内，很少外穿。明朝女子的褙子则外穿，并成为典型的常服款式。其样式以直领对襟为主，腋下开胯，腰间用锦帛系束，下长过膝，逐渐成为后世女子的一种常礼服。

明代使用褙子范围很广，按身份分为两种类型。贵族使用的褙子，在礼节性场合为合领大袖对襟形式；平民作为常服就采用直领小袖对襟形式。宽袖褙子只在衣襟上以花边作装饰，并且领子一直通到下摆。窄袖褙子则袖口及领子都有装饰花边，领子花边仅到胸部。

2. 水田衣

水田衣是明代一般妇女服饰，是一种以各色零碎锦料拼合缝制成的服装，形似僧人所穿的袈裟，因整件服装织料色彩互相交错形如水田而得名。它具有其他服饰无法具备的特殊效果，简单而别致，所以在明清妇女中赢得普遍喜爱。据说在唐代就有人用这种方法拼制衣服，王维诗中就有“裁衣学水田”的描述。水田衣的制作，在开始时还比较注意匀称，各种锦缎料都事先裁成长方形，然后再有规律地编排缝制成衣。后来便不再拘泥织锦料子大小，参差不齐，形状也各不相同，与戏台上的“百衲衣”十分相似（图 7–7）。

图 7–7 百衲织物（明代），中国丝绸博物馆

3. 白绫袄

妇女的穿戴打扮，往往在节日里表现得最为突出，甚至具有明显的超乎节序的特色，形成节日民俗一大景观。

《金瓶梅》第二十四回："话说一日，天上元宵，人间灯夕。西门庆在家，厅上张挂花灯，铺陈绮席。正月十六，合家欢乐饮酒。西门庆与吴月娘居上座，其余李娇儿、孟玉楼、潘金莲、李瓶儿、孙雪娥、西门大姐都在两边列坐。都穿着锦绣衣裳，白绫袄儿，蓝裙子。惟有月娘穿着大红遍地通袖袍儿，貂鼠皮袄，下着百花裙，头上珠翠堆盈，凤钗半卸。"元宵节期间，除月娘外的妇女并没有穿红着绿，而是都穿白绫袄。按照一般习俗，人们夏天多穿浅色衣服，冬天多着深色衣服，在数九寒天穿白似乎有悖常理，而这却正是明代元宵节妇女服饰的殊俗。元宵节妇女喜穿白绫的习俗，在《金瓶梅》中有多处与此相关的描述，可与明代史料互为补充、印证。

元宵节妇女穿白的习俗最早见于宋代。南宋周密的《武林旧事》记载："元夕节物，妇人皆戴珠翠、闹蛾、玉梅、雪柳、菩提叶、灯球、销金合、蝉貂袖、项帕，而衣多尚白，盖月下所宜也。"这是宋代妇女元宵之夜外出观灯时的普遍装束，不仅"衣多尚白"，而且"玉梅""雪柳"等饰品皆为白色，尚白之风十分明显。

4. 比甲

比甲是一种无袖、无领的对襟，两侧开衩及至膝下的马甲，其样式通常较后来的马甲要长，一般长至臀部或至膝部，有些更长，离地不到一尺。这种衣服最初是宋朝的一种汉服款式，无袖长罩衫，又叫作"背心"，后来传入蒙古。据《元史·世祖后察必传》载："又制一衣，前有裳无衽，后长倍于前，亦去领袖，缀以两襻，名曰'比甲'，以便弓马，时皆仿之。"比甲一般穿在大袖衫的袄子之外，下面穿裙，所以比甲与衫、袄、裙的色彩搭配能显出层次感来。自从元代有了纽扣之后，比甲上也有用纽扣的，这样穿起来更方便、快捷、系结严紧，是服饰的新变化。明代比甲一般都有五枚金属扣，多为贵族穿着。

5. 月华裙

崇祯元年（1628年），裙子多为素白，即使刺绣纹样，也仅在裙幅下边一二寸部位缀一条花边，作为压脚。裙幅初为六幅，即所谓“裙拖六幅湘江水”；后用八幅，腰间有很多细褶，行动褶如水纹。到了明末，裙子的装饰日益讲究，裙幅也增至十幅，腰间的褶裥越来越密，每褶都有一种颜色，微风吹来，色如月华，故称“月华裙”。

6. 马面裙

马面裙，又名“马面褶裙”，中国传统服饰的一种。前后共有四个裙门，两两重合，侧面打裥，中间裙门重合而成的光面，俗称“马面”。马面裙起源于契丹，传统的汉服裙子只有后面一个裙门，无法骑马，由于游牧民族要骑马，所以要开四个裙门，前后方便搭在马上，左右方便叉开腿，裙门之间相互叠压又不至于令裙子开得太大，露出腿来，是一种十分实用的服饰。契丹人常常将这种裙子穿在袍子之内。马面裙历经辽代，到元明清十分流行，并且一直延续至民国。

7. 百褶裙

现代也称百褶裙为“百裥裙”“密裥裙”“碎折裙”，是指裙身由许多细密、垂直的皱褶构成的裙子。百褶裙每只裥距，在2～4厘米，少则数百褶，多则上千褶，美观漂亮，但制作比较复杂。百褶裙也是中国彝、苗、侗等族妇女常穿的一种裙子，流行于云南、四川、贵州等地。在明代时，该裙常用青面做成，褶多至二十余幅，腹下有五彩桃花。

8. 竖领（立领）

竖领也是明代女装对后世的一个重要贡献，从画像和实物看，竖领应是从缀纽扣的直领发展而来，到明中后期逐渐成为女性便服的主流款式。到清代，除女装仍沿用外，也被其他民族服饰以及男装吸收。直到现在，中国和一些周边国家仍可见到竖领的使用。

二、凤冠霞帔

唐代白居易曾在《霓裳羽衣舞歌》中咏道："虹裳霞帔步摇冠，钿璎累累佩珊珊"，便是古代女子身着"凤冠霞帔"的美丽形象。凤冠霞帔是中国古代后妃、贵妇才有资格穿的礼服，到了明代也是庶人女子在出嫁时才可以穿着的华服。

凤冠是一种以金属丝网为胎，上缀点翠凤凰，并挂有珠宝流苏的礼冠。早在秦汉时期，凤冠就是太皇太后、皇太后和皇后入庙行礼或册封等大庆典时才戴的规定礼服。凤冠霞帔真正成形和发展是在明代，明代更侧重"点翠"，饰以复杂精美的点翠如意云片，益显辉煌夺目。明代凤冠有两种形式，一种是后妃所戴，冠上除缀有凤凰外，还有龙等装饰。另一种是普通命妇所戴的彩冠，上面不缀龙凤，仅缀珠翟、花钗，但习惯上也称为凤冠。

根据《大明会典》记载，明代后妃在正式场合或仪式中穿着的礼服，搭配凤冠作为头饰。双凤翊龙冠，用黑色薄纱制成，附以翡翠制成的似山峦状装饰。凤冠上装饰有一条金龙和两只珠翠制成的凤凰，金龙和凤凰的口中都衔着珠子，珠子下端有滴珠，增加了装饰的华丽感。凤冠的前部和后部装饰有珠子制成的牡丹花，花蕊和叶子是用翡翠制成的。鬓边装饰有珠子和翡翠制成的花饰，以及云纹图案。凤冠两侧共有六扇博鬓，每侧三扇。凤冠上还有两条金龙，每条龙都衔着珠子，珠子下端有结，形成一排装饰。这种凤冠的装饰非常华丽，使用了金、珠、翡翠等多种贵重材料，体现了极高的工艺水平和审美价值。

明神宗万历帝定陵出土的凤冠共有四顶，分别是"十二龙九凤冠""九龙九凤冠""六龙三凤冠"和"三龙二凤冠"。孝靖、孝端两位皇后各两顶。它们造型奇巧，制作精美，冠里面用漆竹丝做成圆框，边缘上镶金口圈一周。冠上饰件以龙凤为主，龙用金丝堆累工艺焊接，呈镂空状，富有立体感；凤用翠鸟毛粘贴，色彩经久艳丽。冠上所饰珍珠、宝石及重量各不相等。

凤冠造型庄重，制作精美，其工艺有花丝、镶嵌、錾雕、点翠、穿系等项。点翠面积大，四顶凤冠上有翠凤23只，翠云翠叶翠花多达数百片，宝石镶嵌多达四百余颗，大小珠花及珠宝串饰的制作也不少。最后的组装更是一道非常复杂的工序，各饰件的放置，几千颗珍珠的穿系，几百颗宝石的镶嵌，诸多饰物于一冠，安排合理。凤冠口衔珠宝串饰，金龙、翠凤、珠光宝气交相辉映，富丽堂皇，非一般工匠所能达到。凤冠上金龙升腾奔跃在翠云之上，翠凤展翅飞翔在珠宝花叶之中。

十二龙九凤冠，为孝靖皇后凤冠。冠上饰十二龙九凤，正面顶部饰一龙，中层七龙，下部五凤；背面上部一龙，下部三龙；两侧上下各一凤。龙或昂首升腾，或四足直立，或行走，或奔驰，姿态各异。龙下部是展翅飞翔的翠凤。龙凤均口衔珠宝串饰，龙凤下部饰珠花，每朵中心嵌宝石一块或六、七、九块不等，每块宝石周围绕珠串一圈或两圈。冠的背后有左右方向的博鬓共六扇，每扇饰金龙一条，珠宝花两个，珠花三个，边垂珠串饰。全冠共有宝石121块，珍珠3588颗，凤眼共嵌小红宝石18块。

九龙九凤冠，为孝端皇后凤冠。此冠用漆竹扎成帽胎，面料以丝帛制成。前部饰有九条金龙，口中都衔着珠子，珠子下端有滴珠。前部有八只点翠金凤，后部也有一金凤，凤首朝下，口衔珠滴。翠凤下有三排以红蓝宝石为中心的珠宝钿，其间点缀着翠兰花叶，冠檐底部有翠口圈，上嵌宝石珠花。冠后左右博鬓共六扇，博鬓上嵌镂空金龙、点翠珠花，似金龙奔腾在翠云之上，翠凤展翅翱翔于珠宝花丛之中，金翠交辉，富丽堂皇。这顶豪华的凤冠，共嵌红宝石115块、珍珠4414颗（图7–8）。

图7–8 点翠嵌珍珠宝石金龙凤冠（九龙九凤冠），孝端皇后凤冠（明代），中国国家博物馆，田云升摄

六龙三凤冠，孝端皇后凤冠。龙全系金制，凤系点翠。冠顶饰有三龙。正中一龙口衔珠滴，面向前；两侧龙向外，作飞腾状，其下有花丝工艺制作的如意云头，龙头则口衔长长珠宝串饰。三龙之前，

中层为三只翠凤。凤形均作展翅飞翔之状，口中所衔珠宝滴稍短。其余三龙则装饰在冠后中层位置，也均作飞腾姿态。冠的下层装饰大小珠花，珠花的中间镶嵌红蓝色宝石，周围衬以翠云、翠叶。冠后左右博鬓六扇，每扇除各饰一金龙外，也分别饰有翠云、翠叶和珠花，并在周围缀左右相连的珠串。整个凤冠，共嵌宝石 128 块（其中红宝石 71 块、蓝宝石 57 块），装饰珍珠 5449 颗。龙凤珠花及博鬓均左右对称而设，而龙凤又姿态生动，珠宝金翠色泽艳丽，光彩照人，使得凤冠给人端庄而不板滞、绚丽而和谐的艺术感受，皇后母仪天下的高贵身份因此得到了最佳体现，为定陵中出土的凤冠之首。

三龙二凤冠，为孝靖皇后凤冠。该冠以髹漆细竹丝编制，通体饰翠鸟羽毛点翠的如意云片，18 朵以珍珠、宝石所制的梅花环绕其间。冠前部饰有对称的翠蓝色飞凤一对。冠顶部等距排列金丝编制的金龙三条，其中左右两条口衔珠宝流苏。冠后部饰六扇珍珠、宝石制成的博鬓，呈扇形左右分开。冠口沿镶嵌红宝石组成的花朵一周。该冠上共有翠云 80 片，珍珠 3426 颗，宝石 95 块，色泽鲜艳，富丽堂皇，堪称珍宝之冠（图 7–9）。

图 7–9 点翠嵌珍珠宝石金龙凤冠（三龙二凤冠），孝靖皇后凤冠（明代），故宫博物院珍宝馆，田云升摄

霞帔即帔子，因为颜色鲜艳似红霞所以叫作霞帔。到了宋朝变成后妃们的礼服之一。霞帔其实是一条从肩上披到胸前的带子，带子用锦缎做成，上面绣着很多精细的花样，两端是三角形的，下面还会悬挂金玉的坠子。

洪武四年（1371 年），对于霞帔的颜色、花色还有样式都有了规定，正是这个时候，凤冠霞帔的礼服制度才被正式确立下来。一品命妇是金绣文的霞帔，使用金珠翠装饰，下面是玉坠子；二品命妇是金绣云肩大杂花的霞帔，使用金珠翠装饰，下面是金坠子；三品命妇是金绣大杂花，使用珠翠点缀，下面是金坠子；四品命妇是绣小杂花，用珠翠点缀，下面是金坠子；五品命妇是销金大杂花，生色画绢起花点缀，配金坠子；六品和七品命妇都是销金小杂花，生色画绢起花点缀，配金银坠子；八品和九品命妇是大红素罗，生色画绢装饰，配银坠子。霞帔是古代贵妇的礼服，霞帔上面的花纹也成为她们身份地位的标志（图 7–10）。

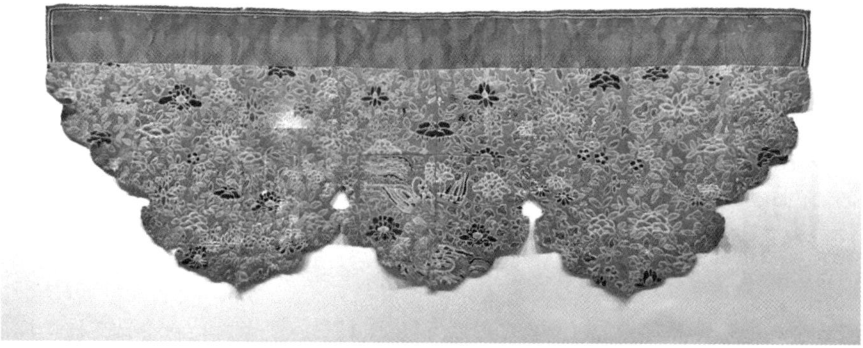

图 7–10　红地纳锦绣双凤花卉杂宝纹云肩（明代），中国丝绸博物馆

凤冠霞帔是明代女子的华服，是最尊贵的女子服饰，只有皇妃命妇才有资格穿着。在《大明律》中，对于服饰的等级规定是十分严格的，明令禁止非法越级而服。然而在明代女子一生中最隆重的节日——婚礼上，却可破例穿着凤冠霞帔、大红盖头、彩绣龙凤，十分华丽。《醒世姻缘传》如此描写婚礼的场景：“……公服乘马，簪花披红，童寄姐穿着大红纻丝麒麟通袖袍儿，素光银带，盖着文王百子锦袱……”据传凤冠霞帔用于民间女子的婚嫁是明太祖朱元璋特许的恩典。《清稗类钞》记载：“凤冠为古时妇人至尊贵之首饰……明时，皇妃常服，花钗凤冠。其平民嫁女，亦有假用凤冠者，相传谓出于明初马后之特典。”

明代凤冠霞帔能够在民间流行且不断推陈出新，不断发展，一定程度上反映了皇家对人民“婚庆”“家庭”价值观的理解。婚姻自古以来便被视为终身大事，并且是一件值得期待，值得一切美好祝愿的事情，穿着最美的服饰，结成两姓之好，在古人看来，是上告慰祖先，下绵延子孙的大事，而且也反映出蕴含在劳动人民内部强大的智慧，表现了充满生机和变革力量的服饰繁荣景象。社会经济的快速发展，服饰技艺和审美意趣的进步，使大红喜服、凤冠霞帔成为中国传统的婚嫁服饰。也能看出礼仪制度在我国悠悠的历史长河中处处留下了深深的印记。

三、镶金嵌玉

明朝是中国封建社会及中央集权高度发展的一个时期，明初崇尚节俭，妇女服装十分朴素，也很少有首饰，随着社会经济进一步发展，百姓生活习俗也日渐奢侈。

随着海外贸易与商品经济的发展，金玉珠宝逐渐被视为财富的象征并得到了前所未有的加强。风气所及，以金玉珠宝为原料的金镶玉嵌宝器物空前繁荣，如金镶玉、碧玉发簪和各种各样的金发簪，不仅传世文献和《金瓶梅》等小说中屡有记载，而且出土和传世的实物数量也十分可观（图 7–11 ～图 7–14）。

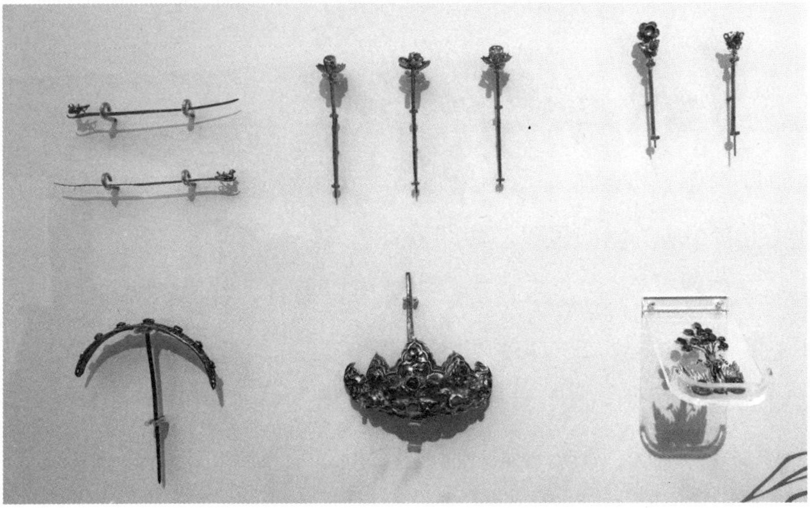

图 7–11　嵌宝鎏金银头面（明代），苏州平望公社出土，苏州博物馆西馆

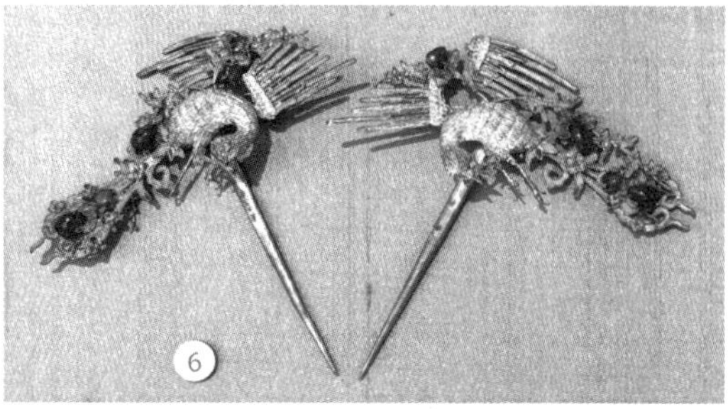

图 7-12　银镀金点翠镶宝凤穿花簪，苏州博物馆西馆

图 7-13　嵌宝花钿，苏州博物馆西馆

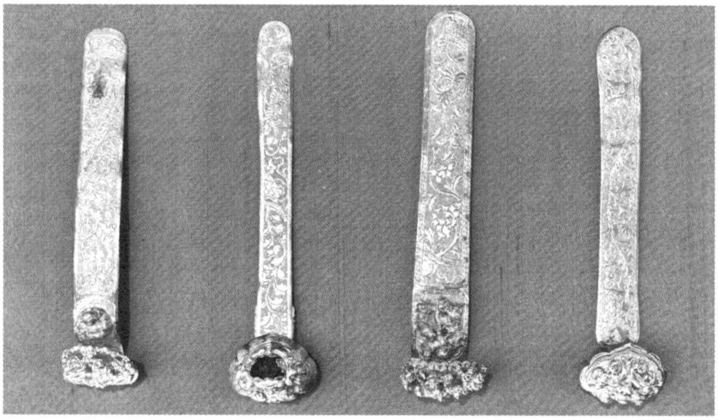

图 7-14　如意头金压发，苏州博物馆西馆

皇后常服中有“口衔珠结”的凤簪，对称插戴于凤冠之上，时称“金凤二”。王妃、公主也有相应等级的凤簪。命妇等有翟凤、孔雀等珠结簪。明代有一种簪子叫“龙头玉金发簪”，金质，呈锥形，头部雕以龙首，首上镶绿松石，簪体镂空，雕琢纷而不繁，巧夺天工。

鬏髻由宋代的特髻、冠子发展而来，是明代妇女常用的新式假发髻。多用银丝、金丝或马尾、篾丝、头发等编成（也有用纸或织物做的），外面通常覆以黑纱，形似圆锥，罩住头顶的发髻。

头箍，是一种新的饰物。最初的头箍与网巾相似，也是用棕丝或马尾结成网来罩住头发。后来出现了纱头箍和熟罗头箍。式样由宽变窄，最后只留下一个窄条，束在额前，变成纯粹的女性饰品。

挑心，明代妇女头面的重头戏，插在整个发髻上最中心、最引人注目的位置，因此总是制作得玲珑奇巧、夺人眼球。挑心簪脚多为扁平，自下向上倒插入发内。最常见的是佛像挑心，还有宝塔、梵文、凤凰、王母等祥瑞图案。

分心，是头面中一件重要的饰物，是明代妇女插戴在髻前或后的一种式样特殊的簪。《金瓶梅》第二十回说李瓶儿吩咐银匠将一件金丝髻改作一件金镶玉观音满池娇分心，并特别说明是要“正面戴”，可知分心前后应该略有差别，从实物来看，前分心比起后分心更加扁阔，有时佩戴方式也略有不同。分心的形状为十几厘米的一道弯弧，背面作出几个扁管以安簪脚，正面上缘一般高于两端。

顶簪，顾名思义，戴在髻的顶端的簪子。因为佩戴的饰物掩映重叠、分量不轻，为了防止髻负担太重歪掉变形，会从髻顶向下直插一根长簪，起到支持和固定作用。如果头面较轻，也可以不戴顶簪。为了看上去更加美观，即使并不必需，明代妇女也会进行佩戴。

掩鬓，又称“边花”或“鬓边花”，插戴位置位于左右两鬓，因此总是成双成对。簪柄均为扁平条状，插戴时自下而上倒插入发内。作为头面的基本配置之一，掩鬓的制作工艺非常精巧复杂。明代顾起元《客座赘语》卷四中说道：“掩鬓，或作云形，或作团花形，插于两鬓。”

花钿，花钿原始的梳戴是戴在髻前方底部，整体呈弧形环带状的一种发簪，背面有垂直向后的簪脚，插戴入发中。后期则发展为两端连缀系带，系在髻上的一种发箍，当时仍称为“花钿”“钿儿”。花钿造型多为花卉、云朵、龙凤、仙人等，有些还镶嵌珠玉宝石或以点翠作为装饰。

围髻，也是明代整套头面中的组成之一，初见于宋代，到明代时环戴于髻下部，梁下璎珞自然下垂，行布则动摇，顾盼生姿。虽然围髻传世较少，不过在明代绘画中很多女性都有佩戴，仇英《汉宫春晓图》及唐寅《吹箫图》《仿韩熙载夜宴图》中的仕女头上都戴有这种头饰。从画中也能看出，当时女性并没有将围髻与髻固定组合，可分开佩戴。

耳环，现代意义上的耳环可以作为各类耳饰的代称，而在明代，应该分为耳环和耳坠两类。出土的明代耳环中有一种葫芦形的耳坠最为常见，以上小下大两颗玉珠或金珠相连而成，形似葫芦，上面串有金片圆盖，其下再挂一颗金属饰珠，耳后有很长的S形耳环弯脚露出（图7–15）。

宫绦，明代妇女在腰带上往往挂上一根以丝带编成的“宫绦”，宫绦的使用方法一般是在中间打几个环结，然后下垂至地，有的还在中间串上一块玉佩，借以压裙幅，使其不至散开影响美观，作用与宋代的玉环绶相似。

杂佩，明式服装的另一个特色是襟上佩戴饰物，并且十分醒目。都是用金、珠、玉等材料做成的各种饰物。其中垂挂在胸前的叫作“坠领”；系在前襟的叫作“七事”（图7–16）；走起路来有响声的叫作“禁步”，这些佩饰统称为“杂佩”。还有一种特别的佩饰，是在一条金链上，以环相连挂着四件小物件：即镊子、牙签、耳挖子和小刀，均是些妇女的生活实用品。

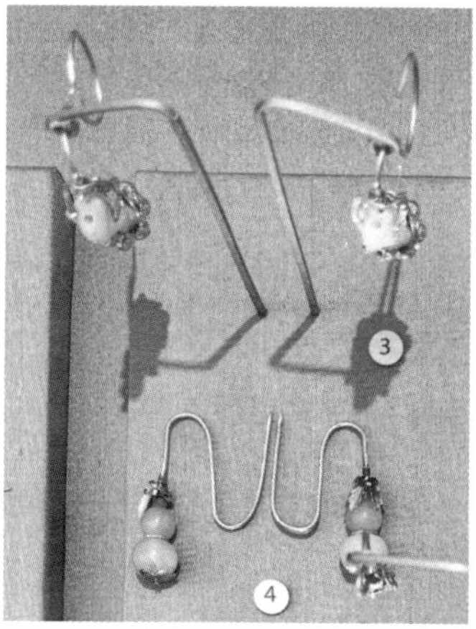

图7–15　金耳坠，苏州博物馆西馆

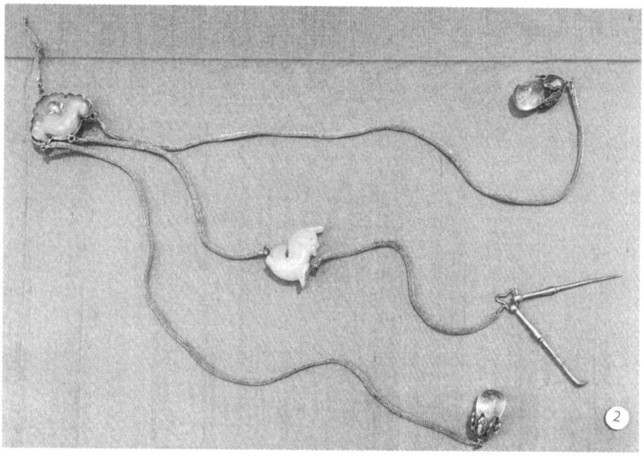

图7–16　金镶玉玎铛七事（明代），苏州博物馆西馆

这些精美的饰品，无论是温润的玉，还是精雕细琢的金簪，都摇曳出明代女子独有的美丽和精致。

四、绣鞋金莲

明代女鞋丰富多彩，图案多样，形色各异，面料多为丝缎，形制大都为弓鞋，有高底、平底之分（图 7–17）。平底绣花鞋有大红光素缎子鞋、红鸳凤嘴鞋、老鸦缎子绿锁线鞋等，还有革翁鞋、睡鞋、琴鞋、丝鞋、暖鞋等。另一类就是白绫高底鞋，如老鸦鞋、羊皮金云鞋、大红缎子鞋、粉红花罗鞋、浅蓝香罗鞋、鸳鸯摘桃鞋等，都是以白绫作为鞋的面料。李渔在《闲情偶寄》中写道：“鞋用高底，使小者愈小，瘦者越瘦，可谓制之尽美又尽善者矣……尝有三寸无底之足，与四五寸有底之鞋同立一处，反觉四五寸之小，而三寸之大者。”可见高底鞋能让女子的脚显得更加小巧秀气，深受当时妇女喜爱。高底有木质和毡质之分。《金瓶梅》中孟玉楼对潘金莲说：“你若嫌木底子响脚，也似我用毡底子，却不好？走着又不响。”在出土实物中，还有以丝绵为高底者。此外，还有在底上玩弄种种花样者。据余怀《妇人鞋袜辨》记载：“吴下妇人，有以异香为底，围以精绫者。有凿花玲珑，囊以香麝，行步霏霏，印香在地者。”

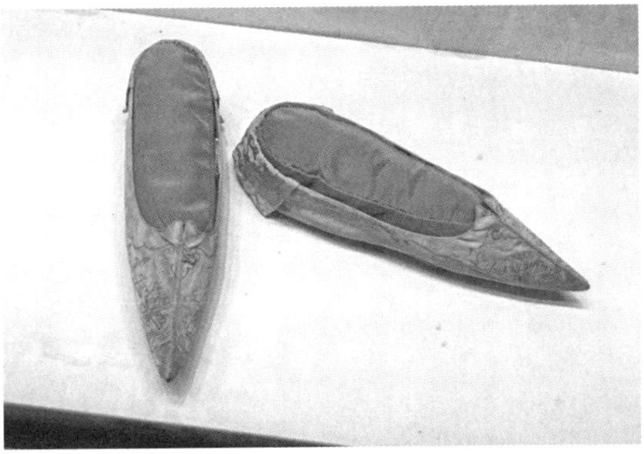

图 7–17 钱氏墓出土女鞋（明代），中国丝绸博物馆

总的说来，明代服饰种类繁多、风采各异、蔚为大观。一方面，明代朝廷对服饰的品级样貌都有明确的规定，上自皇帝官员，下至庶民百姓，都有属于自己的服饰穿戴制度和习俗礼仪。另一方面，由于商品经济和手工业的发展，明代的服饰也趋于繁华，尤其是女子的凤冠霞帔，代表了一个时代对美的最高呈现。花样繁多的明代服饰在一定程度上反映了明代的社会风貌和世俗生活，为我们打开了一个封建王朝鼎盛时期的精美画卷。

满汉融合的清代服饰

清王朝是我国北方少数民族建立的最后一个封建王朝，自皇太极于1636年改国号为大清起，到1912年溥仪下诏退位结束，共经历276年，其间封建君主专制统治和中国传统文化艺术的积累都达到巅峰。

为了在思想上和形式上更好地完成统一，清初政府实行民族间的服制折中政策，促成了独具满汉交融风格的双轨形式。满族服饰具有典型的游牧风格和浓郁的大自然气质，而中原地带汉族服饰长期以来崇尚文儒的柔雅之风。满汉两族服饰在冲突和融合的过程中，既互相借鉴补充，又各自保留了本民族的服装特色。随着社会的发展，清代服饰的审美风尚也呈现出由俭入奢的变化。

满汉服饰的冲突与融合

清代的祖先满族，发源于我国东北地区的“白山黑水”之间，最早可以追溯到两千多年前的肃慎以及后来的挹娄、勿吉、靺鞨和女真。1616年，努尔哈赤在赫图阿拉（今辽宁新宾满族自治县）建立大金国，自称“英明汗”，史称后金。天命十一年（1626年），清太宗皇太极继位后，改元“天聪”。八旗蒙古和八旗汉军在这一时期陆续组建完成。天聪十年（1636年）皇太极改国号“大清”，建元崇德。努尔哈赤和皇太极为巩固和发展后金政权，进行了坚持不懈的努力，为清朝统一全国奠定了基础。顺治元年（1644年），清军入关，逐步统一全国，从此开始了满族贵族对全国的统治。

清朝统治者在入关前属游牧民族，传统的生活习俗和特殊的地域环境使他们的服饰文化不同于汉族。清政府为了实现思想和形式的双重统一，下达了一系列服制方针，强行下令推行“剃发易服”，要求汉人必须同满族一样剃发留辫并穿旗装，试图保护满族民族服饰的风俗文化特征。但是，任何法律和制度都不能约束时代的进步和民族文化的差异性。于是在激烈的民族矛盾情况下，清政府开始寻找解决办法，实行民族间的服制折中政策，如提出“十从十不从”的建议，促成独具满汉交融风格的双轨形式，为满族服饰与汉族服饰提供了文化交融的空间。

一、剃发易服

清军入关，建都北京，为了使汉人臣服，强迫汉人“剃发易服”，并将能否遵从“剃头令”作为试探汉人是否真正归顺的表现。剃发易服制度在《满清稗史》的薙发令中有所记载。1623年，清政府颁布了官民帽顶制度；1632年，开始推行服色制度；1638年，皇太极命令礼部“有效他国衣冠、束发、裹足者，重治其罪”，明确规定了汉族人必须穿满族服饰和蓄满族人发式。该令一经颁布便违背了汉族人“身体发肤受之父母，不可毁伤”的传统，激起了满汉民族激烈的矛盾冲突。清朝政府于是采取暴力手段强行推行这一政策，强迫治域下的广大汉民族臣服，饱受明末战乱之苦的百姓将服饰风俗的同化视为奇耻大辱，因此誓死抵抗。

清政府统治初期，天下未定，人民反抗的力量起伏不定，因而在上层建筑领域内的制度和服饰方面保持着两民族间的暂时妥协。据《研堂见闻杂录》记载：“我朝之初入中国（指关内）也，衣冠一承汉制，凡中朝之臣，皆束发顶进贤冠，为长袖大服，分为满汉二班。”顺治元年（1644 年）五月二十日谕旨：“予前因归顺之民，无所分别，故令其剃发，以别顺逆。今闻甚拂民愿，反非予以文教定民之本心矣。自兹以后，天下臣民，悉照旧束发，悉从其便。”当时之所以暂维现状，是因为大局还未安定，恐违反广大人民的意愿所致。

顺治二年（1645 年），清政府的统治初步巩固，南方各省也全部得以控制，统治者在统一疆土后也渴望在精神上得到认可，首先开始严令汉族臣民遵照满族的制度剃发留辫，推行剃发易服制度。《清朝野史大观》和《满清稗史》均载：世祖（顺治帝）初登极，本欲令国民一律剃发，以其抵抗者众，且弘光（福王朱由崧）方称帝于江宁，未知何日可南北统一，故不强迫之。南方大定，乃下薙发之令，其略曰：“向来薙发之令不急，姑听自便者，欲俟天下大定，始行此事。朕已筹之熟矣。君犹父也，民犹子也，父子一体岂可违异？若不归一，不几为异国人乎？自今以后，京城限旬日，直隶各省地方自部文到日，亦限旬日，尽行剃发，若规避惜发，巧辞争辩，决不轻贷。”闻是时檄下各县，有留头不留发、留发不留头之语，令薙发匠负担游行于市，见蓄发者执而剃之，稍一抵抗，即杀而悬其头于担之竿上，以示众。

发式一改，接着就是服饰的改变。当时法令严峻，如有不遵者都受到严酷的镇压。《研堂见闻杂录》载：“功令严勅，方巾为世大禁，士遂无平顶帽者……私居偶戴方巾，一夫窥瞷，惨祸立发。琴川二子，于按公行香日，方巾杂众中，按公瞥见，即杖之数十，题疏上闻，将二士枭首斩于市。”这种剃发易服的严厉措施激起了汉族人民的激烈反抗，并持续了很长一段时间。如顺治十一年（1654 年）大学士陈名夏曾向国史馆中另一个大学士说：“要天下太平，止依我一二事立就太平”，并且推其帽、摩其头说：“止须留头发，复衣冠，天下即太平矣。”

汉族反抗剃发易服的斗争不在少数，有的直言，有的逃避转入山林间，也有隐晦的。如魏禧、庄元辰辈则髡首披僧衣作出家头陀；李裀上书极论其满、汉歧视不当；有的明末遗民取名为“首发”，落款上写“守发”；另有一人取名沈成濯，意为剃了头发成为濯濯的样子；徐述夔又有诗云，“明朝期振翮，一举去清都”，乾隆认为，这明显是借“朝夕”的“朝”来指代“朝代”的“朝”，而且不说“到清都”，偏说“去清都”，明显流露出反清复明之意。据说当时有一汉族遗老由于不愿剃发，只好改扮女子装束，由于拒绝剃发而迫死的不计其数，而被逼无奈改扮女装的也为数不少。

顺治四年（1647年）十一月确定官民服饰之制，但只限服色和使用材料，所服之式样仍无明确规定。直至乾隆时期，除规定了居住城市和人员稠密的区域普遍服用旗装外，闭塞地方的平民仍然不服用马褂，不戴红缨帽。即使一些留有发辫的男人，也将辫盘绕在头顶，再加戴一顶毡帽，外观上很难辨认出来。

清政府将能否遵从“剃头令”作为试探汉人是否真正归顺的表现，而汉人也对反对剃头表现出前所未有的决心。明王朝也曾为全面恢复整顿汉族衣冠服饰制度作出过极大的努力，明令严禁胡服、胡语等元代蒙古族的服饰语言文化，确立了符合汉民族文化传统的上至帝王百官，下至平民百姓的服饰礼仪、秩序，在汉族社会中建立抵御异族服饰风习的心理屏障。中国封建王朝至清虽已历经千年，出于政治目的，每次王朝更替统治者都要“改正朔，易服色”，以建立新的历法作为本朝的开国标志，从而体现新政权的权威与尊严。但清王朝以严厉手段推行“剃发易服”触犯了汉族的心理底线，使满汉的民族矛盾迅速上升，并成为当时社会的主要矛盾。

二、“十从十不从”

为了缓解民族矛盾，清政府统治者接受了明朝遗臣金之俊的建议，从而做出了让步，采取了“十从十不从”的缓和政策，即在服饰及其民族差异上准许有一些变通，以利于社会稳定及清朝统治的建立。尊重汉族婚丧等民间重要仪式，以及佛道宗教信仰的服饰风俗，保留了优伶、未成年儿童以及妇女这些处于从属地位的人群的服饰习惯，这些做法既平息了一些民怨，又使得满族服饰在儒生、男丁、仕官这些在封建社会起主导作用的人群中得到实行，使得清朝的服饰制度在满汉双方都做出让步的情况下在全国得到推行。

“十从十不从”内容包括：“男从女不从，生从死不从，阳从阴不从，官从隶不从，老从少不从，儒从而释道不从，娼从而优伶不从，仕宦从而婚姻不从，国号从而官号不从，役税从而语言文字不从。”

这种“十从十不从”，虽没有见之于正式命令和明文规定，但在清代的服饰中确实存在。从史实来看，当时的服饰政策对于男性服装发式等要求都比较严格，而对于女性没有明确规定；孩子在小时候还是可以穿明朝服饰的，汉人在世时必须着满族服饰，而死后入殓则可以着汉族服饰；寺庙中的和尚、道士也被允许保留汉服的仪制。这一措施的实行，使得清朝男女服饰走上了不同的道路，男子服饰迅速“满化”，对于女子服饰，则出现了满汉分途的局面。

康熙帝作为清代第二代皇帝，同时也作为中国封建史上不可多得的圣明君主，他看到仅仅以野蛮落后的方式去统治中原，实际上是破坏汉族人进步的生产关系，且汉文化在历史的长河中根深蒂固，短期内无法完全改变。于是不得不缓和满族和汉族之间的激烈矛盾，使生产力得到恢复和发展。在不成文的“十从十不从”“男从女不从”的条例下，清朝统治逐渐稳定，两族关系也随之缓和，由于两族人民的频繁接触，使得民族融合进一步发展，而服饰文化的相互融合也成为历史发展的必然趋势。

清代皇族宫廷服饰

清代统治者十分重视冠服礼仪的定制，将其看作国运昌祚的根本之计，认为衣冠为“一代昭度，不相沿袭”。反对轻易蔑弃旧典，改用汉人习俗，认为这是一种变本忘先的思想，因此提倡服饰礼仪要保留满族骑射习俗，尊崇祖宗成宪，遵照崇德初元的冠服定制。《清史稿·志·卷七十八·舆服二》中写道：“昔金熙宗及金主亮废其祖宗时冠服，改服汉人衣冠。迨至世宗，始复旧制。我国家以骑射为业，今若轻循汉人之俗，不亲弓矢，则武备何由而习乎？射猎者，演武之法；服制者，立国之经。嗣后凡出师、田猎，许服便服，其余悉令遵照国初定制，仍服朝衣。并欲使后世子孙勿轻变弃祖制。”清代帝王服饰的种类繁多，等级森严，是皇权思想的集中反映。按照《大清会典》的分类，皇帝服装分为礼服、吉服、常服、行服、戎服、雨服、便服等；后妃服装包括礼服、吉服、常服、便服四种。

一、皇帝冠服

1. 礼服

在清代皇帝服饰中，礼服的等级规格最高。清代皇帝礼服是在祭祀、登基、朝会等重大典礼场合所穿的服装，包括朝服、衮服、端罩等，其他如朝冠、朝珠、朝带、朝靴等亦要相应佩戴使用。

皇帝朝服，是在登基、大婚、万寿盛节、元旦、冬至、祭天、祭地等重大典礼和祭祀活动时所穿的礼服（图 8-1~ 图 8-2）。其基本款式是披领和上衣下裳相连的袍裙相配而成。上衣衣袖由袖身、熨褶素接袖、马蹄袖三部分组成；下裳与上衣相接处有襞积，其右侧有正方形的衽，腰间有腰帏。其中，披领、马蹄袖是清代朝服的显著特色。

图 8-1 康熙皇帝画像（仿），中国国家博物馆，田云升摄

图 8-2 乾隆皇帝画像（仿），中国国家博物馆，田云升摄

图 8-3 明黄缎绣云龙朝袍（清代），哈尔滨市八旗满族服饰博物馆

朝服的颜色一般有明黄色、红色、蓝色和月白色（浅蓝色）四种，皇帝根据朝祭内容及时间来选择不同形制不同颜色的朝服。嘉礼庆典仪式穿明黄色朝服；圜丘、祈谷、求雨时穿蓝色朝服；朝日时穿红色朝服；夕月时穿月白色朝服。披领及袖皆石青色，缘用片金。

朝服的纹样主要为龙纹及十二章纹样（图 8-3）。一般在两肩及前、后各有正龙一条；腰帷有行龙五条，衽正龙一条，襞积前、后团龙各九条；裳绣正龙两条、行龙四条；披领行龙两条；袖端正龙各一条。十二章纹样为日、月、星辰、山、龙、华虫、黼、黻八章在衣上；其余四种藻、火、宗彝、粉米在裳上，并配有五色云纹。清代只有皇帝的朝服、吉服才有十二章。其纹样各有含义：日内画金鸡；月内画玉兔；星辰画北斗七星或三颗星，用意取其照明；山画山形，取其镇；龙取其变；华虫画雉，取其文绘；宗彝画虎和蜼（一种长尾猴）二兽，取其孝；藻画水草，取其洁；火画火焰，取其明；粉米画碎者为粉，整者为米，取其养；黼形若斧，颜色半黑半白，取其断；黻形若两弓相背，半黑半青，取其辨。

皇帝的朝服分冬夏二式，区别主要在衣服的边缘，春夏用缎，秋冬用珍贵皮毛为缘装饰。冬朝服的披领、衽边及裳下摆都用紫貂皮毛作面料，袖端用薰貂皮毛为表或用海龙皮镶边。每年三月中旬至九月中旬，皇帝朝祭穿夏朝服，其余穿冬朝服。

皇帝衮服是在圜丘、祈谷、求雨等重大典礼场合时套在朝服或吉服外的礼服。衮服形制为圆领、对襟、平袖，左右及后开裾，长与坐齐（晚清衣长至膝以下），袖与肘齐，缀有五枚铜鎏金錾花扣子。一般为石青色，也有明黄色。两肩及前胸、后背绣有五爪金龙四团，前后万寿篆文，间以五色云纹，左肩绣日，右肩绣月。

端罩是冬季套在朝服、吉服外的礼服。面料一般用黑狐、紫貂皮毛，以明黄色缎作为衬里。形制与衮服类似：圆领、对襟、平袖，袖长至腕，长至膝下，毛皮外翻，对襟处缀铜扣四枚，左右垂带共四条，垂带的颜色需与衬里的颜色相同。一般用于御寒。

朝冠也分冬夏二式。冬朝冠用薰貂或黑狐毛皮制作，顶上加金累丝镂空金云龙嵌东珠宝顶。夏朝冠作圆锥形，下檐外敞呈双层喇叭状。冠前缀金累丝镂空金佛，金佛周围饰东珠十五颗，冠后缀金累丝镂空舍林（金龙状饰物），有东珠七颗。冬朝冠与夏朝冠的冠顶样式一致，分为三层，底层有正龙四条，中间饰有东珠四颗；第二、三两层各有升龙四条，各饰东珠四颗；每层间各贯东珠一颗；共饰东珠十五颗，顶部再嵌大东珠一颗（图 8–4）。

图 8–4 金累丝龙纹嵌珍珠宝石帽顶（清代），故宫博物院珍宝馆，田云升摄

朝珠是清代独创的一种官服配饰，挂在颈上，垂于胸前（图 8–5）。朝珠由 108 颗圆珠串成，每隔二十七颗穿入一颗不同质地的大圆珠，叫作“佛头”，共有四颗，象征一年有四季。其中一颗佛头连缀葫芦形的叫“佛头塔”，由黄色绦子缀着垂在背后的宝石叫“背云”。在佛头塔两侧还缀有三串十颗小珠，左二串，右一串，名为“纪念”。

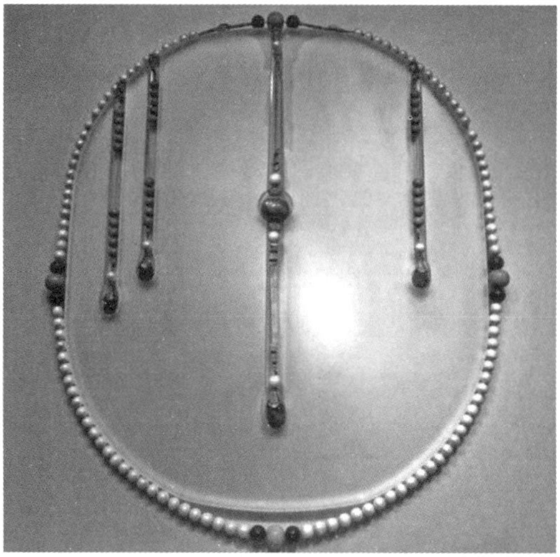

图 8-5 东珠朝珠（清代），故宫博物院珍宝馆，田云升摄

朝珠质地有东珠、珊瑚、青金石、蜜珀、翡翠、玛瑙、水晶、红宝石、蓝宝石、碧玺、玉等。其中以东珠最为珍贵，只有皇帝、皇太后、皇后才有资格佩戴。所谓东珠，是产自中国东北黑龙江、松花江和鸭绿江等流域的野生河珠，质地圆润，色泽晶莹，极为稀罕。因东珠的采捕方式特别艰难，尤其上等的东珠更加来之不易，乾隆帝在御制诗《采珠行》中曾发出感慨："百难获一称奇珍。"据史料记载，乾隆二十五年（1760 年），今吉林省吉林市捕获东珠 2119 颗，上等东珠仅有 23 颗，可见东珠的珍贵。东北是满族的发祥地，清朝统治者对其特产东珠格外的珍视和钟爱，既是表示对祖先的尊崇，也是对本民族文化的传承和弘扬。

戴朝珠有严格的规定。皇帝在朝会及宫中举行大典时，穿明黄色朝袍，佩挂东珠朝珠；在天坛祭天时，穿蓝色朝袍，佩挂青金石朝珠；在地坛祀地时，穿明黄色朝袍，佩挂琥珀或蜜蜡朝珠；在日坛祭日时，穿红色朝袍，佩挂红珊瑚朝珠；在夕月坛祭月时，穿月白色朝袍，佩挂绿松石朝珠。

皇帝穿朝服，腰间系朝带。朝带有两种，都是明黄色丝织带。一种用于大典，带上有四块龙纹金圆版，中间镶嵌红宝石、蓝宝石及绿松石，每具衔五颗东珠，围珍珠二十颗；左右佩帉，浅蓝及白色各一条，下广而锐。另一种用于祭祀，带上是四块龙纹金方版，镶嵌东珠及各色玉。其饰祀天用青金石，祀地用黄玉，朝日用珊瑚，夕月用白玉，每具衔五颗东珠。佩帉及绦，唯祀天用纯青，其余如圆版朝带之制。

皇帝朝靴的材料多为黑缎，上面绣有草龙花纹，浅色靴底，靴帮也有明黄色。式样初为方头，后又流行尖头。

2. 吉服

吉服包括吉服褂和吉服袍，是帝后喜庆节日等场合穿着的服装。吉服袍一般又被称为“龙袍”，比朝服、衮服等礼服略次一等，平时穿着机会较多。皇帝朝服袍和吉服袍的主要区别在于朝服袍有披领而吉服袍无；朝服袍为上衣下裳连属式，而吉服袍为直身式；此外，二者全身所饰的龙纹的形态与数量也不尽相同。吉服主要用于重大吉庆节日、筵宴以及祭祀主体活动前后的“序幕”与“尾声”阶段。如元旦节，按例应穿吉服七天；上元灯节应穿吉服三天；皇帝的生日——万寿节，穿吉服七天，俗称“花衣期”；每年春耕等举行耕籍田仪式，皇帝也要穿吉服（图 8–6）。

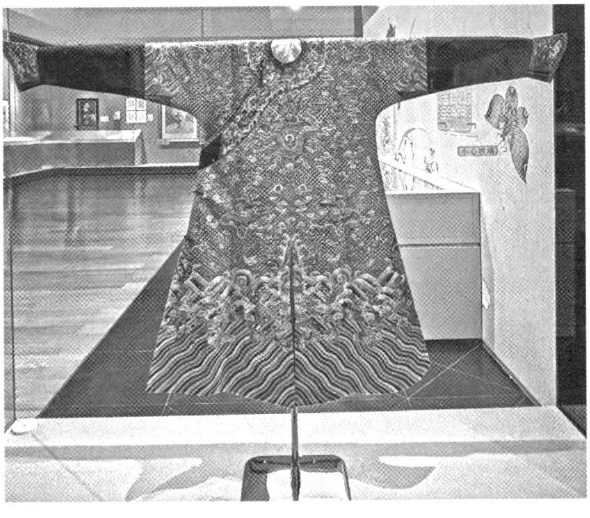

图 8–6　香色缎绣万字花卉地云龙纹吉服袍（清・乾隆），苏州博物馆西馆

中国帝王服装绣织龙的图案，迄今已有近三千年的历史。直到清代，把“龙袍”作为专用服装名称并列入冠服制度。龙袍多作圆领、大襟右衽、箭袖、四开裾，颜色以明黄为主，也用金黄或杏黄等色，领、袖用石青色，金缘相滚。袍上绣有五爪金龙和五彩祥云，在祥云中分布“十二章”图纹。另外，龙袍的下摆，斜向排列着许多弯曲的线条，名为水脚。水脚之上，还有许多波浪翻滚的水浪，水浪之

上，又立有山石宝物，俗称“海水江崖”，它除了表示绵延不断的吉祥含义，还有“一统山河”和“万世升平”的寓意。穿龙袍时，必须戴吉服冠，束吉服带及挂朝珠（图 8-7~ 图 8-8）。

图 8-7 紫地缂丝龙袍（清代），哈尔滨市八旗满族服饰博物馆

图 8-8 龙袍（清代），哈尔滨市八旗满族服饰博物馆

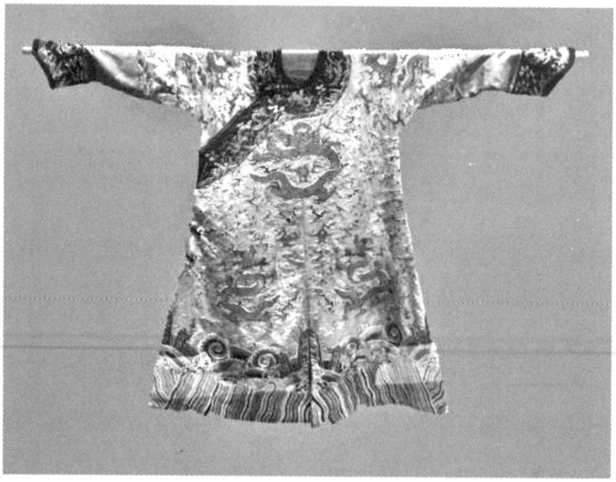

图 8-9 明黄色团龙纹实地沙盘金绣小龙袍（清代），哈尔滨市八旗满族服饰博物馆

清朝皇帝的龙袍绣有九条龙，其中前胸、后背和两肩正龙各一，下摆前后行龙各二，里襟行龙一，从正面或背面单独看是五条龙，与“九五之数”相吻合。古时称帝王之位为“九五之尊”。九、五两数，通常象征着高贵，在皇室建筑、生活器具等方面都有所反映（图 8-9）。

龙在中国具有特殊的地位，古人认为它是最高的祥瑞。龙纹是古代帝王的象征，且龙纹图案多威严、雄壮、气势磅礴，随着不同朝代对龙纹的演化，最终以清代龙纹显得最为华贵精巧，富丽堂皇。清代龙袍上的龙纹主要有正龙、升龙、行龙等。皇帝龙袍上除了主要纹饰九条金龙，于领前后饰小正龙两条，交襟处饰小行龙三条，袖端饰小正龙两条。

正龙，特点是龙头平视正前方，龙身盘绕犹如人坐着的姿势，正襟危坐，一派威严，又称坐龙。此龙纹形态象征着天下太平、江山永固、皇权至上之意，这是最为尊贵的龙纹形态；皇帝龙袍中的前胸、后背和两肩所绣即为正龙。升龙，特点是龙头在上，龙身于下，呈于海中腾跃之势，有拥戴之寓意。一般为左右对称图案，绣于龙袍胸口以下海水江崖纹以上。行龙，特点是龙为侧身腾飞之态，极富活力，似动而非动，又称游龙、走龙，其寓意为忠谨效命。行龙多装饰于龙袍的斜襟、女龙袍接袖上作为装饰。

吉服带与朝服带颜色相同，形制相似。带上的四块金版嵌珠宝随意，带端的一块版为带扣。列左右的二块有环，以佩戴帉（折叠起来的绸条）、囊（荷包）、燧（火镰）。左边带觿（解结的锥子），右带鞘刀，后来还带表、扳指等。佩戴囊、帉，据说清代以马上得天下，荷包用以储食物，为途中充饥；帉可以代替马络带，马络带万一断了，就以帉续之。帉起初用布，后来用于礼服，改用丝绸做装饰了。

3. 常服

常服穿用于大祀的斋戒期内，如先帝忌辰、一些小型祭祀（如祭枪刀神）、经筵、恭上尊谥、恭奉册宝等庄重恭敬的场合。常服包括常服褂和常服袍，常服袍是圆领、大襟、马蹄袖、四开裾的常服；常服褂是圆领、对襟、平袖、身长过膝的长褂，色用石青色，穿于常服袍之外。常服袍的面料、颜色、花纹不如礼服和吉服规定严格，但大致也有一定的范围并相对固定，通常以素色和暗花为主。

4. 行服

行服是清代皇帝外出巡幸、狩猎、征战时所穿的服装，包括行冠、行袍、行褂、行裳、行带五部分。行袍（缺襟袍）穿在内，腰间系行带，行袍上身外面罩行褂，下身即行裳。行服最大的特点就是穿着时便于骑马出行和射箭狩猎，是满族独具特色的服装。

5. 戎服

戎服是皇帝参加军事活动时所穿服饰，主要是检阅军队时穿用的大阅甲。

6. 雨服

清代皇帝下雨时所穿服装。清代服饰典制有记载，皇帝雨服包括雨冠、雨衣、雨裳，其中雨冠之制有二，雨衣之制有六，雨裳之制有二，色皆明黄色。

7. 便服

便服是清代帝后日常闲居时穿用的服装，包括便袍、马褂、氅衣、衬衣、坎肩、袄、衫、斗篷、裤等。便服形式繁复多样，颜色与纹样丰富多彩，穿着舒适宜人。

二、后妃冠服

1. 后妃礼服

后妃的礼服由朝冠、朝袍、朝褂、朝裙及朝珠构成。

皇太后和皇后的朝冠分为冬夏两季。冬朝冠以熏貂为质地（图 8–10），冠圆式，貂皮上缀朱纬，上面叠压三只金累丝凤，凤顶镶大东珠一颗，每层之间贯东珠各一颗，凤身各饰东珠三颗，尾饰珍珠。朱纬周围缀金累丝凤七只，其上饰猫睛石各一颗，东珠各九颗，尾饰珍珠。冠后部饰金翟一只，翟背饰猫睛石一块，尾饰珍珠数颗。翟尾垂挂珠穗五行二就（横二排竖五列），中贯两面金累丝“心”形结，珠穗饰有金累丝与珊瑚制成的坠角。“五行二就”是清代后妃冠后的垂珠形式之一，即垂珍珠五串，称五行；珍珠分为上下两段，称二就。这是清代后妃朝冠形制中最高等级的标志之一，仅皇后或皇太后可享用，皇后以下的皇贵妃或皇子福晋的朝冠则只能享用三行二就。夏朝冠的形制和装饰与冬朝冠亦基本相同，只是把金累丝凤变成金镶桦皮凤。

图 8-10 金嵌珍珠皇后冬朝冠（清代），故宫博物院珍宝馆，田云升摄

后妃的朝袍以明黄色缎子制成，也分冬夏两类，冬季另加貂缘。朝袍的基本款式由披领、护肩与袍身组成，披领也绣龙纹。冬朝袍用明黄色，披领和袖均用石青色，肩的上下均加缘，并有金龙、行龙、正龙以及八宝平水等图案绣纹。

朝褂是穿在朝袍之外的服饰，其样式为对襟、无领、无袖，形似背心，上面也绣有龙云及八宝平水等纹样。皇太后、皇后、皇贵妃的朝褂，用石青色片金缘，以立龙、正龙和万福万寿为绣衣图案。领后垂明黄绦，饰以珠宝；也有以正龙、行龙或立龙和八宝平水为图案绣纹。

朝裙一般穿在朝袍内，朝袍外再套穿朝褂，所以，一般朝裙是看不见的。皇太后、皇后、皇贵妃、贵妃、妃和嫔的冬朝裙，用片金加海龙缘，红织金寿字缎和石青行龙庄缎；夏朝裙用缎纱，图案与冬裙相同。

皇太后和皇后着朝服时胸前挂有三盘朝珠，着吉服挂一盘朝珠，均为珍珠和珊瑚等高档饰物；皇贵妃、贵妃和妃的朝珠，是以蜜珀为饰。皇太后、皇后和皇贵妃配有绿色彩帨，绦用明黄色，绣纹为五谷丰登。

2. 后妃吉服

皇太后、皇后、皇贵妃和贵妃的吉服冠采用薰貂制作并缀朱纬，吉服褂为石青色有绣纹，吉服袍用明黄色。皇子福晋、亲王福晋的吉服冠用薰貂，顶用红宝石。皇子福晋的吉服褂用石青色有绣纹，皇子福晋蟒袍用香色，通绣九蟒五爪。清代女性穿吉服袍时头上一定会佩戴钿子加以搭配（图 8–11）。

图 8–11　大红纳纱彩云金龙纹女吉服袍（清·道光），苏州博物馆西馆

皇后吉服袍与皇帝吉服袍最明显的区别在于，皇帝的吉服袍一定是四开裾，即前后及两侧的四开裾，而皇后的吉服袍则是二开裾，即两侧开裾；皇后的吉服袍袖子上衔接中间袖，皇帝的吉服袍没有中间袖。

3. 后妃常服

皇后的常服样式与满族贵妇服饰基本相似，圆领、大襟，衣领、衣袖及衣襟边缘，都饰有宽花边，只是图案有所不同。皇后常服常见纹样为凤穿牡丹。整件服装在鲜艳的蓝色缎地上，绣八只彩凤，彩凤中间，穿插数朵牡丹。牡丹的颜色处理得静穆而素雅，色彩变化微妙，具有传统的山水画特点。与此相反，凤的颜色比较浓重，红绿对比极为强烈，具有典型民族风格和时代特色。

4. 后妃冠饰

钿子是清代中期到清末民初，旗人已婚女性穿着吉服、常服时，佩戴在盘发上的一种冠帽，亦是皇后、妃嫔们平时戴的便帽。钿子是以旗人的盘发包头作为基础而衍生出来的。钿子在康熙朝中期开始出现雏形，到康熙朝晚期已基本成型，在雍正朝正式普及开来。这种帽子一般用藤丝或铁丝编成骨架，也有的在纸板或细铁丝上缠绕黑色丝线为胎，并编成方格纹、钱纹、盘肠等形式，再用各种宝石、珍珠嵌于帽架上，组成各种吉祥图案。钿子上会装饰各式各样的钿花，都是可拆卸的，可以随心所欲地更换钿花。

故宫博物院收藏的清代金累丝嵌珍珠宝石五凤钿，用珍珠几百颗，宝石二百余块组成（图 8-12）。外饰点翠，前部缀五只累丝金凤，上嵌珍珠、宝石，凤口衔珍珠。金凤下排缀九只金翟，为银镀金质，形体较小，口衔珍珠、珊瑚、绿松石、青金石、红蓝宝石等贯穿的流苏。钿背嵌有华丽的钿花，后部垂饰几串流苏。可谓珠光宝气，珍贵豪华，华丽至极。

沈阳故宫博物院收藏的清代黑缎点翠串珠花女帽，亦是钿子的精品之一（图 8-13）。此帽制于乾隆年间，是清代后妃在宫廷宴席上戴的帽子。帽子材料包括缎、银质、点翠、宝石及珍珠。整个帽框由竹、藤等编制而成，再用黑纱网罩于帽框之外。前部为点翠工艺制成的云朵花片，花间镶嵌珍珠串成的双凤、牡丹、云蝶、八宝图案，并镶有红绿色宝石；帽沿下串有珍珠及各色宝石流苏；帽后部为点翠云朵、花卉，镶嵌珍珠串成的各式花卉和花瓶纹，展现了极高的工艺水平。

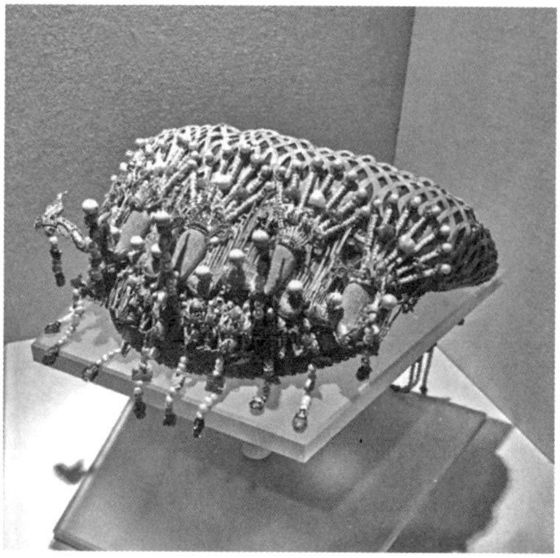

图 8-12 金累丝嵌珍珠宝石五凤钿（清代），故宫博物院珍宝馆，田云升摄

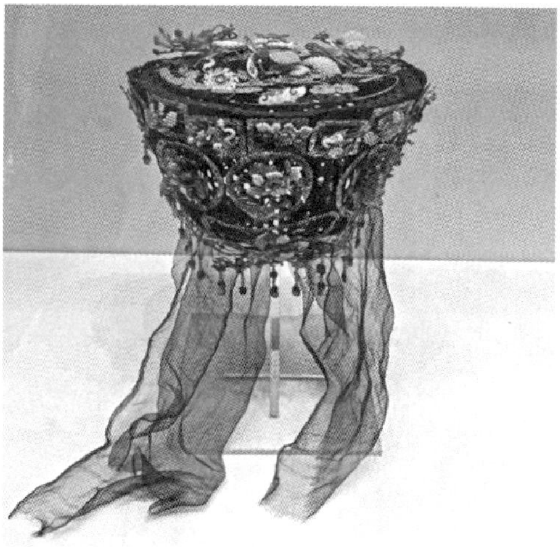

图 8-13 黑缎点翠串珠花女帽（清代），沈阳故宫博物院，田云升摄

金约是清代后妃的头饰之一，在戴朝冠时需先戴金约，用以束发。上缀青金石、绿松石、珍珠、珊瑚等为垂挂物。金约由金箍和后部垂缀的串珠两部分组成，金箍的节数和串珠的行数多少，反映了后妃等级地位的高低。皇太后、皇后的金约为镂金云十三，串珠五行二就；皇贵妃、贵妃为镂金云十二，串珠三行三就；妃为镂金云十一，串珠三行三就；嫔为镂金云八，串珠三行三就。

领约，又称为项圈，是清代后妃用于约束颈间衣领之饰物。以镂金铸之，以珍珠、绿松石、珊珊为饰。

皇太后和皇后的耳饰左右各三，每具金龙衔一等东珠各二；皇贵妃、贵妃耳饰用二等东珠；妃耳饰用三等东珠；嫔耳饰用四等东珠；余制同。一耳三钳为满族旧俗，女孩儿出生后，一耳穿三孔，戴三钳，称为“一耳三钳”。耳钳亦称“耳环”，富者用金、银、翠、玉为质，贫者以铜圈充之。其实满族女子耳上的环数最初也没有一定之规，一个耳朵带四个或者五个耳环都很常见，清早期顺治孝惠章皇后、康熙孝诚仁皇后朝服像都是很明显的一耳四钳。乾隆三十一年《皇朝礼器图》校勘完成，清朝服饰制度正式固定下来。从此，满族贵族女子的耳饰才正式规定为一耳三钳。上至皇太后、下至七品命妇佩戴的耳饰，皆为左右各三，三具纵向排列，其应用场合与朝服相一致。随着满汉融合的加深，旗女效仿汉女只打一个耳洞。但毕竟老祖宗的礼制在，因此出现了仿一耳三钳的耳饰设计，也就是一个耳洞戴出三钳的感觉。

三、皇帝的汉服情结

著名的历史学家何炳棣先生说："在早先的中国历史上我们还未发现儒家思想的标准、价值比在清代渗透得更深，接受得更广的朝代。"从顺治帝开始，清朝皇帝对汉族文化的理解逐渐深入，直至乾隆时期达到了高峰。

清统治者对汉族儒家文化有很大兴趣，对新世界充满好奇。顺治帝深受汉文化的熏陶，康熙帝不仅十分欣赏汉族文化，对西方文化也采取积极态度，大胆任用学有专长的西方人做官，或在内府充当医生、画师等。雍正帝更是对儒家文化十分神往，他是第一个向孔子行跪拜礼的清代帝王。故宫博物院所藏的几套《雍正行乐图》中，一个汉家天子的清帝形象跃然纸上。从《雍正行乐图》中我们似乎看不到那个"惟以一人治天下，岂为天下奉一人"的雍正帝，而是一个标准的汉族儒士，寄情于山水自然之中。

到了乾隆时期，满汉文化交融更深。乾隆深悉隆礼重德对治国安民的重要性，因而对儒家的等级伦理观推崇备至。他说："自古圣帝明王，继天立极，觉世牖民，道法之精蕴，至孔子而集其大成。后之为治者，有以知三纲之所由以立，五典之所由以叙，八政之所由以措，九经之所由以举，五礼六乐之所由以昭，宣布列于天地之间。遵而循之，以仰溯乎古昔，虽尧、舜、禹、汤、文、武之盛，弗可及已。而治法赖以常存，人道赖以不泯，讵不由圣人之教哉！"（出自《清高宗实录》卷三百零九）。

而儒家的核心思想是"君君臣臣，父父子子"的伦理观念，名分既定，等级森严，不可逾越。欲求国家长治久安，必须树立这样一种稳固的等级秩序。乾隆认为等级伦理规范首先表现为"孝悌"，无处不顺其亲者就是孝，无处不敬其长者就是悌。一人如此，人人仿效，一家如此，一乡仿效，风俗自然就变得淳美了，国家平安就有望了。为了强化父权，乾隆大力推行孝道，并以身作则，身体力行。雍正去世时，曾遗诏乾隆持丧服 27 天，而乾隆持丧服三年，以示至孝。

尽管乾隆极力想保留满族旧俗，但在吸收汉文化的广度和深度上却远远地超过了他的祖父辈。乾隆和雍正一样，十分喜欢身着汉装，打扮成士大夫模样，现存有大量乾隆汉装画像。如意大利传教士画家郎世宁所作的《平安春信图》，画中雍正和乾隆二人穿着汉装，站在竹丛、老梅与太湖石之间。两人身后为一矮石几，上置书本、如意和铜、瓷等古器物。天空背景全以石青染成，使人物主题更为突出。雍正皇帝居左直立，看似五十多岁，表情严肃。乾隆居右，看起来二十岁左右，微微屈身，以表谦恭。二人穿着汉式衣装，宽袍长裙，不论人物还是植物、物件都极写实。芝加哥大学艺术史教授巫鸿指出："在画中，这两位满族统治者把自己打扮成汉族文化的典型人物，他们的德行通过传统的汉族象征物表现出来，其中最主要的是竹与松。因此，皇帝的乔装打扮使得他们对汉族文化传统的占有和挪用合法化。"巫鸿认为，雍正递给乾隆的那支梅花象征着满族皇帝对发扬传统中国艺术和鉴赏所承担的责任。事实上，乾隆也的确以此为己任，他在三希堂中所题的一副楹联就表达了收藏中国艺术品背后的政治意义："深心托毫素，怀抱观古今。"在另一方面，梅枝也寓意着统治权力的传递，雍正给乾隆起的别号是"常春居士"，而春天暗指了新的开端。画中"春信"所指的是乾隆对天命的接替。

另一幅姚文瀚所作的《乾隆帝鉴古图》则揭示了乾隆变装肖像的另一个手法——参照乾隆收藏的古代画作，将画中主要人物的脸换为乾隆的。《乾隆帝鉴古图》模仿的是清宫旧藏的一开宋人册页。画中描绘了一位坐在矮榻上观赏收藏品的士人，他手持画卷，注视着一旁的侍者，面前摆放着鲜花叠石、香炉、放有书籍卷轴和古琴的桌子、圆凳和另一张桌子，矮榻后山水屏风上的挂轴是士人肖像画。乾隆在画上写下了这首诗："是一是二？不即不离；儒可墨可，何虑何思。"在《平安春信图》上也有题诗："写真世宁擅，缋我少年时。入室皤然者，不知此是谁？"诗句中都含有乾隆对自我身份的质疑，然而这些设问的目的不在于寻求解释，更多的应是皇帝对自己不同装扮的解释。

众所周知，清朝是中国历史上唯一一个要求所有子民“剃发易服”的非汉族统治政权。这反映了旗人与被征服的汉人之间的文化差异是清朝早期族群认同的重要区分。拒绝采用汉族服饰制度，强力推行满族服装，反映了满族统治者对血统和民族优越性的执念。然而在上述两幅画作中，乾隆公然打破了现实生活中的禁忌，穿上传统汉族服装，被来自传统汉族文化中的丰富象征符号和视觉暗示所围绕。这又是为什么？巫鸿在《重屏：中国绘画中的媒材与再现》一书中指出，尽管清朝皇帝从来不曾失去自己的种族意识和政治优越感，然而在成为中国统治者之后，他们面临的一项主要挑战就是如何保持自身的凝聚力，使一个少数民族能够统治一个人口多出约 50 倍的多数民族。对中国文化传统的资助与继承，因而成为满族统治者维护统治合法性的重要手段。无论是清宫汉装美人图的盛行（例如著名的雍正“十二美人”屏风），还是乾隆的汉装图，反映的都是异族统治者对作为中国皇帝和儒家圣贤的身份认同与合法性确认。

当然，乾隆之所以如此全面而深入地接受汉文化，不能排除他确有耽迷其中和从幼时起的文化教育影响，但主要是政治上的需要使然。作为统治着一个汉人远超自身的少数民族帝王，不深通汉文化是无法胜任的。值得玩味的是，乾隆帝坚信自己绝对汉化不了，即使稍入汉习也能出淤泥而不染，也能玩物而不丧志。乾隆曾对自己的近臣说过：“不过是丹青游戏，非慕汉人衣冠”，清统治者从内心深处对汉文化充满矛盾和不能自拔。究其原因，一是汉文化博大的包容性，二是乾隆具有较高的汉文化修养，三是满族民族文化发展需要大量吸收先进的汉文化。

清代官员品级与官服

清代的官吏等级制度沿用了自汉魏六朝以来的“九品十八级”基本制度，每一品有正、从之别，如正一品、从一品。此外还有超品官员，宗室爵位中亲王、郡王、贝勒、贝子、奉恩镇国公、奉恩辅国公、不入八分镇国公、不入八分辅国公、八旗蒙古王公和非宗室封公、侯、伯爵以上的，都视为超品。不在十八级以内的叫作未入流，在级别上附于从九品。一般来讲，清代的官制体系分为两大类，一是地域体系，分为京官和地方官两大系统。二是职能体系，分为文官和武官两大系统。两大类相互交错。其中，京官系统中以文职官员为主，地方官系统中则文武兼有（图 8-14~ 图 8-18）。

图 8-14　石青色官服（清晚期），哈尔滨市八旗满族服饰博物馆

图 8-15　竹衣坎肩（左），蓝色单色妆花沙蟒袍（右）（清代光绪时期），哈尔滨市八旗满族服饰博物馆

图 8-16　黄色柿蒂窠妆花缎蟒袍（清代），哈尔滨市八旗满族服饰博物馆

图 8-17　绛地云幅纹妆花缎蟒袍（清代），哈尔滨市八旗满族服饰博物馆

图 8-18　藏青地织金蟒袍（清代），苏州丝绸博物馆

一、顶戴花翎

清代官员主要根据冠上的顶子、花翎、蟒袍以及补服上所绣的禽鸟、兽虫以及杂色纹样来区别官职品级（图 8–19~ 图 8–21）。

图 8–19　夏吉服冠（清晚期），哈尔滨市八旗满族服饰博物馆

图 8–20　行服冠（清晚期），哈尔滨市八旗满族服饰博物馆

图 8–21　士兵帽（清晚期），哈尔滨市八旗满族服饰博物馆

清代官帽与前朝截然不同，凡军士、差役以上军政人员都戴似斗笠的纬帽。按冬夏季节有暖帽、凉帽之分。还视品级高低安上不同颜色、质料的“顶子”。帽后

拖一束孔雀翎，翎称“花翎”。

“顶子”是区别清朝官员品级的重要标识（图 8-22）。朝冠顶子共有三层：上为尖形宝石，中为球形宝珠，下为金属底座。吉服冠顶子比较简单，只有宝珠和底座两部分。一品官的帽顶为红宝石，红宝石常见的颜色有玫瑰红、蔷薇红、大红和暗红，其中以血红、鸽血红为稀世珍品；二品官的帽顶为珊瑚，颜色多为红色，以艳红最为名贵；三品官的帽顶为蓝宝石，蓝宝石以蓝得像雨后晴空那种“蔚蓝”为最佳；四品官的帽顶为青金石，自然界的青金石颜色是极为鲜艳的深蓝色；五品官的帽顶为水晶，水晶以“蓝水晶”最为少见；六品官的帽顶为砗磲，它是生活在热带海底的一种软体动物的贝壳，为古代七宝（金银、琉璃、渠、玛瑙、珊瑚、琥珀和珍珠）之一；七品官的帽顶为素金顶；八品官的帽顶为阴文镂花金顶；九品官的帽顶为阳文镂花金顶。顶无珠者，即无品级。

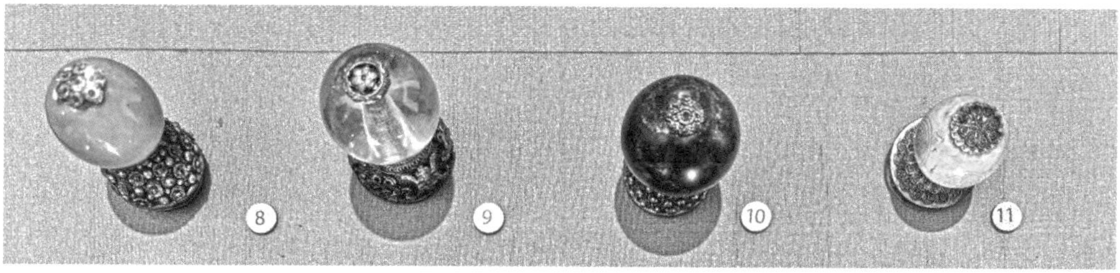

图 8-22 顶子（清代），苏州博物馆西馆

清朝的礼帽顶珠下有翎管，质为白玉或翡翠，用以安插翎枝。清翎枝分蓝翎和花翎两种。蓝翎为鹖羽所做，花翎为孔雀羽所做。蓝翎是赐予六品以下、在皇宫和王府当差的侍卫官员享戴，也可以赏赐建有军功的低级军官。花翎在清朝是一种辨等位、昭品秩的标志，非一般官员所能戴用；其作用是昭明等级、赏赐军功。清代各帝都三令五申，既不能僭越本分妄戴，又不能随意不戴，如有违反则严行参处；一般降职或革职留任的官员，仍可按其本任品级穿朝服，而被罚拔去花翎则是非同一般的严重处罚。

花翎上有“眼”，并有单眼、双眼、三眼之别，眼多者为贵。所谓“眼”是指孔雀翎上眼状的圆圈，一个圆圈就算作一眼。在清朝初期，皇室成员中爵位低于亲王、郡王、贝勒的贝子和固伦额附，有资格享戴三眼花翎；清朝宗室和藩部中被封为镇国公或辅国公的亲贵、和硕额附，有资格享戴二眼花翎；上三旗五品以上的内大臣、前锋营和护军营的各统领、参领，有资格享戴单眼花翎，而外任文臣无赐花翎者。由此可知花翎是清朝居高位的王公贵族特有的冠饰，而即使在宗藩内部，花翎也不得逾分滥用；有资格享戴花翎的亲贵们要在十岁时，经过必要的骑、射两项考试，合格后才能戴用。

花翎如此高贵，故在清朝特别被人重视、向往。皇帝赐给臣下花翎是非常审慎的，乾隆至清末被赐三眼花翎的大臣只有傅恒、福康安、和琳、长龄、禧恩、李鸿章、徐桐七人，被赐双眼花翎的有二十余人，这在当时是千古犹荣的恩宠。清朝爵位中最为显贵的亲王、郡王、贝勒，按清初的规定是不戴花翎的；但乾隆年间，许多人以兼任内大臣等职务为由乞翎，因此之后亲王、郡王、贝勒开始佩戴三眼花翎。得到花翎的也有特例，第一次鸦片战争后，因国库空虚，竟有了捐翎的例制，花翎为七千两实银，蓝翎为五千两实银。

二、黄马褂

作为马上民族，马褂自然成为清代最为重视的服饰。清代统治者将马褂赋予更深层次的含义，使其成为表彰功臣的赏赐。“黄马褂”作为清代上等褂，属于皇帝的最高赏赐，有四种人才可以享用。

一是皇帝出巡时，所有扈从大臣，即御前大臣、内大臣、内廷王大臣、侍卫、什长等皇帝的心腹之人，并可在帽顶后端插戴孔雀翎。这种黄马褂没有花纹，取明黄色纱或绸缎原料制作，又名“职任褂子”，所以卸职者不可复用。

二是竞技场上比武的优胜者和每年“行围”时，贡献珍贵禽兽的大臣可以享用，又称“行围褂子”。服用黄马褂时文官用黑色纽襻，武将用黄色纽襻。

三是作战有功、显赫的高级武将或统兵的文官可以享用。这是因特殊功勋而得到的奖赏，因此又称“武功褂子”，得赏者可以在任何隆重的场合穿着；意义上才属于一般人平时所说的“赐穿黄马褂”。据考据，这种赏赐方式在清初并不盛行，至嘉庆年间都未见于史书；在道光或咸丰以后才开始出现。到了太平天国以后，多见赏赐对太平军作战有功者。到了晚清，获得赏赐者不单是有军功的战将，有时为皇帝或太后办事得其欢心亦可能获得赏赐。清末时慈禧太后便曾赏赐为其开火车的司机黄马褂一件。“黄马褂”的特殊荣誉意义也慢慢消解。

四是朝廷特使，宣慰中外的官员可以被特赐，赏赐时必骑马绕紫禁城一圈，以示荣光，这种仪式在咸丰年间尤为盛行。在光绪年间，专门负责外交工作的李鸿章便经常穿着黄马褂出国访问，此时的“黄马褂”倒有点肩章的意思，用以证明其身份和地位，能够让对方一眼看出清朝代表团中谁是话事人。

三、官服补子

清代官员沿用了明代官服的“补子”，在胸、背显著的位置用丝线绣织成特殊图案标识，以区分地位、品级。明代补子一般为 40 厘米的正方形，清代有所缩小，是 30 厘米左右的正方形或圆形。在清代，帝后王公贝勒用圆补，上为五爪金龙纹，分别饰于左右肩上及前胸和后背。镇国公以下及文武百官用方补。圆补在晚清时也给命妇补服用。《清稗类钞》曾记载：“光绪中叶，汉族命妇补服，皆改方为圆矣。”

清代官员补子前后成对，文官绣飞禽，彰显其贤德，武官绣猛兽，彰显其勇武。补子以青、黑、深红等深色为底，五彩织绣，色彩非常艳丽。补子的鸟兽纹样和等级与明代大同小异，文武官各分九等。文官一品仙鹤、二品锦鸡、三品孔雀、四品云雁、五品白鹇、六品鹭鸶、七品鸂鶒，八品鹌鹑、九品练雀。武官一品麒麟、二品狮、三品豹、四品虎、五品熊、六品彪、七品八品犀牛、九品海马。另外，御史与谏官均为獬豸，以示司法公正。补子上除了飞禽走兽，还绣有海水和岩石的图案，寓意“海水江崖，江山永固”。透过这些形形色色的花纹图案，我们看到了古代官吏等级制度的缩影。

明清时期的补子是随着官职而存在的，因而受朝廷的限制，不能大量制作。到了清代补服制度更加严格，任何人不得逾越。清廷三令五申禁止私自制作比自己官职高的补子，但为了利益仍有造假之事发生。当时也有官员因自己的职位低，为了提高自己的地位，私自找绣工制作。年羹尧的儿子因身着四团龙补服，在给年羹尧定罪时，这便成为其中一项："非其人，不得服其服，顺礼也。"

制作这些补子的机构，是皇家专门的织造衙门，即南京、苏州、杭州江南三大织造府。补子用料讲究，做工精良，尺寸、图案都有严格规定，官员不能私自改变身上与其品级相对应的官服。皇家织造衙门聚集了天下的能工巧匠，他们用各种绣丝彩料，运用和继承精湛的织绣技术手法，织绣出了誉满天下的传统服饰。这些补子如今已成为珍贵的文物和艺术珍品（图 8-23~ 图 8-26）。

图 8-23　黑地钉绣孔雀文三品补子前片（清代），哈尔滨市八旗满族服饰博物馆

图 8-24　黑地钉绣云雁文四品补子前片（清代），哈尔滨市八旗满族服饰博物馆

图 8-25　五品文官白鹇补子前片（清代），哈尔滨市八旗满族服饰博物馆

图 8-26　六品文官鹭鸶补子后片（清代），哈尔滨市八旗满族服饰博物馆

清代特色男子服饰

清代统治者在马背上夺天下，认为满族之所以能够推翻汉族的统治，根本原因在于满族是一个精通骑射的尚武民族，军队弓马娴熟，骁勇善战。因此，要想保住政权，服饰方面也必须继续保留和发扬满族习武尚武的良好传统和便于骑射的优势。皇太极曾于崇德元年（1636 年）对诸王及属下颁布关于服饰的训诫，感叹金代的衰亡与汉化的弊端有关，恐后世子孙忘记旧制，废骑射以效汉人俗，规定后世子孙除去战争出师和田猎两种情况下可以穿着便装外，其余场合必须穿满洲朝服。至乾隆年间，尽管乾隆皇帝大量吸收汉族文化，在《行乐图》中也有他穿着汉服的画像，但对坚持满族衣冠制度的严厉政策一直持续。乾隆常常搬出皇太极的祖训道："朕每敬读圣谟，不胜钦懔感慕……我朝满洲先正之遗风，自当永远遵循。""至于衣冠，乃一代昭度，夏收殷冔，本不相袭。朕则依我朝之旧，而不敢改焉，恐后之人执朕此举而议及衣冠，则朕为得罪祖宗之人矣，此大不可。"乾隆认为衣冠制度不仅是祖宗规训，更关系到国家兴亡。乾隆三十八年（1773 年）又下谕："衣冠必不可以轻易改易。"同时，为了更好地统一汉族人民的思想和精神，使汉人从外到内对清政府表示归顺，清代的统治者制定了严格的服饰制度，要求汉人"剃发易服"，着满人衣装，致使清朝近三百年的男子服饰基本以满服模式为主。

一、男子发式

清朝初期，统治者颁布剃头令：无论官民，限十日内尽行剃发，削发垂辫，不从者斩。其执行口号是："留头不留发，留发不留头。"要求头顶只有金钱大小的一片头发，蓄成手指粗细的小辫子，须能穿过铜钱的方孔才算合格，故称为金钱鼠尾式。此令不仅针对汉族，其他少数民族也需要服从，这样极端的羞辱同样激起了一些留发的少数民族的反抗。清朝在《广州剃发易服令》中说道："金钱鼠尾，乃新朝之雅政；峨冠博带，实亡国之陋规。"当时学者顾炎武写道："华人髡为夷，苟活不如死！”

嘉庆中期，男子发式开始变为猪尾式或蛇尾式。头顶着发的部位没有变，但部位面积已经扩大到四五个金钱大小，相当于一掌心的面积，结成的辫子也相应变粗。

清代后期，即嘉庆以后，男子的发式逐步演变为牛尾式，头发越蓄越多，辫子也越来越粗，仅需将顶发四周边缘剃去寸许，而中间保留长发、分三绺编成辫子一条垂在脑后。这也就是我们在清宫题材电视剧中常见的男子阴阳头。

二、男子服饰

清代男子服饰以满服为主。由于满族常年居于塞外，清代的很多服饰都明显地体现出游牧民族特色。清代男子的袍、袄多采用开衩，方便骑马。改宽衣大袖为窄袖筒身，衣襟以纽扣系之，代替了汉族惯用的绸带，便于行动。袖口形状像马蹄，可以用来对付北方恶劣的天气，天冷时不影响狩猎射箭，天不冷时还可以卷上。领口变化较多，清朝礼服通常无领子，而另加领衣，俗称“牛舌头”（图 8-27）。除此以外，其身上所佩戴的小刀、荷包等饰品，都明显带有游牧民族生活习俗的特点，与中原地区长期以来的文儒柔雅之风大为不同。

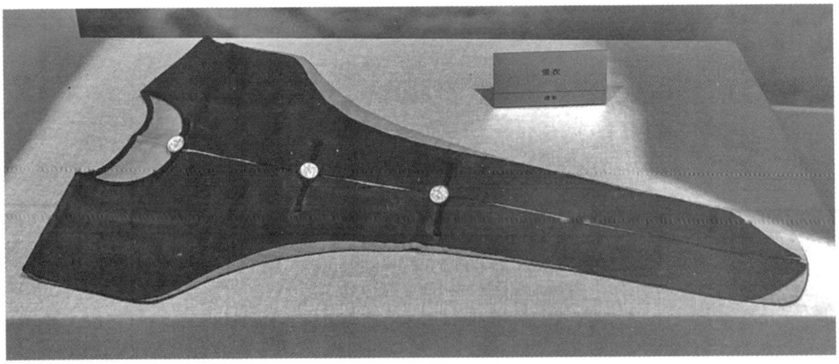

图 8-27 领衣（清代），哈尔滨市八旗满族服饰博物馆

1. 袍、衫

袍在清代原属便服，被称为“衫”“袄”，又俗称“大褂”。其具体还可细分为礼服袍、吉服袍、行服袍和常服袍等不同类型。各种袍服除以颜色、纹样来区分级别高低外，也会因用途和场合的不同，在款式结构上存在较大差异。如行服袍是专用于满族君臣的巡幸、狩猎和出征活动的服装。为了方便乘骑，在袍身右裾一尺处断开，再以三枚纽襻与袍身相连，形成“缺襟”结构，俗称“缺襟袍”，外观与其他袍型迥异。清代袍服的款型变化繁多，有大襟、交领之别；立领、无领、披领之分；方袖、箭袖之异；下摆开衩亦有四开衩、双开衩（前后或左右开衩）以及不开衩等不同形态。

袍、衫初期尚长，顺治末减短至膝，其后又加长至脚踝。并且常将本用作御寒的衣料制成单衣，如陕西的姑绒本为取暖衣料，却被做成单衫；而本应用作暑热时的轻纱类衣料反被制成绵袍、绵褂。袍衫在同治年间还比较宽大，袖子有至一尺余大的，光绪初仍是如此，至甲午、庚子之后，变成极短极紧之腰身和窄袖的式样。因其式样窄小几近缠身，长可覆足，袖仅容臂，形不掩臀，若猛然一蹲，就可能撕裂。《京华竹枝词》有云：“新式衣裳夸有根，极长极窄太难论，洋人着服图灵便，几见缠躬不可蹲。”此亦为清末男子袍衫的时尚趋向。

清代还有一类特殊剪裁的“两截”便袍，民间一般称作“两截大褂”或“两截衫”。它的形制特征是衣身上下分裁，腰部以上及两袖多用白色葛布、夏布制作，腰部以下则用浅蓝或湖色纱、罗、绸等面料拼接。这种颇具“设计感”的服装在明代就已出现，《酌中志》里提到过夏天穿的“二色衣”：“如夏则以葛布为上身，以深蓝或玉色纱作下褶，并接两袖各数寸，又缘子领寸许。一则恐于君前露白色，一则省费惜福，以便拆浣。”人的胸、背及腋下是出汗最多的部位，在夏天极易沾污衣料，频繁洗涤不利于衣服的养护，舍旧换新又过于浪费。于是就想到了使用相对廉价的面料作为衣服的上半身，下摆因有外露的需要，仍用丝织物制作，清洗更换只需要拆下上身部分即可。清代官员通常将“两截衫”用作夏天袍褂里的衬衣，后来也有求新好异之人当作外衣来穿，成为夏日街头的一道独特风景。

2. 马褂

马褂源于清代服制中的行服褂，是一种穿在袍服外的短衣，长不过腰，袖仅掩肘，短衣短袖便于骑马，所以称之为“马褂”。乾隆年间，因傅恒在金川得胜还朝，军士穿着的马褂又被命名为“得胜褂”，并逐渐在民间普及。

马褂的形制有对襟、大襟、缺襟（琵琶襟）。对襟指两襟相对，起初仅具备方便实用等功能。大襟马褂，即衣襟开在右边，其四周常用异色作缘边，属于便服类。琵琶襟马褂，右襟短缺，与缺襟袍类似，也叫作“缺襟马褂”。对襟马褂多作为礼服，大襟马褂多作为常服，缺襟马褂多作为行装。对襟马褂，初尚天青色，至乾隆中期尚玫瑰紫，乾隆末年福文襄公好着深绛色，众人纷纷效仿，谓之“福色”；嘉庆时则尚泥金色及浅灰色，夏天用纱制时都用棕色。

3. 马甲

马甲又称为“背心”“坎肩”，是一种无袖的服装。其款式有大襟、对襟、琵琶襟、一字襟和人字襟等。大襟衣衽右掩，纽扣偏在一侧，从左到右，盖住底襟。对襟的襟线在正面中心线位置，两襟左右对齐，不重叠，用纽扣或带子系结，是一种对称型襟式。琵琶襟衣襟线条上部与大襟相似，区别在于右襟下部缺一块，故又称为缺襟。一字襟于胸部横开，呈一字形前襟，在一字襟上钉纽扣七粒，在左右两侧下方各钉纽扣三粒，合为十三粒，又称“十三太保”。它最初为清代武将骑射时所穿，故又称“巴图鲁坎肩”“军机坎”等。人字襟和一字襟原理基本相同，衣襟从衣领下正中向左右两侧腋下斜截开，在截开处缝扣子，正面看似人字，就形成了人字襟。

按例马甲本用皮制，衬于袍套之内，若乘马行走觉热时，可探手于内解掉上排纽扣，再曳下使仆从解两旁纽扣拉引脱之，可免换脱外衣之累，后来就穿在外面，单、夹、棉、纱都有。清初马甲较小，一般作为内衣穿在袍内；清朝中后期满、汉都很盛行穿着，马甲逐渐宽大，穿在袍衫外面。做工也越来越精细、考究，镶有花边，绣有各类吉祥图案纹样，式样繁多，也是当时的一种时髦服饰。

4. 套裤

马夫、侍僮等劳动人民穿短衫窄裤。裤有开裆、合裆之别。套裤一般是开裆裤，其形式为上口尖而下裤管平，穿时会露出臀部。有棉、夹、单之分，用料有棉、缎、纱、绸、呢等，大多为男子所用，满族妇女及江苏苏北妇女也有穿着的。山西一带男子有以满裆裤制作成套裤样式者。江苏农民在水稻田中劳作时则穿着牛头裤，其式样极短，类似牛头状，便于在泥水田中跪着或蹲着进行操作。

北方由于气候寒冷，大多把裤脚用丝织成的扎脚带在近脚踝处扎起来，扎带末端有一流苏垂于脚踝之处。南方亦有仿效此而作扎裤管者。

5. 鞋、靴

鞋有薄底、厚底之分，底厚者约有一寸，大抵以缎、绒、布制成。鞋面浅而窄，鞋头也有作鹰嘴式尖头鞋者，或作如意头挖云式者，鞋帮有绣花，单梁或双梁。袜有长筒和短筒之分，沪地有于袜上绣花纹者。靴于早期，一般士民不能穿着。到宣统年间，绅士、富商及学界人物于冬季皆喜着靴子。此外尚有草鞋、梭鞋、芦花鞋等，皆为一般劳动者所穿。钉鞋为雨天所穿；拖鞋于清末沪地，男女皆爱穿；木屐大多为南方人所穿；冰鞋唯有北方人穿着。

三、男子帽子

1. 小帽

小帽即便帽，又叫作“秋帽”，俗称“西瓜皮帽”，沿袭明式之六合帽。帽呈瓜棱形圆顶，后又作略近平顶形，下承以帽檐，为士大夫燕居时所戴。帽胎有软胎、硬胎之分，圆顶或略作平顶者皆作硬胎，以黑缎、纱，或以马尾、藤竹丝编织成胎。帽檐有用锦檐者，或用红、青锦线缘以卧云纹，用红绒结为顶，顶后或垂红缦一尺有余。嘉庆时盛行于帽上幡金线组绣，且加缀明珠、宝石镶嵌。至咸丰初，帽顶忽做成尖形，极尖者曰“盔衬”，其用皮为帽檐者叫作“困秋”，中浅而缺者曰

“兔窝”，其软胎可折叠而能纳之于怀中者曰“军机六折”。清末时帽顶结子小如豆粒，且又用蓝色，戴时喜将帽子偏倾于前而半覆于额前。至宣统时，帽檐有重叠多至七八道者。小帽内衬里大多用红布，如有丧服者则小帽用黑或蓝布，帽顶结子则用白色，轻丧者用蓝结子。

2. 风帽

风帽也叫作“风兜”，其后又称作“观音兜”，大抵因其与观音大士所戴之物相似而得名。其有夹制的，也有中间放置棉花或用皮料的，多为年老者抵御风寒所用。以紫、深蓝、深青色居多，一般皆用黑色，因红色乃高官所用。至光绪年间上海地区皆戴红风兜，以绸缎或呢为料制成，或添加锦缘，戴时置于小帽之上。老太以及和尚、尼姑亦戴之，但皆用黑色。

3. 皮帽、毡帽

皮帽或叫作“拉虎帽”，脑后分开而系以二带。又有“安髡帽”，脑后不分，本为皇帝狩猎时所戴，其后王公亦戴之。有用毡制成的，左右两旁带毛，可翻下遮耳，前部用鼠皮，多为北方地区冬季所戴，也叫作“耳朵帽”。

毡帽的样式大致有：其一为大半圆形；其二为半圆形而顶略平；其三为四角有檐反折向上；其四为反折向上作两耳式，折下时可掩两耳者；其五为后檐向上反折而前檐作遮阳式者；其六为顶作带有锥状者。另有为士大夫们燕居时作为便帽者，则加金线幡缀成各种花式，或作四合如意、蟠龙、金线镶缘等。

4. 狗头帽

狗头帽为孩童所戴，帽顶两旁左右开孔装上两只毛皮的狗耳朵，亦有作兔子耳朵式者，帽以鲜艳绸缎呢绒为上，镶嵌金钿、假玉，帽筒用花边缘围之。

5. 笠帽、凉帽

为农民们所戴，由藤、竹、麦秸编织而成，有檐于周围者称作“台笠”，为卑贱者所戴。

各取所长的满汉女子服饰

清代女装由于“男从女不从”的政策，存有满、汉两种样式。清初，汉女与满女的服饰有着显著的差异。内敛的汉文化，造就了上袄下裙的服装形制；而外向的满族文化则选择方便骑射的旗服。但随着满汉两族的长期交往，服饰也在相互演化与融合，旗袍变得宽身大袖，袄褂变得越来越长。直到清中期，满女与汉女着装的界限已不再那般分明，而到了晚期更是互借互用，旗袍开始采用汉族的吉祥纹饰以及刺绣工艺，同时也出现了穿着长坎肩的汉女。

一、满族女子服饰

满族起源于我国东北地区的女真族，受自然环境和生活习俗的影响，逐渐形成了窄袖紧身、长袍开衩、皮毛皮靴以及编发等基本服饰特征。窄袖便于拉弓射箭，开衩便于骑马，皮毛皮靴更是为了适应严寒气候。随着满清进入中原，生活方式、生活条件发生了巨大的转变，稳定富足的生活也逐渐使满族女性服饰呈现美观化、奢侈化的趋势。

整个清王朝时期满族女性服装的样式规制，未曾发生太大的变化，这与统治者的高度重视也有极大的联系，满清统治者顽固地坚持“国俗衣冠，一沿旧式”的冠服理念。康熙至嘉庆年间，曾多次下诏禁止满族女装的汉化倾向，这对满族女装保持民族特色起到了很大的作用。

如嘉庆十一年（1806 年）谕中有：“倘各旗满洲、蒙古秀女内有衣袖宽大，一经查出，即将其父兄指名参奏治罪。”至嘉庆二十二年（1817 年）又谕：“至大臣官员之女，则衣袖宽广逾度，竟与汉人妇女衣袖相似，此风渐不可长。”后期仿效学习尤甚，有“大半旗装改汉装，宫袍截作短衣裳”的打油诗，这都是满族妇女仿效汉族服饰的情形，但就全国各地而言，终归是少数。

1. 旗装

清代以旗装为代表性服饰，旗装，满语称“衣介”，又称“旗服”。作为所有旗人统一的一种袍式服装，其衣身修长、衣袖短窄，一改历时数千年的掩裙盛冠、宽袍大袖的服装形制。清代的旗装用料节省、制作简便，因此采取“衣皆连裳”的形制，不同于汉族服饰的上衣下裳。

满族女子的旗装，外轮廓呈长方形，马鞍形领掩颊护面，衣服上下直通不取腰身，衫不露外，偏襟右衽以盘纽为饰，假袖二至三幅，马蹄袖盖手，镶滚工艺装饰，衣外加衣，增加坎肩或马褂。其造型完整严谨，呈封闭式盒状体，故而形象肃穆庄重、清高不凡、独树一帜，突破了几千年来飘逸的塔形衣冠轮廓，给世人留下了深刻的形象记忆（图 8-28~ 图 8-31）。

图 8-28　清末满族贵族妇女着装照片，哈尔滨市八旗满族服饰博物馆

图 8-29　清末满族贵族妇女着装照片，哈尔滨市八旗满族服饰博物馆

图 8-30 清末满族贵族妇女着装照片，哈尔滨市八旗满族服饰博物馆

图 8-31 清末满族贵族妇女着装照片，哈尔滨市八旗满族服饰博物馆

长袍是满族传统服饰的旗帜，也是后来“旗袍”的原型。在入关以前，长袍不分男女，款式较为简单。四片裁剪，开衩较长，宽松直筒式，圆领，袖子较窄，袖口有马蹄状的护袖，方便骑射。男子袍服较女子更加肥大，这种服饰风格特点是满族人在长期的生产生活中逐渐形成的。入关后随着社会发展，只有女子穿着长袍。清初女子袍长及脚面，多以棉、麻、丝绸、花缎等面料为主，受汉族服饰影响，逐渐由宽松直筒向收腰合体转变，长度也由长至短。

满族女性在长袍上往往喜欢加罩一件短或长至腰间的坎肩，其后更倾向于加罩短小而又有绣花的坎肩。坎肩或称马甲、背心，为无领无袖的上衣，常见的样式有对襟、大襟、琵琶襟、一字襟和人字襟等。最初，马甲窄小常穿在里边，到清中后期，受汉族影响喜欢将马甲穿在袍服外面。领子一般是立领，长至腰际，在四周镶花边，女马甲则更为繁杂靓丽（图 8-32）。

图 8-32 刺绣盘金小背心（清代），苏州博物馆西馆

褂，是一种圆领、对襟、直身、无袖、后开衩、两侧开衩及腋

下的长背心，妇女们在春秋天凉时穿着。“褂”是由原明代汉族服饰中“比甲”演变而来的。“袍褂”是满族入关前就有的本民族服饰，入关后受汉民族服饰文化不断熏陶而变化；而“坎肩”与“褂”都并非满族原有的服饰形式，都是将汉民族服饰融合而形成的具有满族民族特点的服饰（图 8-33~ 图 8-35）。

图 8-33 红地彩绣“蝶恋花”纹氅衣，粉缎挖花大边坎肩（清代），中国丝绸博物馆

图 8-34 红地刺绣花卉旗服（清代），中国丝绸博物馆

满族女装中衣领也在各民族服饰中独树一帜。旗装中衣领分开，在圆领上加“卷颈”或“立领”。“卷颈”是在颈间围一条领巾，一头在袍服大襟内，一头垂于胸前，以不同的材质与不同彩绣搭配袍褂；“立领”则是固定于袍褂的形式，高至双颊的“立领”则是当时的潮流趋势。

清初满族妇女与男人的装扮相差无几，不同之处只是穿耳梳髻，未嫁女垂辫。满女不缠足不着裙，衣外坎肩与衫齐平，长衫之内有小衣，相当于汉女的肚兜，衣外之衣又称“乌龙”。雍正时满族女装仍然较为简朴，但在领、襟部位已经开始镶沿花边；中后期旗袍上的盘金满绣越发精美繁缛；到了咸丰、同治时期，京师妇

（a）

（b）

（c）

（d）

（e）

图 8-35 清代服饰

（a）红色团花暗花绸旗服（清代），中国丝绸博物馆

（b）蓝地暗花绸长袍（清代），中国丝绸博物馆

（c）石青花罗地刺绣对襟女褂（清代），苏州博物馆西馆

（d）黄缎暗纹宽袖旗袍（清代），黑龙江省民族博物馆

（e）湖绿色绎丝冰梅纹氅衣（清代），苏州博物馆西馆

女之滚条道数甚多，号曰“十八镶”，面积占据了衣服面积的一大半，甚至掩盖了服饰本身的面料。这反映当时人们炫富的心理以及对华丽的追求，清王朝在经历了清朝前期的社会动荡后，社会趋于稳定，财富大幅增加，民众有享受奢侈生活的能力。

2. 旗头

满族妇女所梳的旗髻，典型的有“两把头”“大拉翅”。清朝《旧京琐记》记载：“旗下妇装，梳发为平髻曰一字头，又曰两把头，大装则珠翠为饰，名曰钿子。”“两把头”的基本形制是头发自头顶中分，再于两边梳平髻，似“燕尾”状横于脑后，形似“一字”，亦犹如“如意”衬头，故也称“一字头”“如意头”，因其二髻间插以双架成双角，因此又叫“架子头”。

满装的典型发式在顺治年间尚未形成。清入关初期，满族妇女发式仍然保持着受契丹族影响形成的辫发盘顶式，辫发盘顶简单实用，且不论贫富贵贱都是如此。随着清王朝封建等级制度的建立与完善，必然需要一种新的发式来适应新的等级制度，于是“两把头”逐渐演变而成。

此外，随着满族女性发式由实用性向装饰性发展，满族女性头上的发簪也逐渐丰富起来，为了让“两把头”承受更多的发簪首饰，“两把头”也不断得到改良。旗髻不断增高，两边“燕尾”角也不断扩大，到了慈禧太后时期，发展成一种高大的扇形状头饰，宽窄近肩，俗称“大拉翅”（图 8–36）。

图 8–36　旗头（清晚期），哈尔滨市八旗满族服饰博物馆

3. 旗鞋

满族贵族妇女普遍穿着的鞋被称为“旗鞋”。这种绣花的旗鞋以木为底，史称“高底鞋”，或称“花盆底鞋”“马蹄底鞋”。其木底高度一般为 5 ~ 10 厘米，有的可达 14 ~ 16 厘米，最高的可达 25 厘米。旗鞋的木跟镶装在鞋底中间，三寸多高，整个木跟用白细布包裹，也有外裱白绫或涂白粉，俗称“粉底”。旗鞋的面料为绸缎，上绣有五彩图案并加串珠等装饰。跟底的形状通常有两种，一种上敞下敛，呈倒梯形花盆状；另一种是上细下宽、前平后圆，其外形及落地印痕皆似马蹄，“花盆底”和“马蹄底”因此而得名。这种木质鞋底的优点在于非常结实耐用，即使鞋面破损，鞋底仍完好无损。

高底旗鞋多为十三四岁以上的贵族中青年女子所穿；老年妇女的旗鞋，多以平木为底，称作“平底鞋”，其前端着地处稍作削减，以便行走。高底鞋的兴起原因，有说是为了遮掩天足，实际恐欲增其体态的高挑修长和行走时的婀娜多姿。开始时袍尚长而掩其高底，后来又短其衣，而故意流露其高底。

关于旗鞋的起源，一种说法认为，往昔满族妇女经常上山采集野果、蘑菇等，为防虫蛇叮咬，便在鞋底绑缚木块，后来制作日益精巧，便发展成了高底鞋。另外还有一种传说，说是满族的先民为了渡过一片泥塘，夺回被敌人占领的城池，便效仿白鹤的样子，在鞋上绑了高高的树杈，终于取得了胜利。人们为了铭记那些艰难的日子，纪念高底木鞋的功劳，妇女们便穿上了这种鞋，并世代相传，且越做越精致美观，成了后来的样子（图 8–37）。

至清代后期，这种梳两把头，着长袍，穿高底鞋的装扮，已成为清宫中的礼服。慈禧太后也常在宴见和小礼时穿这样的服饰。慈禧的高底鞋约高三寸，便服即着淡黄色的长袍。在宫中长袍又称为“花卉”，因袍上绣有花纹，外罩淡蓝色坎肩。在宫中遇有大典时，福晋及命妇穿蟒袍加外褂，头上则戴钿子；姑娘们则梳两把头，两边挂有垂到两肩的大红穗子。

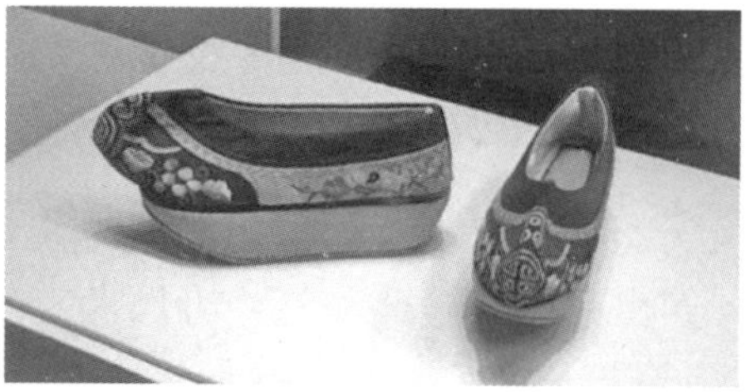

（a）

（b）

（c）

（d）

（e）

图 8-37 清代旗鞋

（a）绣花旗鞋（清代），中国丝绸博物馆

（b）蓝缎钉绫兰花团寿纹花盆底鞋（清代），中国丝绸博物馆

（c）湖绿色缎彩绣蝴蝶梅花大马蹄底旗鞋（清晚期），哈尔滨市八旗满族服饰博物馆

（d）蓝缎团寿马蹄底旗鞋（清晚期），哈尔滨市八旗满族服饰博物馆

（e）双鱼吉庆元宝底旗鞋（清晚期），哈尔滨市八旗满族服饰博物馆

二、汉族女子服饰

清代汉族女子服饰，由于受“男从女不从”的影响，相较男子服饰变化较小。命妇礼服，仍然可以承袭明朝服饰制度，以凤冠和霞帔作为礼服。而普通妇女日常则穿着披风和袄裙，只有在婚丧嫁娶时才会穿凤冠霞帔，其他场合都以披风作为日常礼服。披风的里面还有大袄和小袄。妇女下身多穿裙子，颜色以红为贵。裙子样式有马面裙、凤尾裙、月华裙等，并随着时代的发展而出现许多变化。有在裙上装满飘带的，有在裙幅底下系以小铃的，也有在裙子下端绣满水纹的，形形色色，不一而足。清末，在普通妇女之中，还流行穿裤。裤有两种样式，一种是满裆裤，一

种是套裤，材料多用绸缎，上绣各种花纹（图 8-38）。

（a）　　（b）　　（c）

图 8-38 清代女袄

（a）粉红色百蝶穿花纹暗花绸女袄，红缎彩绣花卉纹马面裙（清代），中国丝绸博物馆

（b）紫色刺绣女袄，红缎彩绣花卉纹马面裙（清代），哈尔滨市八旗满族服饰博物馆

（c）大红地刺绣博古花卉纹女袄，绿色缎打籽绣牡丹蝴蝶纹马面裙（清代），苏州博物馆西馆

1. 披风

披风又名“帔外”“一口钟”“斗篷”，有长有短，款式为对襟大袖，领口打结，长度可过膝。领口样式分为抽口领、高领、低领三种。披风多以真丝面料为主，冬天为了保暖御寒，常以裘皮为里，在其面上绣各种花色图案，并镶嵌各式宝石珠串、五彩夹金线等。

2. 袄、衫

在披风的里面还穿有大袄及小袄。小袄通常是女子的贴身衣物，颜色多以鲜艳的红色为主；大袄则比较宽松肥大，长及膝盖以下，衣领通常采用圆领或斜领，很少使用高领，领口处镶有各式花边。汉族女子服装同男装一样都是右衽交领、不用纽扣，仍以绸带系结、宽袍大袖、腰上系大带、色彩素雅高贵。

汉族女性服饰自汉代以来就保持着宽衣大袖的显著特征，体现了汉族女性含蓄、端庄的形象。清初，汉女穿着仍保留明代遗风，多以上衣下裳或上衣下裤为主，把女性的身体层层包裹，给人以溜肩、平胸、宽大、直筒般的外观感受。而在清朝中后期，汉族女性的衣袖宽窄就不断变化。“袖初尚小，有仅盈尺者，后大至三尺，与男服同。”嘉庆道光以后，袄、衫趋于窄小，长度也明显缩短（图 8–39）。

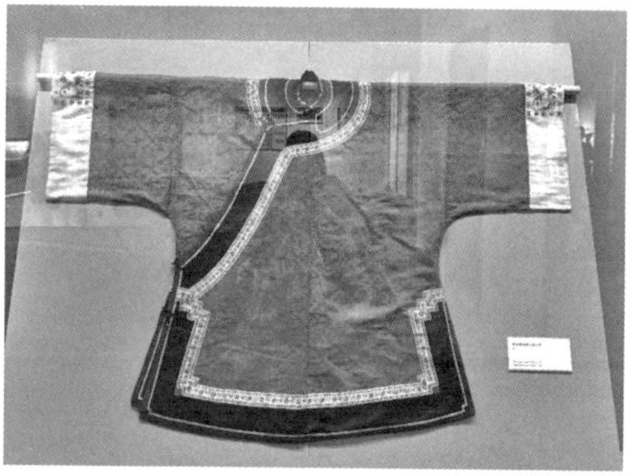

（a）

（b）

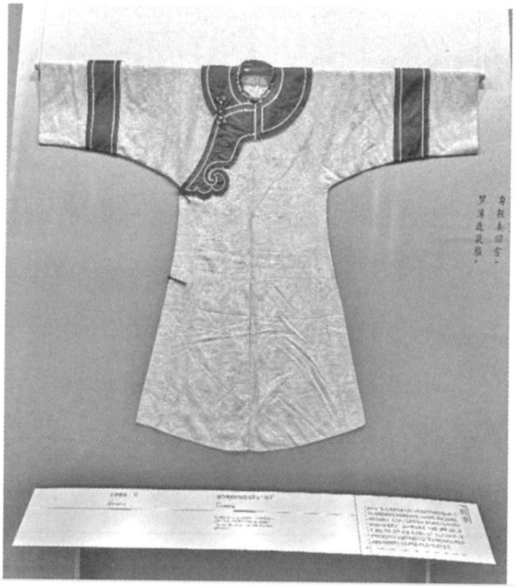

（c）

图 8–39　清代女性服饰

（a）钴蓝提花绸大襟女袄（清代），苏州丝绸博物馆

（b）紫色花卉纹女袄（清代），哈尔滨市八旗满族服饰博物馆

（c）湖色地梅竹纹提花罗女单衫（清代），苏州丝绸博物馆

3. 云肩

云肩是古代妇女的一种衣饰，它围脖子一周，佩戴在肩上。因其常用四方四合云纹装饰，并多以彩锦绣制而成，如雨后云霞映日，故称之为“云肩”。敦煌石窟的唐代壁画中已可见贵族妇女使用云肩，隋代观音像亦有披云肩者，可知云肩的产生不会晚于隋唐。至元代得以普及，当时的贵族男女通用，到了明清两代则仅限于妇女使用。到清代时，云肩普及社会各个阶层，多在岁令时节或婚嫁时佩戴。

云肩以中国传统吉祥图案为主，遵循了“是图必有意，有意必吉祥”的创作原则（图 8-40）。典型的式样有“四合如意”式与“柳叶”式两种，其后又派生出多种款式。云肩一般做成两层八片垂云，每片垂云上或刺绣花鸟草虫，或刺绣戏文故事。“四合如意式”由四面“如意形”的条状云头前后对合而成，象征天下四方祥和如意；“四方柳叶式”的云肩造型由八条、十六条、十八条等数量不等的柳叶形作放射状构成，象征春色满园、生命常青。

图 8-40 云肩（清末民初），中国丝绸博物馆

一件精美的云肩需要很长的时间才能绣成，其工艺之精巧，令人赞叹。云肩的装饰刺绣手法有片绣、珠绣、盘金、串珠、平针与打籽绣等多种技巧，使云肩像

云、像彩虹、像四季花朵，充满声色情调。据载，慈禧太后的云肩就由 3500 颗珍珠串联而成，通体云霞灿烂（图 8-41~ 图 8-44）。

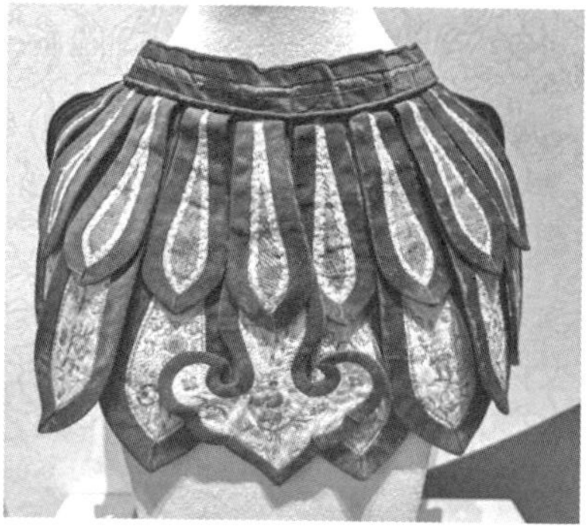

图 8-41　白地盘金绣人物动物花卉风景纹云肩（清代），苏州丝绸博物馆

图 8-42　云肩（清代），苏州博物馆西馆

图 8-43　白地绣八仙领饰（清代），苏州丝绸博物馆

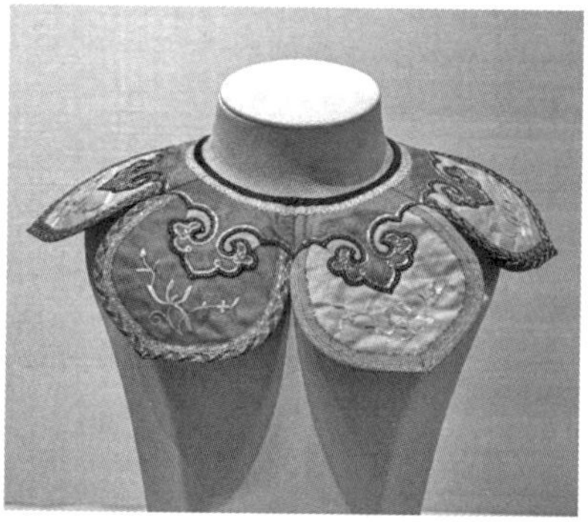

图 8-44　绣花小围肩（清代），苏州博物馆西馆

4. 裙

汉族妇女上身着衫、袄，下身束裙，裙里一般会穿绣花长裤。清代汉族妇女除朝裙外，一般妇女着裙制度相对自由，并没有严格、刻板的规定，这也促使清代的裙装制式多变、样式翻新、层出不穷。清代裙子样式有百褶裙、凤尾裙、马面裙、

鱼鳞裙、红喜裙、墨花裙、月华裙等（图8-45）。对于颜色也有一定的规定，红色寓意吉祥，在节日及婚礼等欢庆场合多着红色裙；而丧葬等仪式中则只能着黑裙；如果丈夫去世多年与公婆生活，也可以穿湖蓝色或者青色等深色裙。

凤尾裙，顾名思义，是在裙子外层叠有凤尾条，凤尾条上绣精美花鸟虫蝶图案，并且每条凤尾下端系有小铃铛。“凤尾裙”一词在清代乾隆时期开始有记载，直至清末民国时期一直有凤尾裙及其变体的存在。清代李斗所著《扬州画舫录》中最早有对凤尾裙的记载：“裙式以缎裁剪作条，每条绣花，两畔镶以金线，碎逗成裙，谓之凤尾。”凤尾裙制作十分精致，可分为在裙腰下缀绣花条鱼尾或在裙子外边加饰绣花条凤尾两种。

百褶裙，即“多幅多褶”的裙。清代汉族女子时兴百褶裙，认为褶多不仅美观而且行动方便，称“八幅之裙，宜于家常；人前美观，尚须十幅”。百褶裙的“百”并非虚数，裙子两侧各打细褶，有的各打五十褶，合为百褶，有的甚至各打八十褶，合为一百六十褶，可见“百褶裙”名不虚传。为防止细褶散乱，褶间用丝线隔段钉缝，针脚错落交替。

图8-45 白沙地洒线绣戏曲人物女褂，彩绣花卉纹百褶马面裙（清代），中国丝绸博物馆

清末出现的鱼鳞百褶裙同样是在百褶裙的基础上改良而来。在裙面褶裥用细丝交叉串联，若抻拉这些细褶，形态极似鱼鳞，因此，又称“鱼鳞裙”。其做工之精

超越凤尾裙，又避免了百褶裙细褶日子久了易散乱的缺点，集美观与实用于一体，清末时很受追捧。

玉裙，和百褶裙类似，只是面料有所差异，玉裙一般选用整幅缎料制成。

在清初流行的月华裙裙幅较宽，群面褶裥间各用一色，且用色皆淡雅，轻描细绘，给人“皎月光华”之感。

5. 镶边裤

清代乡村劳动女子或侍婢只着裤而不套裙，裤子穿在衫袄之内，色彩鲜艳。裤子的样式初为大裤管，后逐渐改为小裤管。裤口均镶有花边，花边样式也逐渐丰富，后期还有多重镶边，第一道边最宽，第二、第三道边较窄，这是当时裤装的一大特色。清代女子一般在冬天穿棉裤时扎绑腿，一是为了取暖，二是为了行走方便。由于绑腿带也要露在服饰之外，故在其上常饰以精美纹样，两端还缀有流苏进行装饰。

6. 发髻

清代汉族女子的发式与满族女子发式大相径庭。汉族传统女性的发式为髻，主要是将头发盘结于头顶或脑后。清初发式的基本特征是“高”和“卷”。“闻说江南高一尺，六宫争学牡丹头。”当时流行的“牡丹头”就是一种高髻，编梳时需用假发垫衬，有人甚至夸张地称其重者几至不能举首。除了“牡丹头”，还有“荷花头”“钵盂头”，此三髻均属于丰满挺括的发髻类型。清中期以后，发髻形制由“高卷”的特征逐渐向“扁小”发展，且较少使用假发衬托。样式名目繁多、不断推陈出新，如“元宝头”“挂花头”等。但是这些繁复华丽的发式多出现在妓院等场合，一般妇女发式则为简单朴素的“平髻”。

7. 遮眉勒

遮眉勒俗称“昭君套”或“昭君眉”，可能受古画中昭君头饰的影响，由包头巾发展而来。明代妇女已有此种装扮，到清初仍为妇女所喜爱。在天气稍冷的季节，清代妇女常在额间系遮眉勒，既有装饰之效，又能抵御寒冷。平民百姓妇女所戴的遮眉勒，在北方称作“勒子”或“脑箍”，南方叫作“兜”，由明代妇女所用的额帕（又名头箍）演变而来。其多以黑绒制成，狭长的布条从额头往后扎起，上面加以精美刺绣或缀以玉片珠花。

年轻妇女所戴的叫作“春眉”，老年妇女多用青黑素色的眉勒，故而又称“乌巾箍”。一般在正中央缝上玉片或纽扣作简单的装饰，有的在近耳部分加宽，具有护耳防寒的功用。戴眉勒在光绪年间十分流行，之后仅老年妇女使用。女子平日佩戴发簪时，仅用一二根针簪为饰，或簪一二朵小花；喜庆节日则用耀眼的发饰，有的成对为饰、左右横插，有的成组搭配。

8. 小脚鞋

小脚鞋，又称“弓鞋”“半弓”（一虎口为一弓，约 15 厘米），为缠足妇女所穿，是民国以前数百年间中国妇女最普遍的服饰之一。所谓缠足，就是把女子的双脚用布帛缠裹起来使其成为特殊形状，世人称之为“三寸金莲”。据史家考证，中国缠足之俗，约始于五代末年南唐李后主时代。

北方汉族妇女缠足之后所穿的鞋子即为弓鞋（图 8-46~ 图 8-47）。弓鞋常由妇女自己制作。多为木底，鞋面多有刺绣、镶有珠宝。弓鞋的颜色除丧礼场合为白色外，其他颜色都可以使用，但最流行的是大红色。

图 8-46　弓鞋，苏州博物馆西馆

汉族妇女的缠足之风，在清代尤为盛行。社会各阶层的女子，不论贫富贵贱，都要缠足。女子的小脚受到前所未有的崇拜与关注，脚的形状、大小成为评判美丑的重要标准。作为一名女子，是否缠足以及缠得如何，将会直接影响到个人的终身大事。当时，男子娶妻，都以女子大脚为耻、小脚为荣。然而妇女一旦缠上小脚，也将一辈子不能离开小鞋，无论是做饭还是睡觉，小鞋都成为她们生活的阴影，是当时每位妇女的血泪史。这些看似花哨的鞋子，是男权社会下女性身心遭受极度摧残的印证。据说，被缠足的女性举步维艰、疼痛非常，甚至可能导致残疾，民间有“小脚一双，眼泪一缸”的说法，正是女性千百年来遭受这一苦难的集中反映。

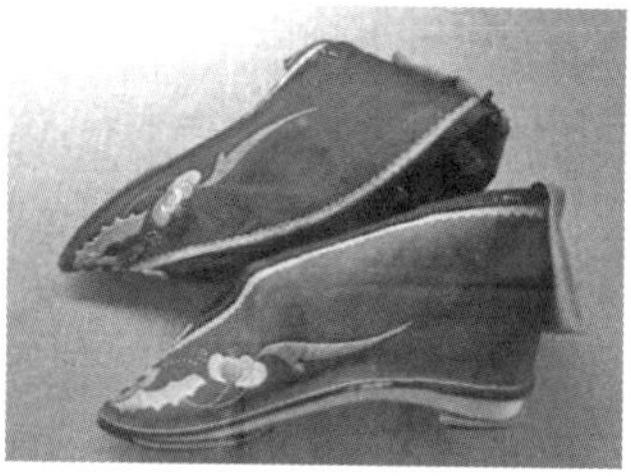

（a）

（b）

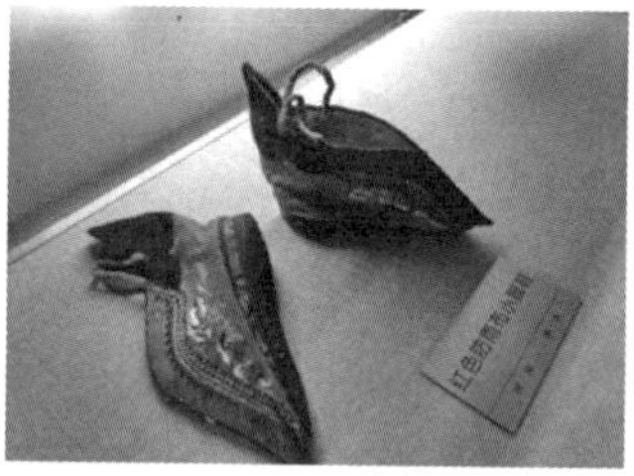

（c）

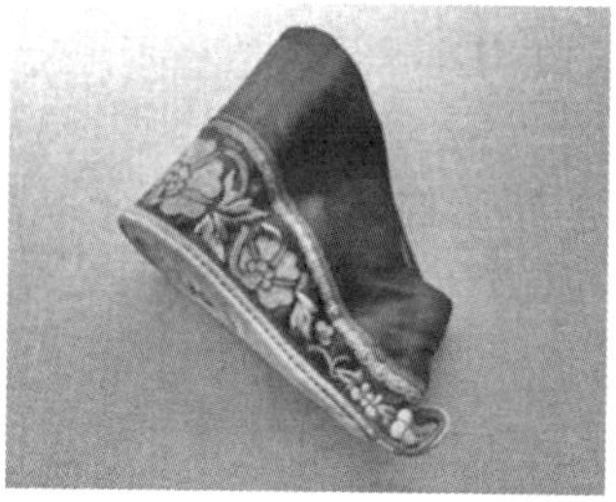

（d）

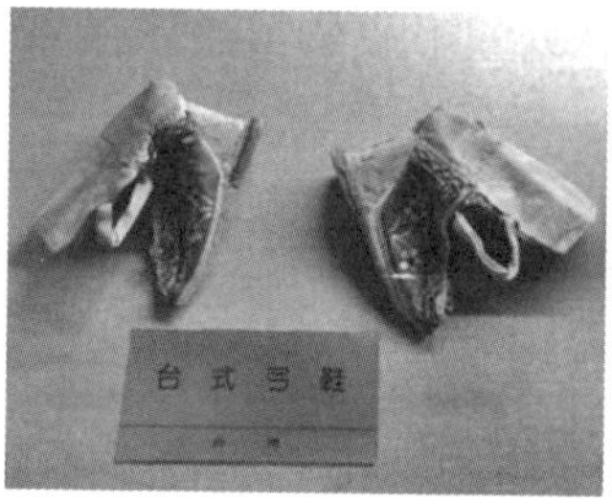

（e）

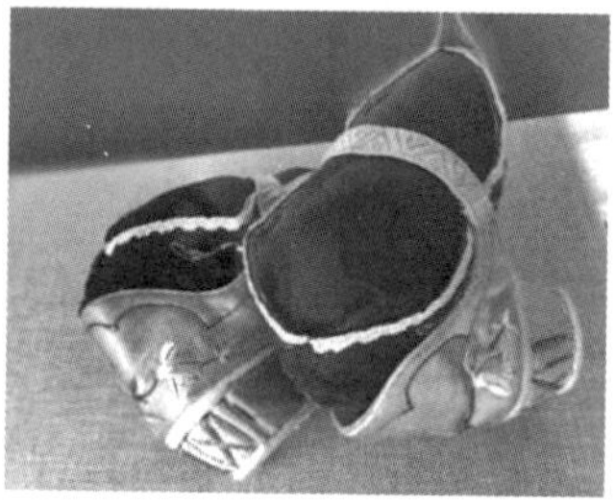

（f）

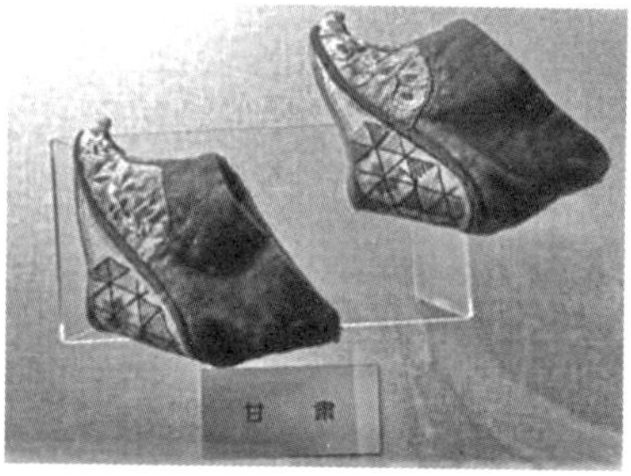

（g）

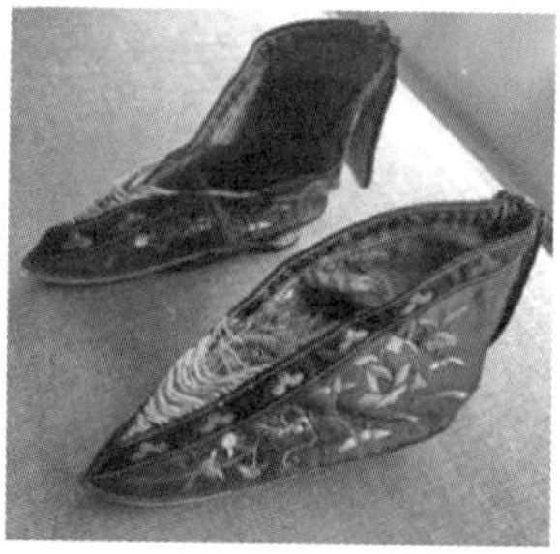

（h）

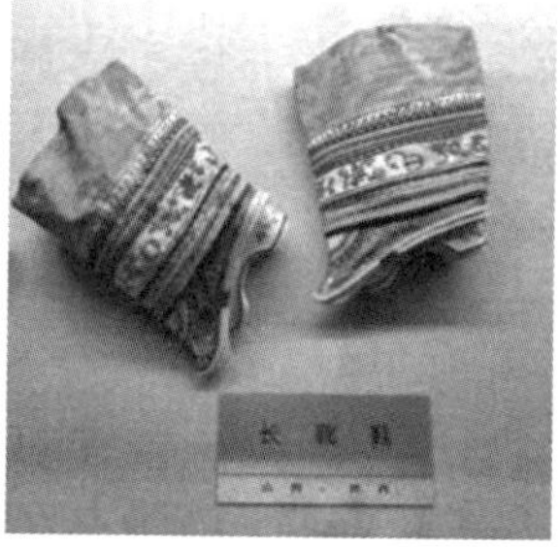

（i）

（j）

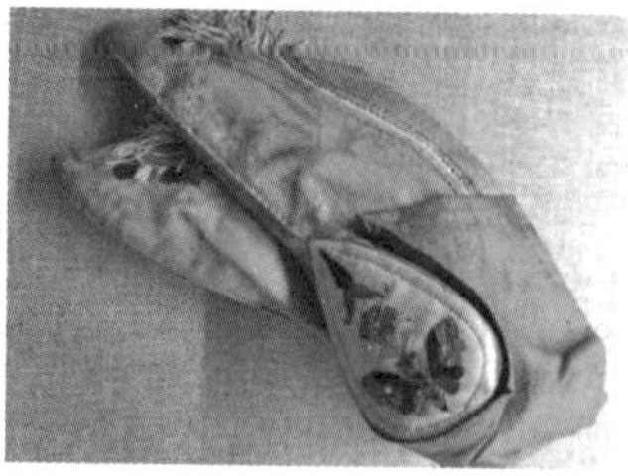

（k）

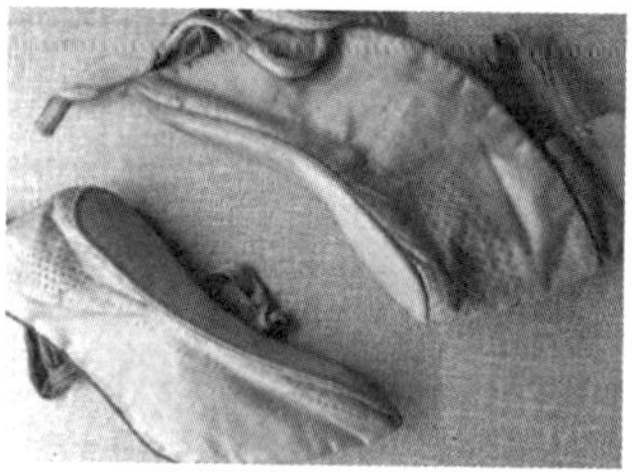

（l）

续图

（m）

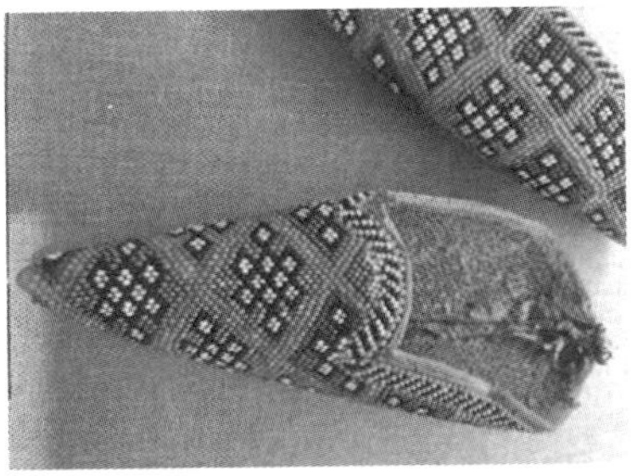

（n）

（o）

图 8-47　小脚鞋

（a）藕荷色双蝶双飞小脚鞋，哈尔滨市八旗满族服饰博物馆

（b）江浙紫色拉纲小脚鞋，哈尔滨市八旗满族服饰博物馆

（c）河南河北红色防雨布小脚鞋，哈尔滨市八旗满族服饰博物馆

（d）古式晋鞋，哈尔滨市八旗满族服饰博物馆

（e）台式弓鞋，哈尔滨市八旗满族服饰博物馆

（f）云南套鞋，哈尔滨市八旗满族服饰博物馆

（g）甘肃绣花鞋，哈尔滨市八旗满族服饰博物馆

（h）江浙绣花鞋，哈尔滨市八旗满族服饰博物馆

（i）山西·陕西长靴鞋，哈尔滨市八旗满族服饰博物馆

（j）婚鞋，哈尔滨市八旗满族服饰博物馆

（k）睡鞋，哈尔滨市八旗满族服饰博物馆

（l）孝鞋，哈尔滨市八旗满族服饰博物馆

（m）安徽雨鞋，哈尔滨市八旗满族服饰博物馆

（n）广东绢珠拖鞋，哈尔滨市八旗满族服饰博物馆

（o）小脚鞋（清代），中国丝绸博物馆

三、镶滚彩绣装饰

清代染织工艺的空前发展，为面料的精细华丽奠定了坚实的物质基础。清代的丝织业主要集中在官营的三大织造所在地江宁（今南京）、苏州、杭州，以及传统的丝绸产地四川等地。其中专门为宫廷生产面料的三大织造更是不惜工本、不计效率，将丝绸产品的精致华贵发展到登峰造极的程度，如苏州的妆花纱、妆花缎、三元绸等。南京的云锦是官营织造生产的提花多彩丝织物，明清时因其富丽豪华、花纹绚烂如云彩而得名，代表了中国古代织锦技术的最高水平。此外，棉织业在此时也有了较大的发展，不仅产棉地区扩大，棉布也成为大宗出口的手工业商品。

清代女子的衣服装饰也成为一大特色——镶滚彩绣。清朝女子服饰通常在领口、袖口、前襟、下摆、开衩口、裤脚等边缘处施绣镶滚花边，以绣、绘、补花、镂花、缝带、镶珠玉等手法为饰。早期为三镶五滚，后来越发繁阔，发展为十八镶滚，以至于连衣服的本料都显见不多了。

刺绣发展到清代，成为女子必学的技能之一，并涌现出许多刺绣家和著名产地，最著名的有苏绣、粤绣、湘绣、蜀绣和京绣等。清代刺绣以华丽炫目、严谨精细著称，常见的品种有龙袍、霞帔、裙服和袍服上的装饰等，其中以龙袍等宫廷之物最为精美。清代服饰面料，早期以花纹雅丽、色调清新为主，纹样在继承明代纹样的基础上更为精致细腻，后期发展到繁缛堆砌的程度，题材多有富贵、吉祥、如意等寓意。

1.“遍地绣球”纹样

“遍地绣球”是传统装饰纹样的一种，广泛应用于铜器、漆器、织锦、刺绣等工艺品的装饰之中。隋唐以后，宫廷服饰有“四团龙”“四团凤”“八团龙”等名目。民间则有八团、十团、十二团、十六团、二十四团等团花服饰，多表现为花卉、吉祥纹样。“遍地绣球”纹样，有的作单一团花，有的两个团花相连称“双球花”，多个小团花遍布即为“遍地球”，亦名“皮球花”“金钱蟒”。有的小团花还和蝴蝶、禽鸟、折枝花等穿插在一起，丰满匀称，清新活泼，别具一格。

如大红缎地盘金彩绣八团龙女袍，此袍服无领，右衽，两袖平直，马蹄袖口。服饰前后衣襟及两肩绣有八团龙纹，袍襟下摆饰海浪斜条纹（图 8-48）。工艺极其精美，所谓一寸缂丝一寸金，制作此类袍服，需两人用一年多时间才能完成，为宫廷后妃所穿的隆重的礼服。

图 8-48 大红缎地盘金彩绣八团龙女袍（清代），中国丝绸博物馆

白沙地洒线绣戏曲人物女褂，周身布满刺绣纹饰（图 8-49~ 图 8-50）。人物、树木、山石、亭台等图案布局均匀，有条不紊，将人物山水画与刺绣技艺进行有机结合。图纹栩栩如生，颜色协调统一，装饰华丽，用工精细。

图 8-49 白沙地洒线绣戏曲人物女褂，彩绣花卉纹百褶马面裙（清代），中国丝绸博物馆

图 8-50 品蓝色缎绣团地锦人物褂，黄色纱绣花蝶纹马面裙（清代），苏州博物馆西馆

蝴蝶图案寓意长寿，是清代常用的吉祥纹饰。葡萄纹饰源于土耳其等中东地区，后传入中国，寓意丰饶多子。蝴蝶、牡丹纹又构成“蝶恋花”主题，是对男女爱情的歌颂与希冀。紫色暗花绸女氅衣，正身不加任何装饰。圆领，大襟，右衽，左右大开气，直袖，由中接袖及挽袖组成。领口、大襟、下摆至开气处镶有双层花边。内层为平针绣花卉纹窄花边，外层花边较宽，在黑缎地上以平针绣蝴蝶、花鸟纹样。总体观之，美丽精致的大镶边使整件氅衣呈现出华丽富贵、端庄大气的服饰风格（图 8-51~ 图 8-53）。

图 8-51 紫色暗花绸女氅衣（清代），中国丝绸博物馆

图 8-52　蝶恋花纹枕头顶，哈尔滨市八旗满族服饰博物馆

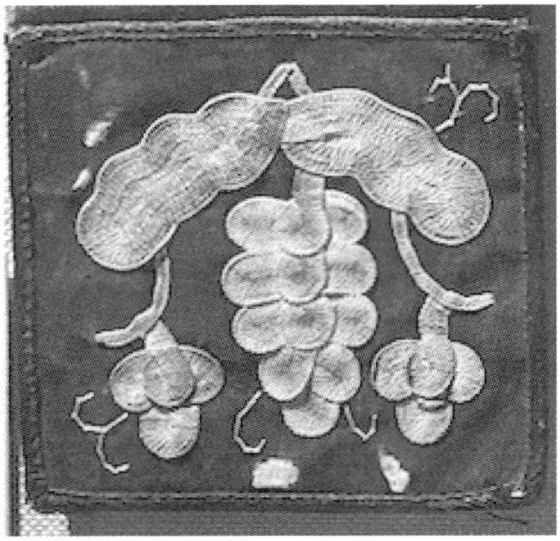

图 8-53　葡萄纹样刺绣，哈尔滨市八旗满族服饰博物馆

2. 刺绣工艺

摘绫绣是我国古老的针法之一，又称“贴绣”“贴花绣”“贴绫绣”。以江苏苏州与北京的摘绫最为著名，多用于服饰和配饰小品的装饰。做法是先用素白薄绢、绫等织物裁剪出纹样的部件，再按照设计图稿将各部件晕染上各种颜色，然后缝缀在底料上。最后沿边框做一周盘金，界定纹样轮廓。摘绫工艺相对简便，省工省料，但不宜表现过细过繁的纹样。摘绫的特点是块面鲜明，色泽浓艳，且具有褪晕效果。

打籽绣属点绣类针法，也叫“打籽”“结子”“玉绣”“芥子绣”“环绣”，是最古老的针法之一（图 8-54）。在山东临淄南马坊战国墓中出土的丝织履上已经发现装饰性的打籽绣，蒙古诺彦乌拉匈奴墓出土的绣品中也见打籽针法。其做法是引金线出地面后，用针芒在靠近地面的线端绕线一周，成一小环，然后打小环钉住，即成一粒“籽”。子粒排列要匀且密，

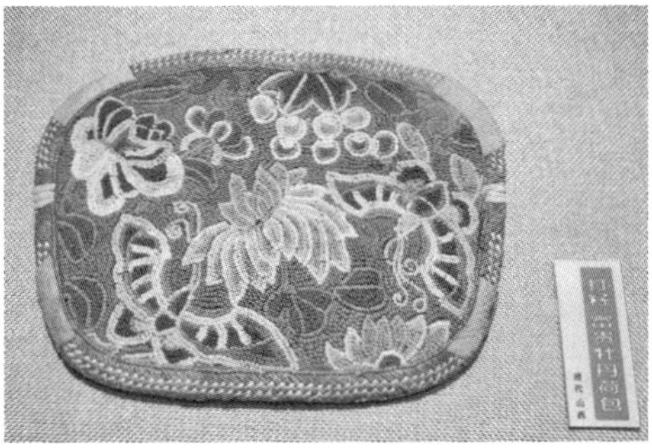

图 8-54　打籽“富贵牡丹”荷包（清·山西），哈尔滨市八旗满族服饰博物馆

以不露地为宜。这里的打籽针已达到要求，籽粒均匀，排列致密，呈现出应有的装饰效果。

3. 荷包配饰

在清代，配饰无论是胸饰还是腰饰，名目繁多。一个金银牌上垂挂着数十件小东西，如耳挖子、镊子、牙签，还有一些古代兵器的小模型，如戟、枪之类，佩挂饰物在清代已经形成风尚。

荷包的前身叫作“荷囊”，能贮放毛巾、印章、钱币等物品。“荷包”这一名称出现在宋代以后，清代荷包有大量实物。由于制作质料和造型式样的差异，其名称也各不相同。有的形似葫芦，称为“葫芦荷包”；有的做成鸡心形，则称为“鸡心荷包”（图 8–55~ 图 8–61）。据说这种荷包最初是男子用来盛烟叶的，后来因为大家认为美观而争相仿效，不论男女都爱使用。北京竹枝词有云：“为盛烟叶淡巴菰，做得荷包各式殊，未识何人传妙制，家家依样画葫芦。”

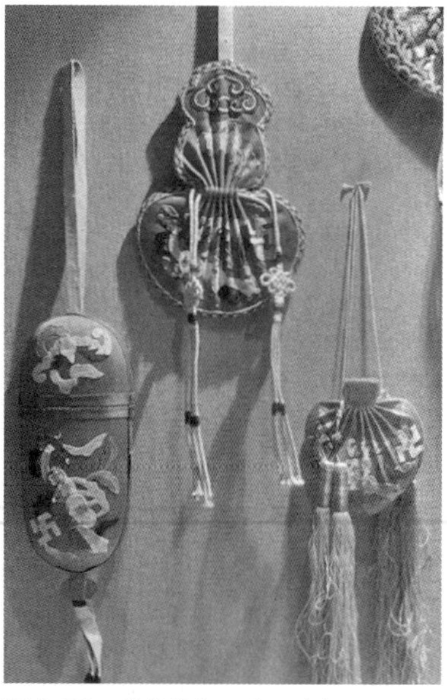

图 8–55　葫芦荷包，鸡心荷包，哈尔滨市八旗满族服饰博物馆

图 8–56　如意形荷包图（清末民初），哈尔滨市八旗满族服饰博物馆

图 8-57　葫芦形福禄烟袋（清末民初），哈尔滨市八旗满族服饰博物馆

图 8-58　荷包（清末民初），中国丝绸博物馆

图 8-59　钱袋（清末民初），中国丝绸博物馆

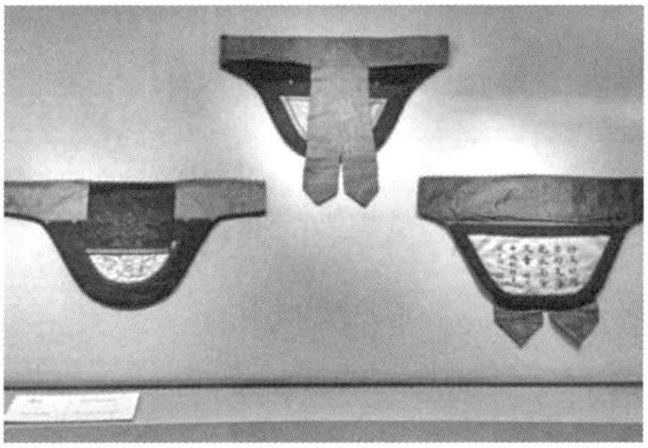

图 8-60　腰包（清末民初），中国丝绸博物馆

图 8-61　双狮滚雪球绣花荷包（清代），苏州丝绸博物馆

清代荷包不仅绣工精细，制作精美，而且纹饰多样，寓意美好。从外形设计、布料选择、裁剪缝制、合片包边，到纹饰策划、图案绘制、绣线选色、针法确定，再到饰绳结扎、流苏选配，整个制作工艺程序繁多，是一件精美的艺术品。每个荷包上的纹饰都有寓意和讲究。随身佩戴荷包不仅有消灾祛邪、健康长寿的吉祥寓意，还是青年男女传递情感的定情之物，表达相守一生的美好祈愿（图 8-62 ~ 图 8-63）。

图 8-62　刺绣戳纱和合双钱挂件，苏州博物馆西馆

图 8-63　刺绣戳纱和合双钱挂件，苏州博物馆西馆

从清朝服装的边缘装饰和一些服饰物品可以看出，当时服装的审美讲究的是细致精密，服饰图案讲究细腻精巧，色彩也讲求层次变化。服装纹样大多是写生花鸟、古器纹样和吉祥图案，如“三代鼎彝”“如意牡丹”“福禄寿喜”等，这些纹样反映出劳动人民对美好生活的向往与追求。

纵观整个中国服装史，清朝服饰有着显著的少数民族特色。满汉服饰在冲突和交融中不断发展，有着深刻的历史文化因素。同时，作为最后一个封建王朝，清朝服装上的封建专制烙印也更加明显。服饰逐渐崇尚奢靡，追求繁缛的艺术风格，导致服装边缘、饰物等形成精致细密之风。清初统治者对服饰进行严格规定，要求“衣冠必不可以轻易改易”，男子无论满汉，衣冠都要遵循满族服饰规制，而清代女子服饰，在互相借鉴中基本保持各自特色。到清代中后期，满汉服饰相互仿效。清朝末期，清政府以“中学为体，西学为用”的思想为指导，逐渐引入西方文艺，这在服饰方面也有所体现，比如西方学生的操衣、操帽、西方军服等。这一举措对近代中国服饰的改良，产生了重大影响。

传承与变革的民国服饰

辛亥革命推翻了清王朝的封建专制统治，建立了中国历史上第一个资产阶级民主共和国——中华民国。这是一段内忧外患的时期，军阀割据、外敌入侵；这也是一个新民主新文化运动蓬勃发展的时期，它打破了中国两千多年的封建专制统治，解放了中国人民的思想，为中国带来了更开放自由的文化格局，在中国历史上具有特殊而重要的地位。

1840 年以前的清朝，中国人主要通过外来的传教士来了解西方世界。西方的传教士们为了尽快融入中国社会，获得中国人的认可，褪去了身上的西方服饰，换上了中国儒生服饰，扎起辫子，言谈举止处处模仿中国人。鸦片战争以后，中国被迫打开国门，与西方进行贸易往来，客观上促进了文化的交流。西方的民主思想、生活方式与习俗也传入中国，特别是天津、上海等租借地传播最快最广。

中华民国建立后，男子被要求剪辫，长袍马褂成为中国人的典型服饰，尤其受到文人和知识分子的欢迎。同时，受西方思想的影响，西服、革履、礼帽的搭配逐渐流行起来。二十世纪初，孙中山先生受西方民主自由思想的影响，提出了“三民主义”，即民族主义、民权主义、民生主义，这一思想也被注入以孙中山先生命名的服饰“中山装”。女子在西方女权主义和新文化运动思潮影响下开始放足，流行旗袍、衣裤、袄裙、连衫裙等，“文明新装”作为这一时期的典型女服，是女性接受新知识、新文明的象征。

在中国迈向近代化的转型过程中，追求民主、自由的思想深入人心，服饰的变革不可避免。封建的官服顶戴被废除，普通百姓也可以身穿各种颜色和装饰的衣服。服饰的变革不仅是社会政治变化的反映，更是思想文化发展的象征。

民国礼服之长袍马褂

中国古代对服饰穿着的要求非常严苛，在精巧细致的外在形式之下，更与社会体制紧密结合，具有区别尊卑、明确等级、表明身份的社会功能，是维系社会秩序和封建礼法的政治手段。所谓“见其服而知贵贱，望其章而知其势”，体现的就是封建体制下传统服饰鲜明的等级特征。民国以后，社会制度发生了翻天覆地的变化。“去等级，兴平等”成了顺应时代潮流的服饰使命，抛弃了严苛的衣冠之制，无等级之分的长袍马褂成为时代的主流。

一、长袍最后的鼎盛时期

长袍马褂是我国清代至民国时期男性最典型的服装。吊面夹袍，外加缎面短褂，瓜皮小帽，黑鞋白袜，扎束裤脚，清末民初我国男性的形象跃然纸上（图 9-1~ 图 9-2）。

袍是一种衣长过膝的中式服装，先秦时期主要作为内衣和帝王常服，东汉正式成为国家规定的礼服，并一直延续到民国时期。袍服发展到民国迎来了鼎盛时期，并随着民国的覆灭而走向历史的低谷。

图 9-1　长袍马褂（清末民初），哈尔滨市八旗满族服饰博物馆

图 9-2　瓜皮小帽（清末民初），哈尔滨市八旗满族服饰博物馆

民国时期的袍服与清朝时期的袍服存在一定的差异。一是清朝时期袍服常用的五彩织绣面料在民国时期基本消失，被素雅的暗花或全素的面料取代。二是清朝时期袍服常见的圆领形制在民国时期基本被立领取代。三是清朝时期袍服礼服中的箭袖及袖部的各种装饰之法在民国时期基本不再使用。虽然民国时期长袍的形制、色彩装饰等发生了很大的变化，但是其结构的剪裁方式仍一脉相承。民国长袍是这种华服结构在其最后历史时期的集大成者。

民国时期的“袍”是长袍与长衫的统称（单而无夹者为衫），且始终维持着一种基本形制，即“立领，窄袖，大襟，下长过膝，衣身左右下端各开一衩”的款式。中国民国时期的男子皆穿着同样形制的长袍，唯以丰富的面料变化来区别身份与阶层的差异。春夏季节，男子袍服一般会采用轻薄的面料，而且特意做成单层，常见的有丝、绸、麻。富人以丝、绸缎为主要材质，色彩多华丽。清贫者多以麻、棉为主，且多为素色，相对朴素。秋冬季节多以毛料、绸缎和棉料为主。富人多用动物毛皮，如羊、貂、虎、鼠等。清贫者则用棉布，内里填充棉絮，可以达到冬季保暖的效果（图 9-3）。

图 9-3　黄色团花纹绸男棉袍（民国），苏州丝绸博物馆

民国时期的长袍深受男子喜爱，特别是文人学士。文人代表如鲁迅就留下了穿长袍的身影。学生与教师大多穿棉麻质地，色彩朴素的长袍，下身穿中式长裤，脚穿布鞋或皮鞋，无论是色彩还是搭配都比较保守，符合他们的职业特征。一些有身份地位的人穿着比较时尚，多穿颜色亮丽的长袍，下身西裤，皮鞋，头戴西式礼帽，也成为一种具有代表性的流行服饰。当然，大部分的普通百姓由于深受中国文化的影响，他们的服饰仍以简单的长袍为主。

二、整肃凝练的长袍马褂

民国元年（1912 年），北洋政府颁布《服制案》，将长袍、马褂列为男子常礼服之一。用作礼服的长袍、马褂，在款式、质料、颜色及尺寸等方面都有一定的讲究。如马褂，一般用黑色丝麻棉毛材质制作，对襟窄袖，下长至腹，前襟钉纽扣五粒。长袍则用蓝色，其形制为大襟右衽，长至踝上二寸，袖长与马褂并齐，在下摆左右两侧开衩。用作便服的长袍、马褂，颜色不受限制。

从款式轮廓来看，清代的中式服装相对宽大，但到了民国时期，宽袍大袖、长裾雅步显然不再适合日常生活与工业生产的需要。所以民国男装的结构比例总体上趋于紧凑窄小，无论长袍还是马褂都比清代收敛许多，身体活动的便捷性和卫生性都有很大程度的改善。袖长缩短至露腕，袍服由拖曳及地被抬升至离足背二三寸。马褂在这一时期脱离与长衫并穿的常态，逐渐过渡为可以独立外穿的中式短衫，类似现代唐装，其使用性较之前有很大的改善。

另外，因民国服饰法令的确立，使得长袍马褂不再是过去单纯的燕居常服，而又增添了一份庄重正式的礼仪含义，故而在审美取向上便越发趋于肃穆凝练。在饰品搭配方面，民国趋于简单，且多以外来品种替代，与袍褂搭配浑然一体。清代时期系于腰间各类装饰玩物，如折扇玉佩、香囊彩穗等，皆一并去除不见。一般情况之下，袍外不予束带，男性随身所配物品皆以出行起居之必需为准则，且通常置于裤子和衣内口袋之中不以外露。去除了那些细琐繁复的装饰束缚，男性装束整体而言也是整肃清净的。

“国之四维”之中山装

1911 年辛亥革命爆发，象征着清王朝的彻底覆灭和一个时代的终结。辛亥革命后，孙中山认为当时的服装不足以显示辛亥革命的成果，中国人应该有一套符合新时代气象的服饰，于是便结合西服的造型和中国独特的文化符号创造了中山装。新中国成立后，由于革命领袖和革命干部都穿中山装，人民群众也以这种服装来表达对新时代的欢迎。于是中山装在社会上广泛流行，成为中国男装的一款标志性服装。

一、中山装的起源

关于中山装的来历有许多说法。有的认为它于1912年在广州问世，有的称其由日本铁路制服改制而成。另一说法则是孙中山1923年任广东大元帅时，以当时南洋华侨中流行的“企领文装”上衣为基础样式进行设计，并在一直追随他的老裁缝黄隆生的协助下，制成了第一套中山装。

《北洋画报》1929年5月14日第318期有一篇妙观的《中山装之起源》谈道：“昨晤自南来某要人，为述民党制服之起源，始恍然于所谓代表三民五权等说，均属牵强附会。某之言曰：‘昔先总理在粤就大元帅职后，一日，拟检阅军队，欲服元帅装，则嫌其过于隆重不适于时，西服亦无当意者，正检阅行箧中，得旧日在大不列颠时所御猎服，颇觉其适宜，于是服之出，其后百官乃仿而制之，称之曰中山装，至今式样已略有变更，非复先总理初时所服者矣。’云云。某君随侍中山多年，其说当不虚也。”

另外，还有一种观点认为中山装源于学生装。初期的学生装多仿效日本学生装，而日本学生装用的是日本海军装，日本海军装学的是欧洲军装。孙中山在日本多年，喜欢穿日本学生装。故1926年11月，《良友》画报出《孙中山先生纪念特刊》时，刊登的孙中山照片介绍就写道：“先生喜服学生装，今人咸称为中山装。”《申报》1926年5月5日第21版消息《三友实业社职员改装》：“其服制分甲乙二种，甲为中山装，即学生装，乙为世界装。”甚至在一些重大时政新闻中，也作如是观。《申报》1928年7月19日第8版刊登《蒋昨续在北大讲演》：“今日九时半，蒋学生装到北大对各界讲演，听众千余，首讲打倒军阀……”作为孙中山的继承人，蒋介石穿的应是最正宗的中山装，而报章也直书其为学生装。

二、中山装的造型工艺

中山装造型均衡对称，外形美观大方，穿着高雅稳重，活动方便，既可作礼服，又可作便装。

孙中山认为西装不太符合中国人民在生活、工作的实用要求；而中国原来的服装，如对襟式短衫褂、大襟式长衫等，也不能充分展现当时中国人民奋发向上的时代精神。于是，他主张以当时在南洋华侨中流行的“企领文装”上衣为基样，在企领上加一条反领，以替代西装衬衣的硬领。这样一来，一件上衣便兼有西装上衣、衬衣和硬领的作用；又将“企领文装”上衣的三个暗袋改为四个明袋，下面的两个明袋还裁制成可随放进物品多少而伸缩的“琴袋”式样。孙中山表示，如此改革衣袋，是为让衣袋能放得进书本、笔记本等学习和工作的必需品。衣袋上再加上软盖，袋内物品就不易丢失。孙中山设计的裤子是：前面开缝，用暗纽；左右各有一大暗袋，前面一小暗袋（表袋）；右后臀部挖一暗袋，用软盖。这样的裤子穿着方便，也便于携带随身必需品。

当孙中山穿上自己设计的中山装时说道：“这种服装好看、实用、方便、省钱，不像西装那样，除上衣、衬衣外，还要硬领，这些东西多是进口的，费事费钱。”中山装由于具备好看、实用、方便等优点，所以一经孙中山先生提倡，就受到广大群众的欢迎。

中山装做工比较讲究，领角要做成窝势，后过肩不应隆起，袖子同西装袖一样要求前圆后登，前胸处要有胖势，四个口袋要做得平整，丝缕要直。在工艺上可分精做和简做两种，前者有夹里和衬垫，一般用作礼服和裤子配套穿用；后者不加衬料，适合日常作便服穿用。

中山装的色彩很丰富，除常见的蓝色、灰色外，还有驼色、黑色、白色、灰绿色、米黄色等。一般来说，南方地区偏爱浅色，而北方地区则偏爱深色。在不同场合穿用，对颜色的选择也有所不同。作礼服用的中山装色彩要庄重、沉着，而作便服用时色彩可以鲜明活泼些。

对于面料的选用也有些不同，作为礼服用的中山装面料宜选用纯毛华达呢、驼丝锦、麦尔登、海军呢等。这些面料质地厚实，手感丰满，呢面平滑，光泽柔和，与中山装的款式风格相得益彰，使服装更显得沉稳庄重。而作为便服用的面料，选择相对灵活，可用棉布、卡其、华达呢、化纤织物以及混纺毛织物。

三、中山装的时代精神

中山装是以中国革命先驱孙中山的名字命名的一种服装。很多著名领袖人物如蒋介石、毛泽东、周恩来、邓小平都常穿着中山装。由于毛泽东经常穿着中山装，所以西方人也称呼中山装为“毛装”。

备受国内外瞩目的“毛式中山装”实为改良款，国外媒体将这种改良自“中山装”的款式称作“毛式制服”，在国内叫“人民装”，日本人则称之为“人民服”。这种服装及其衍生的变化服装，成为20世纪80年代以前中国民众的主要服装样式。20世纪80年代以后，随着改革开放的深入，西装和其他时装逐渐开始流行。虽然中山装在民间逐渐被淡忘，但值得一提的是中国国家领导人在出席国内重大活动时，依旧习惯穿着中山装。时至今日，中山装更多地代表着中国共和与宪法精神。民革中央向全国政协十二届四次会议提案中建议将中山装作为国家正式礼服。

中山装衣服外的四个口袋代表“国之四维”，即礼、义、廉、耻。前襟的五粒纽扣和五个口袋（一个在内侧）分别表示孙中山先生的五权宪法学说，即行政权、立法权、司法权、考试权和监察权。衣领为翻领封闭式，表示严谨的治国理念。衣袋上面弧形中间突出的袋盖，笔山形代表重视知识分子。背部不缝缝，表示国家和平统一之大义。

在孙中山的倡导下，当时的革命党人以身着“中山装”为荣，也正因为革命领袖和革命干部都穿中山装，新中国成立后，全国人民便以这种服装来表达对新时代的热爱。于是中山装成为新中国一款标志性的服装，甚至曾一度被世界公认为中华人民共和国的“国服”。

中山装作为中国人一直推崇的中式礼服，同时也承载着一种文化、一种礼仪、一份民族自尊和自豪感。就像韩国人的韩服、日本人的和服、苏格兰高地男子的短裙和东南亚一带马来民族的沙笼和峇迪，是民族形象的代表。世界各国大体上都以穿西装为主，但在节日或重大庆典活动时，各民族的人都要穿上自己的民族服装。中华民族作为这个世界上人口最多的民族，拥有五千年光辉灿烂文明历史，更有理由拥有一件属于自己民族的服饰。

民国时尚之西装

一、西装的历史发展

西装源于北欧南下的日耳曼民族服装。据传，这种服装当时是西欧渔民所穿，他们常年与海洋为伴，从事海上捕鱼活动，因此选择着装散领、少扣的设计，捕起鱼来才会方便。它以人体活动和体形等特点采用结构分离和组合的设计原则，形成了以打褶、分片、分体为主的服装缝制方法，并以此确立了日后流行的服装结构模式。也有资料认为，西装源自英国王室的传统服装。它由男士穿同一面料成套搭配的三件套装——上衣、背心和裤子组成。在造型上延续了男士礼服的基本形式，属于日常服中的正统装束，使用场合甚为广泛，并从欧洲影响到国际社会。

19 世纪 40 年代前后，西装传入中国，留学的中国人多穿西装。1879 年，宁波人李来义在苏州创办了李顺昌西服店，这标志着中国西装业的起步。1911 年，辛亥革命后，民国政府将西装列为礼服之一。西装作为新文化的象征对传统的中国服装业产生了巨大冲击，中国西装业得以发展，逐渐形成一大批以浙江奉化人为主体的“奉帮”裁缝，专门制作西装。

20 世纪 30 年代，中国西装加工工艺在世界上享有盛誉。上海、哈尔滨等城市出现一些专做高级西装和礼服的西服店，如上海的培罗蒙、亨生等西服店，以其精湛工艺闻名国内外。此外，中国西装制作形成各种流派，较为流行的有罗派和海派。罗派以哈尔滨为代表，制作的西装隆胸收腰，具有俄国特色；海派以上海为代表，制作的西装柔软、合体，具有欧美特色。

改革开放以后，随着经济的腾飞和思想的解放，以西装为代表的西方服饰以不可阻挡的国际化趋势又一次涌进中国。欲与国际市场接轨的中国人以开放的心态积极接纳这种既熟悉又新颖的服饰文化。于是，一股“西装热”席卷中华大地，中国人对西装表现出比西方人更高的热情，穿西装打领带渐渐成为一种时尚。

二、民国时期的上海西装业

民国初年，清王朝统治被推翻，全国展开了以废除传统服饰为中心的服饰改革，男子服饰从长袍马褂逐渐过渡到西装。上海作为最早开埠的城市，受到西方文化的影响更加深远。在中国男子服饰变革过程中，上海西装业逐渐发展起来。

开埠后，来上海的外国人增多，西服也就流入中国。一些中式裁缝在为外国人拆洗衣服时，逐渐学会了缝制西服的技术。他们四处招揽生意，专门为外国人定制西服。随后技术成熟，他们开始招揽徒弟，开设西装商店。随着从业人员的不断增长，影响力不断扩大，就形成了专门做西装的裁缝，称为“红帮裁缝”。从此之后，裁缝分为“本帮”（中式裁缝）和“红帮”（西式裁缝）。“红帮裁缝”又有专做男式西装和女式西装之分，为西装业和时装业的形成打下了基础。

上海西装业起初只有洋商经营。清光绪二十二年（1896 年），奉化县（今浙江省奉化区）江口镇前江村人江良通在北四川路（今四川北路）699 号独自创设“和昌西服店”。这是国人在沪开设的第一家西服店，主要承包工部局警务处的服装加工生意。辛亥革命后，男子剪掉发辫，更新服饰。在华人中，商学各界包括官僚买办、律师、洋行职员、富家子弟以及留学生等社会上层男士改穿西服者增多。民国初年，政府将西服列为礼服。在这一时期，西装行业逐渐发展起来，随后开张的有王兴昌、荣昌祥等西装店。“五四”运动后，穿西装的人越来越多，上海的西装业发展速度加快，西装店、门市和作坊不断涌现，经营范围越来越广泛。

抗日战争时期，为了躲避灾难，各地的富豪纷纷来到上海，大量的人口、资金涌入，又进一步促进了上海的市场繁荣。这时候，上海大大小小的西装店已达到 420 家，职工 3050 人。抗日战争胜利后，美国向中国上海大量地倾销呢绒，上海西装业空前繁荣。1947 年，仅静安区内就有西装店 126 户。然而，1948 年由于政府发行金圆券，实行限价，西装业蒙受“限价”“抢购”之害，许多西装店经营面临困境，有的裁减员工，有的关店歇业。新中国成立前夕，上海西装店又回升到 492 家。

三、西装的消费群体

20 世纪 30 年代之前，国人对西方文化的了解尚浅，对西式服装还处于半接受半排斥的状态，所以当时国人穿着长袍马褂的情形更为常见。20 世纪 30 年代之后，西方文化不断渗入中国，国人对西装的接受程度远超之前，甚至开始呈现出后来居上的势头。

西方文化的渗入，促使国人改变了思想观念，穿西装的风尚开始在中上层社会形成，并向下传播，最终在各阶层中得以普及。在那个只重衣衫不重人的年代，西装成为一个人身份的象征。正如鲁迅在《上海的少女》中所述："在上海生活，穿时髦衣服比穿土气的便宜。如果一身旧衣服，公共电车的车掌会不照你的话停车，公园看守会格外认真的检查入门券，大宅子或大客寓的门丁会不许你走正门。所以，有些人宁可居斗室，喂臭虫，一条洋服裤子却每晚必须压在枕头下，使两面裤腿上的折痕天天有棱角。"

20 世纪 30 年代，有地位、有身份的中上层阶级都会选择定制西装、皮鞋、呢帽等西式装束。不同档次的西装产品服务于不同的消费人群。中产阶级是西装的主流消费群体。他们大都有着稳定的职业，收入可观，拥有带有花园的舒适住所，吃中西兼备的餐饮，穿西式服装，消费高层次的娱乐项目，他们为公众消费提供了一种时尚示范。对于一些收入一般，无力消费高档西装的人群来说，可制作低价的西装或购买成衣西装。而那些收入更低的穷职员，若没有能力添置新西装，还可以选择购买旧西装。上海西装业的发展适应了各个阶层的需求。

领风气之先的"文明新装"

新文化运动和"五四"运动给民国服饰的变革带来了巨大的影响。20 世纪 10 年代和 20 年代早期，"文明新装"兴起。这种"文明新装"由北京、上海两地的女学生最先倡导，之后蔓延至知识女性，不久连家庭妇女也脱下了华丽的衣衫，换上一身朴素。“五四”运动处于古、今、中、外的交叉口，进步分子急需新思想与新生活，客观上把穿“文明新装”看作接受新知识，过新生活的象征。

一、“倒大袖”式“文明新装”

民国初年，大圆角短袄裙是当时女性的主要穿着，此时袄裙还保留清末满汉女装的装饰风格，立领镶滚，斜襟大袖，裙长至脚面。民国时期的“文明新装”没有一般袄裙上的繁华刺绣与拼接镶滚。上衣多为腰身窄小的大襟衫袄，摆长不过臀；袖短露肘或露腕呈喇叭形，袖口一般为七寸，称之为“倒大袖”；衣摆多为圆弧形，略有纹饰。裙为套穿式，初尚黑色长裙，长及脚踝，后渐至小腿上部。这种风格与孙中山先生提出的“适于卫生，便于行动，实于经济，壮于观瞻”的服饰改革原则相符合。宋庆龄、陈洁如等也极为推崇和提倡这种服装，众多场合都穿着倒大袖风格服装，在当时可谓是举国崇尚。北伐前的北方地区盛行穿倒大袖长袍，是由文明新装演变而来的，也有地区流行旗袍马甲，内穿倒大袖短袄，外套无袖长马甲或者短马甲加长裙，袖口多做装饰（图 9-4~ 图 9-7）。

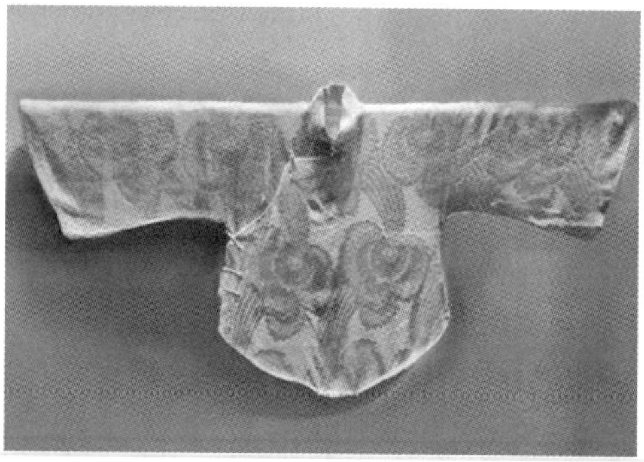

图 9-4 几何纹提花缎倒大袖袄（民国），中国丝绸博物馆

图 9-5 湖蓝色花卉倒大袖袄（民国），中国丝绸博物馆

图 9-6　杭罗童袄（近代），苏州丝绸博物馆

图 9-7　玫红色梅竹纹暗花绸镶边女棉袄（民国），苏州丝绸博物馆

有人说“朴素就是文明的特征”，1918 年，知识界又出现了“服饰要返璞归真”的呼声，促使女子要简朴。新的知识女性形象，意味着着装上简朴、卫生。民国早期最有影响力的《妇女杂志》刊登了许多新女性要素朴着装的文章，正是对“五四”新思想的回响。

二、民国女子学生装

“文明新装”是由民国女子学生装发展而来。受新文化运动的影响，民国女子学生装将东方文化与西方文化、传统文化与现代文化完美地结合起来，其经典的款式和深刻的文化内涵绝对称得上是中国校服文化史中最光辉的一页。民国女子学生装可以分为两类，一类是改良的旗袍；另一类是中西混合式的裙衫，即“文明新装”。

短袄长裙是女学生中西混合装的典型搭配，搭配一副眼镜，剪齐耳短发，穿一双搭带布鞋，不施质纹，不戴簪钗、手镯、耳环、戒指等饰品。女子进入学校学习，在思想上是一大革命，影响到学校服装上的直接成果是出现了独具风格的女子学生装。

民国时期，不仅中小学校有校服，某些大学也有校服。不过，有校服的学校大多有西方教学背景，如北京的培华女中、上海的中西女中、清心女中等中学都有统一的校服。这些穿校服的女生们，为当时的社会带来一股新鲜的风气。

封建社会奉行“女子无才便是德”，这极大阻碍了女子接受教育的发展。清道光二十二年（1842 年），“东方女子教育协进社”的英国人爱尔德赛，在宁波创办了中国境内的第一所女子学校，开启了中国正规化女子教育之先河。此后，外国传教士相继在广州、福州、厦门、宁波、上海、北京、天津等地设立多所女学。

1916 年的北平，国民教育尚不普及，出现了一些教会学校，其中有专门接纳女生的女子学堂，其中著名的一所就是由英国教会创办的培华女中。这所学校的女学生主要来自生活富庶且思想开明的家庭，著名作家林徽因便是其中一员。她穿的培华女中校服，款式便源于文明新装。在文明新装的基础上，除去“倒大袖”和装饰的花边，衣料颜色以素雅为主，形成 20 世纪 20 年代前后女校校服的基本格调。

上海、广州、南京等城市妇女的装饰趋于洋化，追新求异成为部分市民的服饰时尚。然而，作为学生盲目追求奇装异服必然引起教育当局的不满和担心。1913 年，一些时髦女性的奇异服装很快令广东女学生仿效，就像当下女学生疯狂追星一样，她们穿着“猩红袜裤，脚高不掩胫，后拖尾辫，招摇过市”。尽管当时没有互联网，但是时尚的流行，依然如滔滔江水，蔓延全国。广东女学生刚刚流行的新服装，很快就传到了江苏。南京的女学生也开始穿着流行的时装，这让当时的教育部门颇觉头疼。后来南京政府发布《江宁县整顿女校令》，以增进女子学识，改良家庭习惯，养成他日之良妻贤母的目的来要求学生，并对服装提出了要求。“今后在校生一律用布服，不得侈用绸缎，发髻求整洁，不得为各种矜炫异之式样。”随后，广东教育部门也下令整肃女学生的奇装异服，“此后除中学以上女生必须着裙外，其小学女生凡 14 岁以上已届中学年龄者亦一律着裙，裙用黑色，丝织布制均无不可，总须贫富能办，全堂一致以肃容止。”其他地区，如江苏苏州、无锡也采取了禁止学生穿时髦服饰的做法，南通女子师范学校还针对学生服饰制定出裤长与膝盖距离，袖子与腕距离，衣服颜色和质地等详细规定。虽然校方的理由非常充分，但是学生们并不领情，选择了与校方对立的态度。校方与教育部门的禁令激起女学生们的反对，有的女学生一不做二不休，干脆选择退学，顷刻间，部分城市兴起了退学风潮。苏州省立第二中学学生不穿制服，受到校方批评，有16位学生为此退学。此外，无锡省立第三师范学校也有过退学风潮。

为了扭转女生追求奇装异服的风气，长沙影珠女校设立了女子崇俭会。校长朱德裳说："女子于衣服首饰等项，消耗尤巨，况现已提倡剪发，更无需用首饰之必要。特集合同志数人，发起女子崇俭会。"当时，因为上学的女学生越来越多，她们思想活跃，接受新事物快，同时对服饰等时尚潮流也有追逐的心理。因此，社会流行服饰与传统理念的交锋在她们身上历经反复。1913年，全国各地的学校都对学生装中的奇装异服进行过整顿。但是到了1917年，都市服饰又发生了变化。1917年夏季开始，京、沪等地流行一种无领、袒臂、露胫的女装。窄小袒胫露手臂的服饰不仅流行于京沪大城市，在一些交通较便利的中小城市也成为时髦。不过，随着社会思潮的不断涌入，人们的观念也在不断改变，当时的教育部门在传统服饰的基础上加入一些时尚元素，制黑裙作为女学生的校服，随后各省纷纷执行。上着长至腰间的竹布上衣，下着黑裙，成为20世纪20年代的流行服饰。

现代对于男女学生同校读书司空见惯，却不知百年前男女学生仍然不能同校读书，女性上学只能进女子学堂。1919年"五四"运动之后，男女同校才有所松动。1919年12月7日，南京高等师范学校教务主任陶行知提出建议开禁女子上学禁区，允准女子与男子同在南京高等师范学校接受教育。消息一经传出，朝野哗然，但是南京高等师范学校排除种种困难，如期开考招生。首期报考的女生多达百人，经过千挑万选，学校最后只录取了8位女生。她们被安排在不同系科，与男生同班学习。女生与男生同堂，在当年非常热闹。习惯了清一色男生上课的南京高等师范学校，忽然间来了几个女同学，同学们也充满好奇。学校对这8位女生也是格外照顾，为她们制作了专门的校服，校服沿袭教育司规定的竹布上衣，黑色裙子的款式，上衣是下摆至腰间的素色袄子、长袖。1920年初，私立上海大同学院为实行女子解放主义，效仿美国制度，允准中学毕业的女学生进入文商各科学校。南京金陵大学也因北大开放女禁，而新开一班"英语教授法"实行男女同学，有金陵女子大学女学生十余人到该班与男生同学。大学男女同学的禁令被冲破之后，中学男女同学也开始实行。1921年，湖南第一师范、岳云中学开始招收女生，北京等地中等学校男女同校的也逐渐增多。

女学的兴起，男女同校的开禁，女学生人数渐渐增多，她们将西风东渐带来的文明科学在社会上传播，女学生因此成为时尚的急先锋。东洋发式、西式围巾、西式皮鞋、金丝眼镜、手表、怀表、洋伞、手提包等，在女校都有所展示。1924 年，清纯的女学生装束成为时尚。张恨水在《啼笑因缘》中就有关于女子穿学生装的记录："看她身上，今天换了一件蓝竹布褂，束着黑布短裙，下面露出两条白袜子的圆腿来，头上也改绾了双圆髻，光脖子上，露出一排稀稀的长毫毛。"她们的学生装，成为一种流行的服饰。民国初年，女学生的打扮一般是齐耳短发，浓密的长刘海，脸上一副无框眼镜，短袄长裙，脚蹬一双黑皮鞋。素色上衣四周镶着鲜艳的绲边，斜襟上插着一支自来水笔。20 世纪 20 年代末至 30 年代初，还有许多女孩子模仿十几年前的女学生打扮。当时的京剧名伶孟小冬留存一张照片，活脱脱是一个女学生的样子。上海的电影明星王人美也常穿学生服、短裙，装扮为女学生的样子。

清末民初，上海的学堂如火如荼，南洋公学（上海交通大学前身）、圣约翰大学，都是中国近现代教育史上的名校。此外，小学、中学教育也颇为发达，著名的女校有圣玛利亚女校、清心女中、中西女中、裨文女中、民立女中等。其中，圣玛利亚女校便是女作家张爱玲的母校。张爱玲系出名门，祖父张佩纶是清末名臣，祖母李菊耦是晚清四大重臣之一李鸿章的女儿。圣玛利亚女校也是教会学校，教师主要是外籍人士，学校按照外国教材，用西语授课，校园文化有着浓厚的西方色彩。不过圣玛利亚的校服并没有完全洋化，不同时期的校服是有所变化的。1931 年，张爱玲穿着暗红色薄棉袍进入圣玛利亚女校读书。圣玛利亚女校是一所贵族学校，学生来自富裕殷实的家庭，忽然间看到一个穿着仿佛碎牛肉颜色棉袍的女生，同学们投来诧异的眼光，让敏感而自尊心很强的张爱玲不免有些难堪。若干年后，张爱玲以这样的文字记录下她刚到圣玛利亚女校的感受："碎牛肉的颜色，穿不完地穿着，就像浑身都生了冻疮；冬天已经过去了，还留着冻疮的疤——是那样的憎恶与羞耻。"

好在圣玛利亚女校的校服并不像其他学校统一制作，而是规定款式、面料，符合要求即可。1931 年的圣玛利亚女校校服是旗袍，学校规定土布、阴丹士林布料皆可，风格上素面花色、碎花、条纹均可，总体要求俭朴。张爱玲便用新的阴丹士林布料做了一件旗袍，这着实让她兴奋了好一阵，旗袍也是张爱玲喜欢穿的一种服式。20 世纪 30 年代，阴丹士林布料流行于中国，阴丹士林旗袍也大行其道，还被很多学校选为校服。到了20世纪40年代，金陵女子文理学院的校服仍以旗袍为主，简朴大方。此时，大多数大学女生的校服以朴素大方为潮流，布质长旗袍、搭扣皮鞋、齐耳短发，成为女大学生的标准形象。

当然，除了上学时必须穿着的校服，其他时间女大学生的服饰就更加丰富多彩。比如，遇到迎新聚会、节日庆典等活动，很多学校鼓励学生展示自身风采，允许穿其他服饰，于是各种潮流时装争奇斗艳，校园里就会上演一场场“时装秀”。西风东渐的民国教育虽然起步较晚，但是发展迅速，女学生校服的应运而生，使得女学生摆脱了封建思想对女性的压制，展示出清纯靓丽的新面貌。

民国时期学生装的出现，令国人眼前一亮，其经典的款式得到了社会的认可和追捧，青年学生们也因此成为时尚的引领者。民国初年的女学生是中国历史上第一批规模化、系统化、公开化掌握知识的女性，学生敢于求新求变的热忱与激情，加上受中西文化交融的影响，自然令民国的女学生装别具意味。时人所作《竹枝词》对她们有贴切的描述：“或坐洋车或步行，不施脂粉最文明。衣裳朴素容幽静，程度绝高女学生。”女学生化淡妆或者不化妆，她们朴素淡雅的精神风貌掀起了一股文明之风，学生装也成为“知性”“高雅”“文化高”的代名词，成为这个时代女性的标准形象广泛流行开来。

曼妙多姿的改良旗袍

“沉静而又魅惑，古典隐含性感，穿旗袍的女子永远清艳如一阕花间词。”作家叶倾城寥寥数语，就道出了旗袍女子温婉又略带魅惑的形象。自晚清至民国，旗袍风靡国人，1929 年旗袍更被国民政府定为“国服”。民国时期的改良旗袍吸收了西方服装合体修身的裁剪特点，以展现中国女性的曼妙身材与绰约风姿，代表着中国女性服饰自由解放的新风尚，从此成为民国女性的标志性服装。

一、旗袍的时代风尚

1911年辛亥革命推翻了中国历史上最后一个封建王朝，为西式服装在中国的普及扫除了政治障碍，同时也摈弃了传统苛刻的礼教与风化观念，解除了服制上等级森严的种种桎梏。服装走向平民化、国际化的自由变革，已经水到渠成，旗袍由此卸去了传统的沉重负担，西式中式装扮交相辉映。旧式的旗女长袍被摒弃，新式旗袍则在乱世装扮中开始酝酿。

此时的时装流行中心早已由苏、扬移至上海。商埠开放的上海五方杂居，成为十里洋场的奢靡繁华之地。上海又是妇女寻求解放的重要区域，传教士、商人、革命党人竞相创办女学，掀起了一股女权运动的浪潮。寻求解放的社会大环境荡涤着服饰装扮上的陈规陋习，一扫清朝矫饰之风。旗袍的发展趋向简洁，色调力求淡雅，注重体现女性的自然之美。

20世纪20年代，影星们纷纷身着旗袍，对旗袍的推广起着重要作用。著名影星胡蝶穿旗袍时总是袒露小腿和小臂，这在当时成为时尚，而且她的旗袍下摆和袖口都缀有“蝴蝶褶”，这类旗袍也被称为“胡蝶旗袍”。“顾兰君式”的旗袍也曾风靡一时。顾兰君的旗袍开衩高到大腿根，袖口也有半尺长的大叉，开放度不输于现代女性。阮玲玉一直身穿旗袍，她的旗袍既有毫无装饰的素色款，也有暗花纹、斜方格、小圆点等款式，面料虽然朴素，但是质地与图案都十分俏丽。周璇的气质与旗袍相得益彰，精致的面容与小巧的发卷，经常穿无袖或短袖的丝绸花旗袍。

女明星穿旗袍最能吸引人们的目光，当时的许多杂志都会邀请当红女星身着旗袍拍摄宣传照片。随着西方文化涌入，女性开始勇敢追求思想解放和平等权利。于是西方审美中的曲线之美，引发了旗袍样式的变革。也正是在这个时期，旗袍的“九翘三弯”几近定型。旗袍逐渐成为各年龄段、各阶层都能接受的主流服饰。在没有名模，没有时尚博主，也没有大长腿的年代，引领服装潮流的是十里洋场中的摩登女、交际名媛和影剧明星。

20世纪三四十年代是旗袍的全盛期，其基本廓形已臻于成熟。20世纪30年代后期出现的改良旗袍又在结构上吸取西式裁剪方法，使旗袍的袍身更加合体。旗袍虽然脱胎于清旗女长袍，但已不同于旧制，成为兼收并蓄中西服饰特色的近代中国女子的标准服装（图9–8~图9–12）。

图9–8 白地印格子花短袖旗袍（民国），中国丝绸博物馆

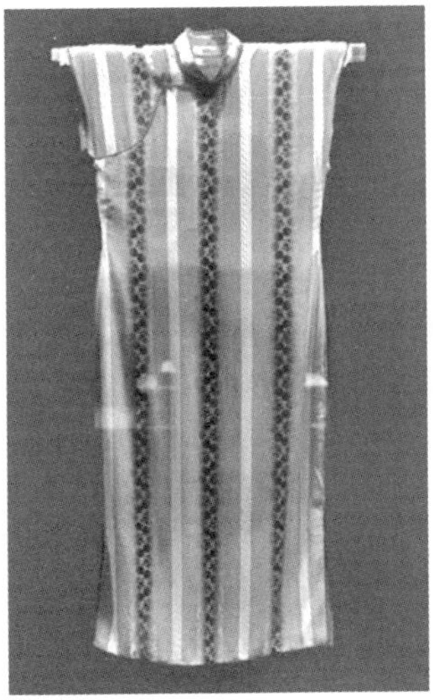

图9–9 西红色条形花卉纹绸无袖旗袍（民国），中国丝绸博物馆

图9–10 石青色印花缎中袖旗袍（民国），中国丝绸博物馆

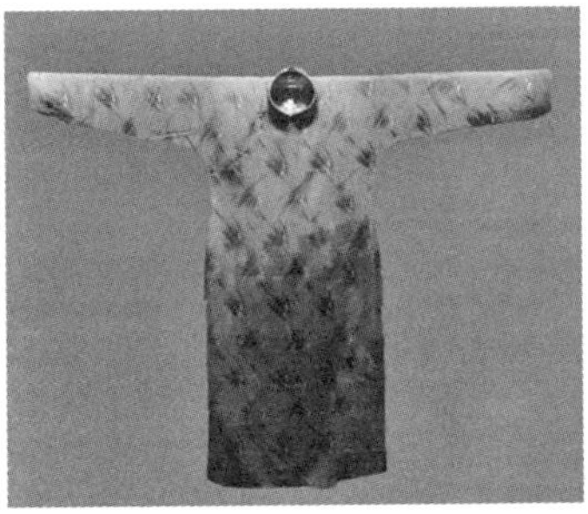

图9–11 红色缎面长袖旗袍（民国），中国丝绸博物馆

图9–12 花卉中袖旗袍，（民国），中国丝绸博物馆

二、旗袍的改良设计

20 世纪 20 年代，受西方短裙风影响，旗袍的下摆一升再升，直至膝盖处，设计轻盈利落、紧身随体。女子大大方方地露出她们秀丽而健美的小腿，充满时代气息。短旗袍的流行是对传统服饰的一种突破，展现了女性对自由和时尚的追求。20 世纪 30 年代初，仍流行短旗袍，但从 1932 年开始旗袍长度不断加长，1934 年前后旗袍长度能盖住脚面，被形象地称为“扫地旗袍”。这主要是因为高跟鞋开始流行，高跟鞋与旗袍搭配，改变了旗袍的时尚走向。原本以下摆线提高为时尚的旗袍，为增加高跟鞋的美感，旗袍下摆不断加长，使女性显得纤细修长、性感动人（图 9-13~ 图 9-15）。

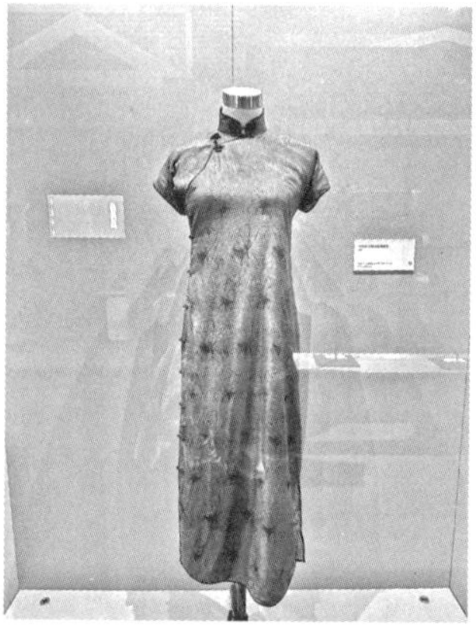

图 9-13 青色提花绸短袖棉旗袍（民国），苏州丝绸博物馆

图 9-14 浅蓝地花卉纹双管绡短袖旗袍（近代），苏州丝绸博物馆

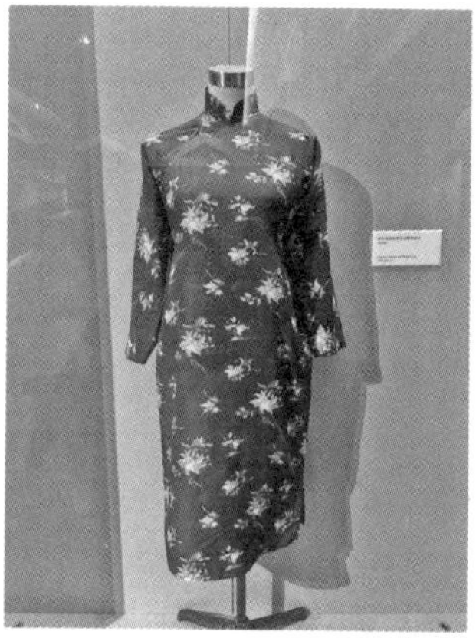

图 9-15 素红地朵花纹印花绸棉旗袍（民国晚期），苏州丝绸博物馆

旗袍的开衩也随着旗袍的长度忽高忽低。1931 年旗袍流行中长款，低衩，温柔婉约。旗袍袖缩至肘，领处两粒纽，双宽绲边，碎花锦缎为料。1934 年前后，流行大开衩旗袍，衩高过膝甚至及臀，腰身变得极窄，走起路来摇曳生姿，玉腿乍现，风情万种。1935 年，旗袍又流行低衩，开衩降至膝下小腿，旗袍长度至下摆

扫地，虽然显得含蓄优雅，但行走不便。1937年的双开襟旗袍，平肩连袖缩至肩下两寸，极为修身，打破右襟开缝的传统。1938年的海派旗袍高领低摆，开衩至膝，以提花缎为料，袍身紧窄修长而无袖。无袖紧身长旗袍，是海派旗袍的一个创新，是中西合璧的服饰典范。

20世纪30年代，旗袍的面料极为丰富，从各类绸缎到欧洲进口的布匹、羽纱、呢、绒、蕾丝等应有尽有。尤其是出现了镂空织物和半透明的化纤及丝绸以后，“透、露、瘦”的旗袍就开始流行。旗袍和西装进一步结合，裁剪更多采用西式服装做法，加胸省、腰省、垫肩。领和袖更多采用当时流行的款式，领用西式翻领，袖则有荷叶袖、开衩袖以及下摆缀荷叶边，或缀不对称蕾丝等。更为时尚的就直接在旗袍外穿着西装大衣。

1937年抗日战争爆发，女性积极投入抗日救亡运动，为了行走方便，袍身逐渐缩短，开衩也逐渐升高，袖子也变得细长合体。这一时期战地和租界共存，一面是战火纷飞，一面是歌舞升平。而旗袍的款式也由此发展出不同风格，一面是颜色朴素，易于行动的款式，如一般妇女尤其是执教鞭的教师及进步学生，盛行穿着“阴丹士林”不褪色的蓝布素色旗袍；另一面是做工精致，衣料讲究，领口、袖口及下摆镶有花边的设计，是电影明星、上流女性最流行的旗袍款式。

20世纪20年代至40年代末，中国旗袍风行了20多年，改变了中国妇女长期以来束胸裹臂的旧貌，让女性体态和曲线美充分显示出来。不同的流行趋势和设计风格，都与当时的社会背景、文化思潮以及时尚潮流等因素密切相关。旗袍成为当时城市女性的重要服饰，是一抹化不开的东方风情。

中西合璧的时尚妆梳

一、放足运动与高跟鞋

中国女性缠足陋习历史悠久，中国近代一些著名的维新人士和有识之士开始大力批判和反对缠足。康有为写过《戒缠足文》，在当时具有很大的影响力。1868年由传教士创办的《万国公报》曾刊登了多篇关于缠足的辩论文章，引起了社会各界的广泛关注，对于推动不缠足运动的发展及妇女解放具有重要的历史意义。

1912年，孙中山就任民国大总统后下令禁止裹脚。各地方政府下发布告和训令，规定了禁止妇女缠足的执行时间和方法，“三个月为劝导期，三个月为解放期”，期满不放足者将处以罚金。一些地方还成立了“天足会”等民间组织来推进禁止缠足运动。到了民国二三十年，经过新文化运动等思想解放运动的洗礼，社会各界对缠足的批判更加激烈。知识分子们在报纸、杂志等媒体上发表文章，痛斥缠足对妇女的摧残，呼吁彻底废除这一陋习。陈独秀、李大钊等人都曾撰文表达对缠足的反对态度。但由于缠足习俗根深蒂固，在一些偏远地区仍然存在缠足现象。

在皖北地区，即使是接受了基础教育的女子，也大多无法摆脱缠足的命运。据《妇女杂志》的调查，在寿县，多数女学生仍缠足、穿耳环，否则会被视作异类。在霍邱，女校学生“仍旧是缠足、理髻、长服，不为所化”，而对于穿着江南短袖露肘，半天足，着革鞋的“时髦”新式女教员，就会被当地人如洪水猛兽般地歧视。

苏北地区同样如此。1928年，徐州各属开始例行放足运动，但收效甚微。尽管政府部门公布禁止妇女缠足条例，并令饬各省严厉取缔各地妇女缠足，各省多积极进行，唯有徐州各县，对此仍十分漠然。沛县“地方风俗，墨守旧习，乡村妇女，尤多缠足”。

鉴于民间缠足屡禁不止，淮北各地政府均进一步颁布奖惩政策，以期增强劝禁成效。1933年，淮北盐场所属地方政府颁布了更为严格的法令：“以三个月为解放完毕之期。唯恐灶民性习冥顽，并严加警诫，届期倘查圩下，仍有缠足幼女，定当查明其家长，勒令解放，不从则科以革除灶籍之处分。”但此政策依旧未能完全奏效，冒险缠足者仍众多。1935年，徐州地方当局“以江北妇女缠足之风仍未稍戢，现为厉行解放起见，即日成立放足委员会，先从公务员家属解放，继推及于各区乡镇保甲长。定一个月为劝导期，两个月为解放期，随时检查”。不过情况未有改观，令人难堪且痛心的是在沛县幼女继续缠足，除了进过学校的少数女子外，没有一个女孩不受这种使肢体残废的酷刑。

辛亥革命以后废除了裹脚制，西方的高跟鞋传入国内，我国才有了高跟鞋的历史。近代西方的制鞋技术冲击了我国的传统手工鞋业，中国鞋史进入了一个崭新的阶段。电影女明星大多穿着旗袍时选择搭配高跟鞋，青年女学生之中也有校服搭配经典高跟鞋的。高跟鞋以锥形法兰西跟最为流行，一般穿着高度为中跟，鞋面有漆面、光皮、绣花等材质，带式有丁字带、一字带或者无带式。高跟鞋的流行，是民国女性思想解放的体现，反映了中国女性自我主体意识的觉醒，成为一种新的时尚追求。

二、花样繁多的配饰点缀

民国时期不仅服装品类丰富，样式繁多，服装配饰与服装的搭配也非常讲究。民国初期，人们穿着中式两节制传统服装和20年代的文明新装时，服装配饰较少。20年代后期，旗袍逐渐成为流行服饰，与之搭配的服装配饰逐渐丰富起来，有半实用半装饰类服装配饰品，包括帽子、手套、手提包、围巾、眼镜、纽扣、发卡和伞等。

民国时髦女性穿着西式服装时常搭配帽子，这在当时是非常时髦的装束。帽子不仅可以保暖，更多的是起修饰作用。帽子的形式有平顶圆盘状、针织帽等，上面还会用蝴蝶结、花朵等作为装饰。平顶圆盘状的帽子大多搭配西式大衣，展现出一种摩登气质。

围巾也有很多种类型，民国女性在春夏季会选择丝巾，秋冬季则会选择编织或者裘皮围领。围巾的佩戴方式多样，比较流行的是围巾与旗袍的搭配。1927年，第13期《良友》中有报道："初春穿一件玄色素调的旗袍，尺寸不可过长，袖口配上洁白的银鼠。下摆前后两面，把银线绣些有图案意味的云朵。颈边围一条淡绯色丝巾，白袜黑鞋呈飘飘而仙矣。"

手套是民国时期上海女性常用的服饰配件品。手套的款式多样，一般长度达手腕以上七八公分，有在手套口以蕾丝作为装饰，还有手套边缘绣花的，主要配合旗袍及风衣佩戴。

民国女性也喜爱佩戴珠宝首饰，不仅用作装饰，也是经济地位的显现。珍珠项链在 20 世纪 30 年代的着装搭配中出现频率极高。通常是长串白色珍珠项链，挂于旗袍的衣领外面。根据珍珠项链的长短不同，搭配方式也各异。

耳坠的款式有圆柱形的、水滴形的、线形的，各不相同，并且样式都比较精致。耳坠能修饰脸型，在着装中起到点睛的作用。

手镯的款式丰富多样，佩戴的位置有的卡在手腕处，有的在小臂位置，更有将手镯套在手上方大臂上的，这与如今手镯的佩戴位置有很大的不同。

佩戴戒指也必不可少，当时的摩登妇女纤指上如果不套住一只亮晶晶黄澄澄的指环，对她们来说就算一种耻辱。追求时髦的女明星和名媛有较强的经济实力，因此佩戴戒指的多为这一群体。

手表是当时女性的最新配饰，引领着一股时尚风潮。手表的式样大多是黑色的皮表带配椭圆或者圆形的表盘。佩戴手表既实用又美观，是时尚新女性的装束。

包袋也是配饰之一。当时流行的多为小型的手拿包。外形以梯形和长方形为主，袋口多为拉链或翻盖型。

遮阳伞的装饰作用大于实用性。阳伞的伞骨多由金属制成，伞面多以细府绸制成，有素色的，也有印花的，四周常用荷叶边装饰，精美细巧，在摄影或郊游中往往只是作为道具，在 20 年代为时髦女性所崇尚（图 9-16）。

图 9-16　外销白缎地刺绣人物伞，中国丝绸博物馆

在众多配饰中，扇子也是其中之一。在拍照中，女明星经常手拿一把扇子。扇子已经超越了它的实用功能，主要体现的是一种装饰功能，具有一定的审美效果。扇子的种类多样，有单薄的纸扇，也有看起来厚重飘逸的羽毛扇。

三、风情万种的发式妆容

清末民初，年轻妇女除部分保留传统的髻式造型外，又在额前留一绺短发，时称“前刘海儿”。前刘海儿的式样一般盖在眉间，也有遮住两眼的，还有将发剪成圆角，梳成垂丝形的；或者将额发分成两绺，并修剪成尖角，形如燕尾，时称“燕尾式”。一撮式这种发型多见于清末民初的富家小姐中，垂丝的前刘海儿则能凸显出娇羞温婉的韵味。一字式是少奶奶们专属的发式。这款发式比起垂丝前刘海髻发式略显成熟妩媚，后绾的一字髻，空气感的一字刘海儿所展现的是当家做主的女强人风范。倒扇形刘海短发式，也称进步学生头发式，流行于开放的女学生中，有一种剪掉长发励志报国的雄心壮志，让女孩子看起来精神干练，具有新时代女性独立自主的个性，还额外增添了一种俏皮可爱。梨花式刘海偏分，含有一种对命运的无可奈何感，虽然略显老气，但带有如水一般的温润感。

民国初年，当时的女子是不进理发店理发的，全是“梳头婆”上门为富宦家的太太、少奶奶、小姐梳头。后来由于民国时期理发业日益兴旺，剪发理发做造型的工具完善，女人才慢慢走出大门去理发店烫发剪发。辛亥革命以后，时兴烫发。20世纪30年代，国外妇女的烫发时尚经沿海几个通商口岸传入国内。当时大城市的女子发式大多崇尚西洋，群起仿效，烫发一时成为达官贵人所追求的时髦方式。烫发大多是短发烫发或者中长烫发。通常头顶三七分路，额前不再有刘海，为了定型头发涂抹发蜡。烫发的样式也不一样，有波浪的大卷和小烫花之分。波浪的大卷从头顶开始，而小卷发型则是从耳朵下部开始卷。风情万种的手推波浪纹发式不仅新潮、靓丽，还透露出高贵典雅的风范。30年代末到40年代中期，这段时间发型比较亲和随意，不像以前那般略显程式化。虽然还是以烫发为主，但烫发的造型种类变得丰富，更加注重不同发式对年龄、身份、场合的修饰作用，因此这时的女子发型空前丰富。

民国妆容很考验人的五官，风情万种、仪态万千。20年代中后期的妆容特点是脸部肤色比较白皙，以圆润有肉感的脸部为美，流行柔和的线条。在化妆中突出又长又细的眉毛，流行比较平直或略向下弯的眉毛。细眉较符合东方人五官柔和的特征，能使柔和寡淡的五官更添风韵。眼部妆容线条自然流畅，画眼线时紧贴睫毛根部。眼影则为偏棕色的深色系眼影。唇部饱满，当时还流行朱红小嘴。

20世纪30年代，由于电影及摄影技术的发展，女明星的妆容受好莱坞的影响。在原有的化妆基础上还增加了腮红，表现五官的立体感。描绘的线条多以圆弧形表现女性的婉约之美，而优雅细致的睫毛及纤细的半月眉更是当时上海时髦女性的特色。唇部线条分明，不再流行朱红小嘴，而是依据唇形的大小进行描画。

20世纪40年代，由于战争的关系，妆容不再华丽和复杂，整体趋于自然，不再流行浓妆艳抹。眉毛自然柔和而弯曲，细细高挑，清丽可人，不再侧重眼线与眼影的描画，而是强调唇部线条，表现艳丽而丰满的唇形。

民国时期，电影女明星的妆容以及发型具有代表性，反映出时髦女性受西式风格影响在造型上做出的变化。同时，她们也属于公众人物和时髦女性的代表，影响着大众的审美。

服饰民俗的工艺审美

中华民族的服饰文化博大精深，源远流长，是一代代劳动人民在长期的生产实践和社会生活中创造出来的宝贵财富。传统精湛的服饰手工技艺，是中华服饰千年传承和延续的命脉。我国的先民在自然中提取服饰面料，采桑种麻，衣被天下，发明了“养蚕取丝”，并开辟了“丝绸之路”，为中华服饰工艺和文化的交流和输出做出了重大贡献。中国的手工艺者用他们的智慧和勤劳创造了巧夺天工的服饰艺术，印染、织锦和刺绣的技艺举世无双。在中华服饰工艺的审美演变中，寄寓着人们对美好生活的向往和追求，同时也体现了中国古代社会的等级差别，以及天人合一的文化思想。

浑然天成的服饰原料

原始人为了御寒保暖、保护身体，摘取树叶披在身上，或利用骨针将兽皮缝制成衣，服饰的材料最早就这样直接取之于大自然。新石器时期的仰韶文化，人们发明了石纺轮和陶纺轮，又学会把毛、麻等天然纤维捻成线，织成粗糙的褐布和麻布，缝制成衣裳，比用兽皮、树皮制作的服装有了很大的进步。相传黄帝轩辕氏的元妃“嫘祖”发明养蚕缫丝以后，又逐渐有了丝织的衣服。在自然中汲取服饰的原料是人们在生产生活中不断创造的结果，也是大自然对人类的馈赠。

一、皮革——人类的第二皮肤

动物的皮毛很早就成为人类的第二皮肤。经历了长时间的演化，原始人逐渐脱落了身上的毛发，裸露出身体的皮肤，只能“借用”动物的毛皮来护身保暖。人类最早使用毛皮类服装的时间，可追溯至四五万年前，当时全球正处于“远古冰川时期”，大部分地区十分寒冷。原始人在狩猎过程中发现，动物不仅可以食用，其毛皮还可以用来御寒。大约两万七千年前至三万四千年前，旧石器时期的山顶洞人，已能用兽骨磨制成骨针，将野兽皮或树皮缝合在一起，围于腰际或披在肩上，用以遮盖身体，抵御寒冷，防止虫咬。

图 10-1 达斡尔族女式羊皮库巾，黑龙江省民族博物馆

图 10-2 鄂温克族鹿皮女靴，黑龙江省民族博物馆

服饰的材质体现了服饰的实用功能，通常受制于自然条件和环境因素。黑龙江省世居少数民族服饰文化，在黑土地的滋养和哺育下显现出与众不同的风格和意蕴。它的形成与寒冷的气候、独特的生态地理环境和悠久的历史息息相关，更与少数民族的文化积淀和社会发展密不可分。渔猎文化曾经深刻地影响着人类文明的起源与进步，在人类文化史中占有重要地位。鄂伦春、赫哲、鄂温克、达斡尔等族群及其先民，由于相近的自然环境和生态资源选择了以渔猎为主的经济生活方式，因此造就了他们传统服饰风格的相似性，逐渐形成了以兽皮、鱼皮为特征的服饰文化（图 10-1~ 图 10-4）。

1. 鄂伦春族兽皮服饰

鄂伦春族是世居我国东北的人口最少的民族之一，也是著名的北方狩猎民族，元朝时，鄂伦春人被称为“林木中百姓”和“北山野人”。由于鄂伦春人长期从事狩猎生产，因此他们的穿着主要是用兽皮缝制的服装。用兽皮缝制的衣服不仅耐磨，而且能较好地御寒，特别适用于北方漫长寒冷的冬季和终年爬山穿林的游猎生活。皮衣主要是用狍皮、鹿皮和犴皮制作，其中狍皮使用的人最多。

图 10-3　达斡尔族女式羊皮长袍，黑龙江省民族博物馆

冬季穿的皮袍，鄂伦春语称“苏恩”，是用冬季猎获的狍皮制作的，此季节的狍皮毛长绒密，穿着特别保暖，即使露宿在雪地上，都不觉寒冷。夏季的衣服用皮薄、毛短的红杠子皮制作，鄂伦春语叫作“古拉米”，也有用刮掉毛的狍皮制作的。春秋穿的衣服是用秋季短毛狍皮制作的，鄂伦春语叫作“卡热莫纳”。

图 10-4　鄂温克族鹿皮女装，黑龙江省民族博物馆

男皮袍有两种：一种是长袍，过膝；另一种是短袍，到膝盖。皮袍均有大襟，其样式也很讲究，襟边、袖口均镶有黑色薄皮云字边，有的在冬季穿着的长袍领口、袖口镶上呈灰白色的猞猁皮边，既耐磨、保暖，又很美观。为了便于骑马，袍子除左右开衩外，前后也开衩。长皮袍一般日常穿用，短皮袍在出猎期间穿，比较轻便。女皮袍的样式同男装基本相同，不同的是均为长袍，有的甚至长至脚面，前后不开衩，较男装制作更为精美，尤其年轻女子和姑娘穿的皮袍，不仅左襟边、袖口处镶有精美的薄皮云字边，还在前襟、衣袖、双肩等处绣有各种花纹。而老年

妇女穿的皮袍只镶边不绣花，其着色也比较素雅（图 10–5~ 图 10–7）。

图 10–5　鄂伦春族男式狍皮长袍，黑龙江省民族博物馆

图 10–6　鄂伦春族女式布边刺绣狍皮长袍，黑龙江省民族博物馆

图 10–7　鄂伦春族狍皮兽首帽，黑龙江省民族博物馆

狍皮兽首帽是鄂伦春族最具特色的服饰装束，是用完整的狍首皮缝制而成的。戴上这种帽子既保暖又别致，深受鄂伦春族男人们喜爱。据说戴这种帽子还有一定的伪装作用，一是猎人不易被动物发现；二是即使被发现了，动物也误以为是同类而不逃跑，因而往往易于靠近猎物。现在仍有许多猎人在冬季狩猎时戴这种帽子。妇女则喜欢戴猞猁皮帽子或吊有皮毛、绣花纹的毡帽。

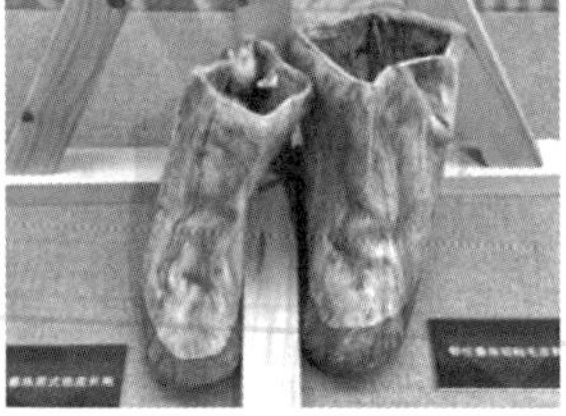

图 10–8　鄂伦春族短靿毛皮靴，黑龙江省民族博物馆

图 10–9　鄂伦春族狍皮绣藤蔓纹五指手套，黑龙江省民族博物馆

除此之外，鄂伦春族还有用狍皮制作的狍皮裤、狍皮鞋、狍皮手套、狍皮被、皮褥子等，不仅具有保暖抗风的功能，而且精致耐用，古朴美观，能够满足鄂伦春族人长期的野外游猎生活，适应复杂的气候与环境，极具特色（图 10–8~ 图 10–9）。

2. 赫哲族鱼皮服饰

赫哲族生活的三江流域属于高寒地区，无法种植棉、麻等用于纺织的作物，只好用渔猎产品——鱼皮和兽皮来制作衣服和被褥。也正是由于这一特点，赫哲族在古代被称为“鱼皮部”或“狍皮部”。由于居住地的不同，渔、猎业在经济中所占比重各异，赫哲族内部对鱼皮衣和兽皮衣的侧重也有所不同。乌苏里江流域和松花江中游到混同江勤得利等地，主要以狍、鹿皮做衣料。勤得利以下至黑龙江下游的赫哲人多以鱼皮做衣服。自清末民初，棉、麻、丝绸等纺织品大量输入我国赫哲地区，逐渐取代了鱼皮和兽皮衣物。有关赫哲族以鱼皮和兽皮为衣的情况，在我国古代文献中亦多有记载，如清代张缙彦著《宁古塔山水记》载：“鱼皮部落，食鱼为生，不种五谷，以鱼皮为衣，暖如牛皮。”《吉林通志》载：“河口东西一带为赫哲部落，亦曰黑金，俗以其人食鱼鲜，衣鱼皮，呼为鱼皮达子……衣服用布帛者十无一二，寒时著狍鹿皮，暖时则以熟成鱼皮制衣服之。商人贩布于此，每匹可换貂皮一二张，故不常服用。至鱼皮熟成，则软如棉，薄而且坚。”

用鱼皮制作的衣物主要有鱼皮衣（乌提库）、鱼皮套裤（卧又克依）、鱼皮乌拉等。熟制后的鲢、草根、鲤、白鱼等鱼皮多用来制作鱼皮衣裤，熟制的怀头、哲罗、细鳞、狗鱼等鱼皮多用来制作乌拉，未熟制的鳇鱼皮也可用来制作乌拉。鱼皮乌拉只能在冬季雪地上行走时穿用。缝制鱼皮衣时，要用特制的鲢鱼皮线。

男女衣裤的沿襟、袖口、托领、下摆、裤脚，都用野生植物染上或用黑色、黄色棉布镶上云纹和动物图案。年轻妇女衣服上的边饰多为红、黄、绿、蓝色等，此外，年轻妇女的衣服还可用绦子镶边，有的还将海贝壳或铜钱、小铜铃、圆形铜饰等缝在下摆上作装饰。

赫哲族的鱼皮服制作工艺复杂，制作技艺精湛，具有很强的艺术性和实用性，蕴含着丰富的文化内涵，极具民族特色。2006年，以鱼皮服为标志的赫哲族鱼皮制作技艺被列入第一批国家级非物质文化遗产名录（图 10–10~ 图 10–15）。

图 10-10　赫哲族女式鱼皮套装，黑龙江省民族博物馆

图 10-11　赫哲族鱼皮鞋，黑龙江省民族博物馆

图 10-12　赫哲族鱼皮节庆裙装，黑龙江省民族博物馆

图 10-13　赫哲族贴绣鱼皮腰带，黑龙江省民族博物馆

图 10-14　赫哲族女式布边刺绣鱼皮长袍，黑龙江省民族博物馆

图 10-15　赫哲族刺绣鱼皮披肩，黑龙江省民族博物馆

二、棉布——衣被天下

棉花原产于阿拉伯地区，边疆地区对于棉花的种植早于中原地区。宋元之际，棉花向内地转移种植，但在中国直至宋朝，棉花也仅仅用于观赏。棉花经过纺纱工

艺加工制成棉纱，以棉纱为原材料经过上机织造形成棉布。人们通常根据加工处理的方法不同，将棉布划分成不同品种，如平布、府绸、麻纱等。

纯棉布比较柔和，具有良好的吸湿性和透气性，布面光泽柔和又温暖。民谚有云：“卖不完的松江布，收不尽的魏塘纱。”棉布中比较出名的应该是松江棉布，松江棉布主要产于长江三角洲中下游。宋元之际，棉种自广东、福建向北传播，松江及其邻近地区得风气之先，棉花种植发展很快。元朝元贞年间，松江乌泥泾人黄道婆从崖州带回的先进纺织工具和技术，推动了松江地区棉纺织业的发展。经元明两代，棉纺织业普及南北，而松江织造技术尤其精湛，产品行销全国，松江棉布在全国声名鹊起，连明代的小说《金瓶梅》中，都有松江贩卖棉布的情节。叶梦珠的《阅世编》讲道：“吾邑地产木棉，行于浙西诸郡，纺织成布，衣被天下。”《松江府志》载：“松江人俗务纺织，他技不多，所织的精线绫、三梭布、绫纱方巾、剪绒毯皆天下第一”，“吾乡所出皆切实用，如绫、布二物，衣被天下，虽苏杭不及也”。为了纪念历史上这位伟大的纺棉家，在黄道婆的故乡松江府乌泥泾镇至今还传颂着一首歌谣：“黄婆婆，黄婆婆；教我纱，教我布；两只筒子，两匹布。”松江棉布的影响力可见一斑。

明初，朝廷颁布法令，鼓励种棉，并规定松江府可以“折布纳官”，“以棉花一斤折米二斗”。朝廷的赋税政策，客观上鼓励了农民由种稻转向植棉，到明代中叶以后，松江沿海出现大片棉田，松江府属的上海、嘉定诸县，种棉面积已占十之八九。“乡村纺织，尤尚精敏。农暇之时，所出布匹，日以万计，以织助耕，女红有力焉。”

明清两代，松江府作为全国的棉纺工业中心，享有“衣被天下”的美誉。松江所产布匹销往全国各地，乃至日本、英美等国都有松江布的消费者。早在乾隆初年，英国东印度公司就开始从中国购进土布。在贸易过程中，英商发现广州所产的土布穿洗后容易褪色，而松江布久洗后依然色泽艳丽，松江布因此在英国风行一时，东印度公司的收购量从 2 万匹猛增到 20 多万匹。

随着布市的兴起，从事沿海运输的沙船集于上海，迅速发展。明清两代，从事运输的沙船达数千条，在浦江岸边停靠的沙船密密匝匝，帆樯如林，带动了上海港口贸易的兴盛。

三、麻布——天然的植物纤维

《诗经》中记载："七月鸣鵙，八月载绩。"绩，即为麻布，麻布又称夏布。据史料记载，华夏始祖炎帝首先发现了麻的作用，于是"织麻为布，制作衣裳"，从此，家家养牛，户户织麻，而且还把能织麻布作为判断一个女孩贤惠的标准。

据史载："古者先布以苎始，棉花至无始入中国，古者无是也。所为布，皆是苎，上自端冕，下讫草服。"说明苎麻自古以来就是广大人民的主要衣着原料。

苎麻耕作简便、产量高、效益好。每年于五、七、十月收剥三次。五月收的春麻质量最佳，可织精细嫩白夏布。十月收的秋麻，质量较差，只能织粗夏布。麻布制成的产品具有透气清爽，柔软舒适，耐洗、耐晒，防腐、抑菌等特点。

夏布是一种历史悠久的传统手工织品，是以苎麻为原料编织而成的麻布，因麻布常用于夏季衣着，凉爽宜人，又俗称夏布。东晋诗人陶渊明在《杂诗》中有云："御冬足大布，粗絺以应阳。"意思是冬天穿粗夏布衣服可以御寒，夏天穿细夏布衣服可以散热，可见夏布在各类服装面料中十分实用。

唐宋以来，江西是全国重要的苎麻产地，品种资源十分丰富，麻纺织技术也很先进。江西万载夏布，"亦有夜浣纱而且成布者，俗呼为鸡鸣布"。唐朝时被列为贡品，其特点是纱质细软、经纬咸宜、边缩平整、编织均匀、色泽清香、不易皱折、不易变形、易洗涤、凉爽清汗等。明清时期，苎麻的种植已遍及江西各府县广大农村，夏布产量增多，质量精良，逐渐形成万载、宜黄、宜丰等夏布生产和贸易中心，产品远销国内外。

"披麻戴孝"是中国传统文化中重要的丧服制度。夏商周以来夏布就用于制作丧服、深衣、朝服、冠冕、巾帽。"披麻戴孝"出自元无名氏《冤家债主》第二折："你也想着一家儿披麻带孝为何由，故来这灵堂里寻斗殴"。老人寿终，子孙要披麻戴孝。孝男要穿戴麻衣草帽，孝女要罩粗麻布，其他亲人则腰缠一块白布。按规定，血缘关系越亲、服制越重；血缘关系越疏、服制越轻。在丧葬上，中国人忌穿华丽衣服，家庭成员会披麻戴孝，称为"上孝"。

四、丝绸——丝之上国

中国是蚕丝业的发源地，素有“丝绸之国”的美名。桑蚕丝纤维是动物纤维中的上等品，它纤细、光滑、柔软、光泽、透气性好，所以蚕丝衣物对肌肤有天然的保护作用。（图 10–16）。

图 10–16　丝绸女裙，苏州山塘街

丝绸的历史源远流长，传说黄帝的妻子嫘祖发明“养蚕取丝”，但现实中丝绸究竟何时被发明尚有争议。专家们根据考古学的发现推测，在距今五六千年前的新石器中期，中国便开始养蚕、取丝、织绸。在河姆渡遗址中人们已发现纺织工具，借此可以推断丝绸的使用至少不迟于良渚文化。

商周时期农业有了很大发展，蚕桑业亦形成了一定规模。考古发现的商代丝织品尽管数量有限，但已出现提花丝织物。

战国时期，农业与手工业相结合的农户成为社会的基本生产单位，手工业成为农业经济的重要组成部分。丝绸生产的专业化分工更加明显，有些技术世代相传，达到了相当高的水平。丝绸的花色品种也丰富起来，主要分为绢、绮、锦三大类。锦的出现是中国丝绸史上的一个重要里程碑，它将蚕丝优秀性能和美术相结合，不仅是高贵的衣料，而且是艺术品，大大提高了丝绸产品的文化内涵和历史价值，影响深远。

秦汉时期，丝绸产区较商周时期有所发展。西汉时期丝绸的生产重心在黄河中下游地区，从东汉时期开始，西南地区的蜀锦成为全国闻名的丝绸产品。

唐朝是丝绸生产的鼎盛时期，无论产量、质量和品种都达到了前所未有的水平。丝绸的生产组织分为宫廷手工业、农村副业和独立手工业三种，规模较前代大幅扩充。同时，丝绸的对外贸易也得到巨大发展，不但“丝绸之路”的通道增加到三条，而且贸易的频繁程度也空前高涨。丝绸的生产和贸易为唐代的繁荣做出了巨大的贡献。唐代的丝绸贸易十分发达，陆上丝绸商道更多采用一条偏北迂回的道路。海上丝绸之路也在这一时期兴起，丝绸产品通过东海线和南海线，分别输往朝鲜半岛、日本和东南亚、印度乃至由阿拉伯商人传播到欧洲。丝绸贸易的兴盛致使丝绸技术外传，至 7 世纪，东起日本，西至欧洲，西南到印度均有丝绸生产，基本奠定了日后蚕丝产区的格局（图 10–17）。

图 10–17 团窠联珠对狮文锦（唐代），中国丝绸博物馆

宋元时期，随着蚕桑技术的进步，中国丝绸有过短暂的辉煌。不但丝绸的花色品种显著增加，特别是出现了宋锦、丝和饰金织物三种有特色新品种，而且对蚕桑生产技术的总结和推广也取得了重大突破。

明代由于资本主义的萌芽与发展，丝绸的生产与贸易也发生了较大的变化。丝绸生产的商品化趋势日渐明显，丝绸的海外贸易发展迅速。江南苏湖一带成为最重要的丝绸产地，发展了一批典型的丝绸专业市镇，官营织造也日趋成熟，此时，中国丝绸发展到了最活跃的时期（图 10–18）。

图 10-18 柿蒂窠云鹤纹织金锦（明代），中国丝绸博物馆

清朝丝绸生产在地域上进一步向环太湖地区和珠江三角洲集中，特别是江南地区在规模和水平上成为全国丝绸业的中心。清代官营织造总体规模比明代有所缩减，重要的有江宁织造局、苏州织造局和杭州织造局，合称“江南三织造”，负责供应宫廷和官府需要的各类丝织品。民间丝织业生产规模有所扩大，专业性分工和地区性分工更加明显，涌现出一批繁荣的丝绸专业城镇，产品种类繁多，市场繁荣（图 10-19）。

图 10-19 深蓝色地杂宝纹织金缎（清代），中国丝绸博物馆

巧夺天工的服饰工艺

一、印染工艺

印染，又称染整，就是运用印染技术将我们喜爱的花色及图案再现在白坯上，从而使织物更富有艺术气息。该工艺主要包括生丝及织物的精炼、染色、印花和整理四道加工工序。

六七千年前的新石器时代，人们就能够用赤铁矿粉末等天然染料将麻布染成红色。居住在青海柴达木盆地诺木洪地区的原始部落，能把毛线染成黄、红、褐、蓝等色，织出带有色彩条纹的毛布。商周时期，染色技术不断提高。宫廷手工作坊中设有专职的官吏“染人”来“掌染草”，管理染色生产，染出的颜色更加丰富多彩。汉朝时期，染色技术已经完全可以满足人们的日常生活。

据《天工开物》记载，我国古代染色以天然矿物、植物或动物染料为主。从植物的根、茎、叶及果实中提取出来的称为植物染料，如靛蓝、茜草、紫草、红花、桑、茶等。动物染料数目相对于植物染料较少，主要取自贝壳类动物和胭脂虫体内，如虫（紫）胶、胭脂虫红、虫胭脂等。矿物染料是指从矿物中提取的有色无机物质，如铬黄、群青、锰棕等。细菌、真菌、霉菌等微生物产生的色素也可作为天然染料的来源。

蜡染，是我国民间传统纺织印染手工艺，古称蜡缬，与绞缬（扎染）、夹缬（镂空印花）并称为我国古代三大印花技艺。苗族蜡染历史悠久，很多地方都流行有《蜡染歌》，叙述蜡染的起源。早在秦汉时期，苗族的先民就已经掌握了蜡染技术，据《贵州通志》记载：“用蜡绘花于布而染之，既去蜡，则花纹如绘”，这种蜡染布曾被称为“阑干斑布”。宋代时期，五溪地区的“点蜡幔”已很盛行。明清时期，黔中一带苗族多用蜡染衣料。民国年间，蜡染盛行于湘西、贵州、云南、川南的大部分苗族中。大多数地区将蜡染成品作为衣饰，湘西地区则用作床单、帐沿、枕巾等。作为一种生活中的“艺术”，贵州民间蜡染是贵州民俗文化活动中不可缺少的重要内容，无论是岁时节日住房的装饰还是婚丧嫁娶人生礼仪，无论是民间宗教信仰、祭祖敬神还是服饰佩戴、织绣花样，各式各样的蜡染工艺织染活动，都与贵州特定的文化背景和生活环境密切相关（图 10–20~ 图 10–21）。

图 10–20　贵州蜡染，王锦强摄

图 10–21　贵州蜡染，王锦强摄

维吾尔族的艾德莱丝绸，色泽鲜艳，纹路自然，是维吾尔族妇女最喜爱的土产丝绸，主要产于和田市、喀什市、莎车县等地。艾德莱意为“扎染”，这种丝绸采用我国古老的扎经染色工艺，按图案的要求，在经纱上扎结，进行分层染色、整经、织绸。比较特殊的一点是，艾德莱丝绸需要先染后织。染色过程中图案因受染液的渗润，有自然形成的色晕，参差错落，疏散而不杂乱，既增加了图案的层次感和色彩的过渡面，又形成了艾德莱丝绸纹样富有变化的特点。维吾尔族妇女特别喜爱这种绸料，给它起了个“玉波甫能卡那提古丽”的雅号，意为“布谷鸟翅膀的花”，隐喻它能给人们带来春天的气息。

二、织锦工艺

我国传统的多彩色织提花丝织物——锦类织物，已有几千年的历史，古代对织锦的描述有“织彩为文”“其价如金”“惟尊者得服之”等，可见织锦在古代之珍贵。织锦类产品，尤以苏州宋锦、四川蜀锦、南京云锦、广西壮锦最为著名，并称“中国四大名锦”。

1. 苏州宋锦

宋锦，是宋代以后发展起来的一种著名织锦，产地主要在苏州。明清以后织出的宋锦称为“仿古宋锦”或“宋式锦”，统称“宋锦”。相传宋高宗南渡后，为了满足当时宫廷服装和书画装帧的需要，宋锦开始盛行，并迅速发展，不仅成为衣着服饰品的面料，还用作书画装裱和帷帐，形成了独特的艺术风格。明清两代，随着苏州织造业的兴旺发展，宋锦生产相沿不衰，进入繁盛时期，具有自身独特的艺术风格和地方特色，成为我国优秀的文化遗产。

图 10–22 蓝地如意花卉藻井纹宋锦（民国），苏州丝绸博物馆

宋锦具有很高的科学性、技术性、艺术性和实用性，虽历经千年演变，仍以古朴典雅的风格和独特的艺术魅力，享誉海内外。传统宋锦的生产制作，工序很多，从缫丝染色到织成产品前后要经过二十多道工序。其产品的基本特点是采用了经线和纬线联合显花的组织结构，应用了彩抛换色之独特技艺，使织物表面色彩和图案更为丰富（图 10–22）。

2. 南京云锦

云锦属于熟织提花丝织物，即织成后无须染色、印花。织造云锦所用的材料包括桑蚕丝、金银线、孔雀羽、真丝绒等。蚕丝是生产云锦的主要原料，织前均需经过炼制染色，按照不同品种的要求加工成一定规格、颜色的经、纬原料，以供上机织造。金银线是生产云锦不可缺少的主要原料，可以说金银线的历史也是云锦生产的历史，特别是云锦妆花中使用的纸扁金，是云锦的专用材料，这种材料迄今专为云锦生产。孔雀羽是用孔雀尾羽上的翠绒精心加工而成的，是织就光泽亮丽云锦的特殊材料。

南京云锦最为重要的特点就是大量用金。从元代起，南京云锦就开始大量使用金、银线作材质，装饰锦面。其花纹或全部织金，或部分加金，或大面积地应用各种金、银，交织于一件彩锦中。例如南京云锦的特有品种“金宝地”。“金宝地”用圆金线织地，并在金地上织上五彩花朵，使整个织品显得极为璀璨夺目、瑰丽灿烂（图 10–23）。

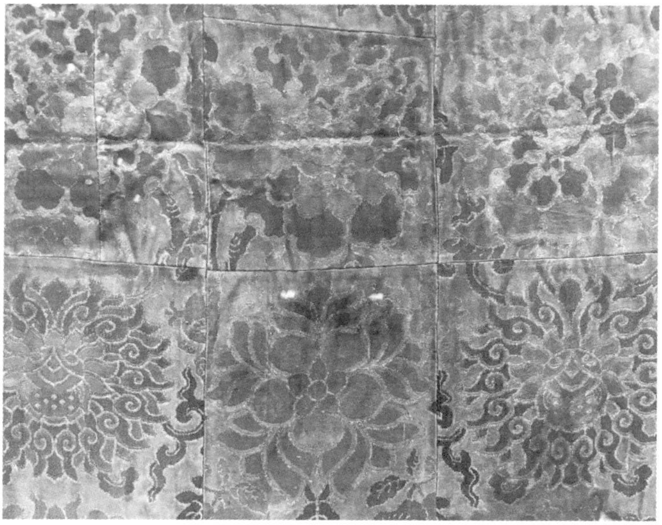

图 10–23 黄地荷莲纹云锦残片（清代），苏州丝绸博物馆

南京云锦的又一独特之处在于其生产设备——大花楼提花织机（图 10–24）。大花楼提花织机机型庞大，每台织机由两个人操作，楼上一人负责按程序提起经线，以形成花纹开口，楼下一人负责织花抛梭，即把各种彩色花纬线织进去。配色是一种艺术创作的过程，云锦讲究对比调和的配色法则，即“荤素搭配”“冷暖相间”，从而达到“逐花异色”的效果，因而有“千人千面”的说法。同一织工织造的两块相同纹样的锦料，配色不可能一模一样。自由色彩、变化多样的特点使云锦工艺达到了登峰造极的境界。

图 10-24 大花楼织机，苏州丝绸博物馆

3. 四川蜀锦

蜀锦是四川成都地区织造的一种花锦，它是古蜀文化的重要组成部分（图 10–25）。蜀锦历史悠久，秦汉末年已有大量生产，早期以多重经丝起花为主。西汉时，蜀锦品种、花色甚多，用途很广，行销全国。三国时期，蜀丞相诸葛亮把蚕桑生产放在重要地位，蜀锦在当时不仅是对外贸易的商品，而且也是军费开支的来源。唐代蜀锦技术有很大发展，远销到日本、波斯等国。北宋时期建立成都锦院，元明以来品种更多，应用更广。但在明朝末期，全国爆发大动乱，蜀锦的生产受到破坏。清代，蜀锦得以恢复，受江南织锦的影响，产生了月华锦、雨丝锦、方方锦、浣花锦等传统品种，焕发出新的光彩。

图 10-25 蜀锦织机模型，苏州丝绸博物馆

在四川地区自然环境和文化风俗的长期孕育中，蜀锦形成了独特的色彩风格。蜀地是道教的发源地，传统蜀锦色彩深受五色学说影响，以青、赤、黄、白、黑为正色，绿、红、流黄、碧、紫为间色，红灰、黄灰、青灰等为复色，

其余为补色。传统蜀锦配色古朴典雅，色调庄重沉稳，具有鲜明的地域特色和华美的装饰风格。

其中，“五星出东方利中国锦”是代表汉代织锦最高水平的作品之一，它充分展现了“五色学说”这种设色理念在传统蜀锦中的运用（图 10–26）。该锦以藏蓝色为底，以红、黄、蓝、绿、白五色彩丝织出纹样。由于当时对五正色的界定并不是非常严格，所以用“绿”取代“青”、用“蓝”取代“黑”。“五星出东方利中国锦”以“山状云”作为纹样骨架，图案整体向水平方向铺展绵延。云气纹样之间遍布祥禽瑞兽，并伴有寓意吉祥的铭文“五星出东方利中国”，这些文字较为直观地反映了当时人们对未来的美好憧憬。除此之外，同类型的织锦还有“长乐明光”“韩仁绣”等。这些蜀锦大多以“五色学说”作为设色理念，体现出两汉时期人们对色彩的认识已从原始思维的积累中获得了理性的审美意识。

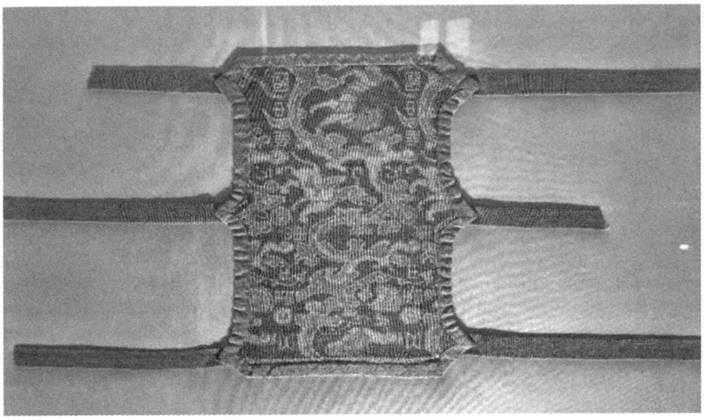

图 10–26 “五星出东方利中国锦”护膊（东汉·复制件），原件出土于新疆尼雅，苏州丝绸博物馆

蜀锦随时代的发展而演变，纹样情节从虚幻的天上转向自然与人间，通过对各种色彩的搭配使用，营造出多彩斑斓的色彩氛围。不同于汉代质朴的风格，此后蜀锦逐渐趋向于雍容华贵的装饰效果，最具代表性的有“八答晕加金锦”“灯笼纹天下乐锦”等。“八答晕加金锦”以十余种不同的色彩组合形成“色光叠晕”的独特效果。“灯笼纹天下乐锦”以偏冷的灰绿色为背景，灯笼纹样以橘黄色为主，局部由朱红、橘黄、浅蓝等颜色灵活搭配，色调偏暖且鲜明。蜜蜂的色彩以浅黄色为主，活泼明亮。这些点状纹样颜色的变化将对比强烈的灰绿色与朱红色进一步调

和，使整幅织锦的视觉效果更加和谐。“灯笼纹天下乐锦”以对比与调和兼具的色彩，配合寓意吉祥的纹样，呈现出喜庆欢快的氛围。

4. 广西壮锦

壮锦是壮族民间流传下来的一种独特的织锦艺术，已有一千年的发展史。早在汉代广西已有织锦技艺。贵港罗泊湾汉墓出土的汉代黑地橘红回纹锦，是古代壮族地区出现的最早的织锦。据《唐六曲》和《元和郡县志》记载：当时壮族人民所织出的多种布料，已被封建王朝列为贡品。但真正能够称为“锦”的纺织品则出现于宋代。至明清时期，壮锦发展达到鼎盛，编织壮锦是当时壮族妇女必学的女红。如清代《竹枝词》所写：“十月山城灯火明，家家织锦到三更。邻鸡乍唱停梭后，又听砧声杂臼声。”这便是当时家家户户织锦生产繁忙的真实写照。

传统的壮锦以原色棉线或麻线做经，以彩色棉线、麻线或丝绒做纬，用本地木制的土织机手工织造而成，其正面和背面纹样对称，结构严谨，式样多变，图案丰富。壮锦手感厚重柔软，品质结实耐用，色彩斑斓古朴。据不完全统计，壮锦有三大种类，二十多个品种，五十多种花纹图案。简单纹样的双色壮锦，一位技艺熟练的织娘三天可以织出一米，传统彩色壮锦则需一周左右完成，中等难度的壮锦织造时长翻倍，多种颜色所配出的绚烂壮锦耗时更长，可谓“寸锦寸金”。

图案是构成壮锦的重要组成部分。除了色彩明丽，壮锦的图案也十分丰富而生动。这些图案大都源自生活和大自然，源自壮族的图腾崇拜，源自壮族人民对美好生活的向往。历经千余年发展的壮锦有自成体系的三大种类纹样，一是以几何装饰图案为主题的连续纹样，二是以花卉为主题的复合纹样，三是以吉祥瑞兽为主题的纹样。图案生动，结构严谨，色彩斑斓，充满热烈、开朗的民族格调。传统沿用的图案有水波纹、云纹、回字纹、编织纹、同心圆纹以及各种花草和动物纹样。凤的图案在壮锦中独占鳌头，“十件壮锦九件凤，活似凤从锦中出”。这是由于壮族喜爱凤凰，视之为吉祥的象征。另外，蛙是壮族原始文化中的重要崇拜图腾之一。“蛙纹”是由壮族崇拜的青蛙演化而来的抽象或具象纹样。抽象蛙纹是由三角结构和正方形结构组成的组合图案。

2006 年，壮锦技艺入选国家级非物质文化遗产名录。历经一千多年的发展，以壮锦艺术为典型代表的广西民族织锦艺术已成为我国传统民间艺术的重要组成部分（图 10–27）。

图 10–27　太阳芒纹壮织锦，王锦强摄

三、刺绣工艺

原始社会，古代先民用刺绣来装饰自身。史传黄帝时代就有彩绘花纹的记载。古代原始人类早就懂得用色彩来美化自己。起初将颜色涂在身上，称作“彰身”；再进一步刺在身上，称为“文身”；几经演变，人们开始在衣服上作画，而后形成了现在的刺绣。

刺绣是针线在织物上绣制的各种装饰图案的总称。刺绣分丝线刺绣和羽毛刺绣两种，用针将丝线或其他纤维在绣料上穿刺，以绣迹构成花纹和图案。刺绣是中国民间传统手工艺之一，在中国至少有两三千年的历史。最著名的有苏绣、湘绣、蜀绣和粤绣，被称为“中国四大名绣”。

1. 苏绣工艺

苏绣发源于苏州吴县一带，现已遍及江苏省的无锡、常州、扬州、宿迁、东台等地。有着数千年悠久历史的苏绣，从春秋时期的吴国在服饰上刺绣各种图案用来装饰，到隋唐时期就已奠定其风骨神韵基础，至宋元其基本技法与特色已渐趋形成，明清时期苏绣艺术开始走向成熟。

史料记载，三国时期吴王孙权曾命丞相赵达之妹刺绣《列国图》，在方帛上绣出五岳、河海、城邑、行阵等图案，有“绣万国于一锦”之说。据《清秘藏》叙述，“宋人之绣，针线细密，用线一、二丝，用针如发细者为之，设色精妙，光彩射目。山水分远近之趣，楼阁得深邃之体，人物具瞻眺生动之情，花鸟极绰约唼喋之姿，佳者较画更胜”。可见宋代苏绣艺术已具有相当高超的水平。明朝时，苏绣已成为苏州地区一项普遍的群众性副业产品，呈现出“家家养蚕，户户刺绣”的盛况。清朝的苏绣以“精细雅洁”而闻名，当时的苏州更有“绣市”的美誉。清代中后期，苏绣在绣制技术上有了进一步的发展，新出现了精美的“双面绣”，仅苏州一地专门经营刺绣的商家就有65家之多，此时是苏绣的全盛时期。新中国成立后，苏绣有了更大的发展，真可谓流派繁衍，名手竞秀，题材广泛。以前皇室所享用的大量刺绣品，几乎全部出自苏绣艺人之手（图10–28）。

图 10–28　刺绣观音立像（清代），苏州博物馆西馆

2. 湘绣工艺

湘绣是在湖南民间刺绣工艺的基础上，吸取了苏绣和粤绣的精华进而发展起来的刺绣工艺品，强调写实，质朴而优美。湘绣以画稿为蓝本，形象生动逼真，质感强烈、针法多变，为了表现不同物象、不同题材的自然纹理，发展出70多种针法。凭借针法的丰富变化和绣线的色彩光泽，使绣制出来的物象，不但保存着画稿原有的笔墨神韵，而且通过刺绣工艺，增添了物象的真实性和立体感，起到了一般绘画所不及的艺术效果。到清末，“湘绣盛行，超越苏绣，已不沿顾绣之名。法在改蓝

本，染色丝，非复故步矣”。湘绣在配色上善于运用深浅灰及黑白色，加上适当的明暗对比，增强了质感和立体感，在结构上虚实结合，善于利用空白，突出主题，形成了湘绣水墨画般的素雅品质。

3. 粤绣工艺

粤绣，是产于广东地区的刺绣品，以潮州和广州为中心，包括潮绣（图 10–29）和广绣（图 10–30），以潮绣之精良闻名于海内外。潮绣以戏服为主。它以布局满、图案繁复、场面热烈、用色富丽、对比强烈、大红大绿而著称。其最大的特点就是布局满，往往少有空隙，即使有空隙，也会用山水、草地、树根等补充，显得热闹而紧凑。

图 10–29　潮绣五龙挂屏（20 世纪 70 年代），苏州博物馆西馆

图 10–30　广绣行乐图桌屏（清代），苏州博物馆西馆

粤绣的另一个独特现象，就是绣工多为男工，和其他地区绣工多为女子不同，在绣制大件时，绣工常手拿长针站着施绣。粤绣运用“水路”这一独特技法，使绣出的图案层次分明、和谐统一。粤绣绣制时，根据设计意图及物象形状、质感和神态，巧妙地将各种针法相互配合和转换，以求得良好的艺术效果（图 10–31~图 10–32）。

图 10-31　粤绣荷包（清代，山西），哈尔滨市八旗满族服饰博物馆

图 10-32　禽鸟花卉纹粤绣团扇（清代），苏州丝绸博物馆

4. 蜀绣工艺

蜀绣又名“川绣”，作为中国刺绣传承时间最长的绣种之一，蜀绣以其明丽清秀的色彩和精湛细腻的针法形成了自身独有的韵味，其绣法的丰富程度居四大名绣之首。

蜀绣历史悠久，最早可上溯到三星堆文明，自东晋以来便与蜀锦并称“蜀中瑰宝”。蜀绣以软缎、彩丝为主要原料，针法包括 12 大类 122 种。具有针法严谨、针脚平齐、变化丰富、形象生动、富有立体感等特点。

蜀绣绣法灵活，适应能力强。一般绣品会采用绸、缎、绢、纱、绉作为面料，并根据绣物的需要，制作程序、配色、用线各不相同。蜀绣常用晕针来表现绣物的质感，体现绣物的光、色、形，把绣物绣得惟妙惟肖。它还采用“线条绣”，在洁白的软缎面料上运用晕、纱、滚、藏、切等技法，以针代笔，以线作墨，绣出来的花纹线条流畅、色调柔和。不仅增添了笔墨的湿润感，还具有光洁透明的质感。

中国刺绣艺术如同美术中的白描，“以针为笔，以线为墨”，缜密的构思和纯熟的技艺在刺绣作品中得到展现，一丝一线蕴含了刺绣者的个性和感情。刺绣依赖于绘画，其艺术性体现在线条、色彩、光影的表现方面，要求刺绣人对针线有娴熟的掌握。刺绣图案一般加以隐喻，民间刺绣多数图纹都有象征寓意，比如祈福纳祥、驱恶辟邪，通过一系列图案的谐音等，寄托自己的生活愿望（图 10-33 ～图 10-34）。

图 10-33　盘鹤绣枕顶（明代），中国丝绸博物馆

图 10-34　刺绣蝴蝶花鸟纹裙片（明代），中国丝绸博物馆

五行五色与服饰色彩

服色是服饰的三大要素之一，有着相当重要的地位。大千世界中，五彩缤纷，中华民族对于色彩的独特感知，始于天地初开时的原始神话。在那漫长的色彩发现与感悟的审美历程中，中华民族的服色有着图腾崇拜式的演进。

天地是自然五彩的创造者，圣人却是五色文化的真正创立者。圣君虞舜将自然五彩运用到社会文化领域，使之转化为“青、赤、黄、白、黑”五色，与构成世界的五种基本物质“木、火、土、金、水”相对应。中国传统服饰的审美观念正是对五行自然的崇拜，用五色来解释天地人的关系，并且赋予其标识尊卑贵贱等级差别的文化意义和政治功能，推动了五色政治符号的生成。五色文化成为深化认识传统政治文化和政治思维的重要切入点。

一、五行学说与五色崇拜

五行指木、火、土、金、水，最早见于《尚书·洪范》，古代思想家认为宇宙由这五种元素构成。五行学说反映出人们对事物多样性的认识和探求事物间相互关系的思想。他们认为五行是相辅相成的，所谓木生火、火生土、土生金、金生水、水生木，天下事物皆由五行参合而成。五行在天上代表木、火、土、金、水五个行星，星辰的变化影响到人心的仁善观念，即天人感应。在地上代表五时、五神、五味、五事、五常等，并进而以五行统辖时令、方向、神灵、音律、服色、道德。五行也因此成为古代医学、风水术、占星学的理论要旨。

在阴阳五行学说的影响下，五种基本色彩与五行元素形成固定的匹配关系。青色属木，赤色属火，黄色属土，白色属金，黑色属水，并以这种匹配关系来作为绝大多数用色行为的指导原则，从而形成社会普遍认同的五行色彩符号。

古代占星学认为，星辰的颜色变化同样兆示吉凶。五行相互参合，地分东、南、西、北、中五方，色分青、赤、白、黑、黄五色。故而古天文中有四象：东方苍龙之象（东方属木，苍者，青色）、南方朱雀之象（南方属火，朱者，红色）、西方白虎之象（西方属金，金者，白色）、北方玄武之象（北方属水，墨者，黑色）。

“青，阳也，仁之色”，在五行中代表着东方和龙。青色象征着上天的权力和不朽。青色包含绿色，象征生机勃勃的春天，所以中国有踏青的习俗。在古人看来，阳气上升、万物生发、大地复苏、欣欣向荣的春天充满了生命的气息，与仁“生生不已”的美好属性完全契合，因此青色作为春的象征色，被赋予了“仁”的内涵。

赤与对火的崇拜有关，又象征着太阳的颜色，是原始社会最早被使用的颜色。东汉许慎在《说文解字》中说道："赤者，火色也。"又因"赤"字比"红"字更早出现，所以古时"赤"又泛指各种不同明度和彩度的红色。赤色是五种正色之一，象征夏天、南方，在五行中属火。"夏为火，火主照物而有分别，礼亦主分别。"孔颖达认为，夏天以火为意象，火象征光明，可以将一切事物的细微差别照得清晰明了，足以与"礼"确立尊卑贵贱之分的政治功能相匹配，由此象征夏天的赤色便被赋予了"礼"之含义。

白色，在五行中居西方，代表秋天。在原始氏族的集体性色彩意识中，白色具有驱邪的能力，所以白色成为丧服的颜色。在我国少数民族中，蒙古族崇尚白色。满族也崇尚白色，认为白色是天穹、神灵以及日、月、星辰的本色。白族以白色象征高尚、纯洁、吉祥。纳西族用白色象征光明、吉祥、善良。白色在中华民族的传统观念中有着品德高尚、纯洁、清白的象征意义。

黑色在五行中属水，象征冬天，代表北方。我国许多少数民族崇尚黑色，历史上的女真人视黑色为威武的象征。满族人以黑色象征生命和水的源泉，黑色服饰象征着庄重。在满族的萨满教中，黑色象征善神，它是人们漫长黑夜中的守护神。苗语中的黑色是美丽、庄重的象征。

黄色在五行中居中央，代表大地之色。黄色作为正色，象征高贵、吉祥、权力等。中国古代，黄色被统治者视为至尊之色。黄色在蒙古族中是神圣和至高无上的象征。在满族中，黄色象征吉祥。

二、五德服色与王朝兴废

古人运用五德学说来解释朝代的发展，认为历史从始至终都是按照木、金、火、水、土的顺序来转移和运作的。宇宙万物和人类社会的进步都是按照既定的循环规律运转的，只有处于当运的兴盛者才能主事，行使统治权。由此推演而得，夏朝是木德，崇尚青色。商朝为金德，崇尚白色。周朝属火德，崇尚红色。《史记·秦始皇本纪》记载："始皇推终始五德之传，以为周得火德，秦代周德，从所不胜。

方今水德之始，改年始，朝贺皆自十月朔。衣服旄旌节旗皆上（尚）黑。”秦取代周而建立，根据五行相克说，水克火，故秦以水为德，崇尚黑色。

西汉政权针对服色制度进行了数次调整。《史记》记载：“天下初定，方纲纪大基，高后女主，皆未遑，故袭秦正朔服色。”西汉初立，继承秦朝服色制度，服色尚黑。到了孝文帝时期，又针对服色制度的改革进行了激烈辩论。史载鲁人公孙臣上书曰：“秦得水德，汉当土德，土德之应黄龙见。宜改正朔，服色上黄。”丞相张苍则认为，“汉乃水德之时，色外黑内赤，与德相应。”第二年，黄龙果然显现，于是文帝召见公孙臣，拜为博士，“与诸生申明土德，草改历服色事”。

武帝初即位，与群臣再次商议修改服色。《史记·孝武本纪》载：“孝武皇帝初即位，尤敬鬼神之祀。元年，汉兴已六十余岁矣，天下乂安，荐绅之属皆望天子封禅改正度也。”这段文字记载的是汉武帝即位的建元元年，即公元前140年，朝廷大臣都期望天子改革祭祀天地的正朔与法度，提倡儒术，招纳贤良。以赵绾、王臧等为代表的文学公卿，建议在城南立明堂，以接受诸侯朝见，但是这次改革的结果并未成功。因为窦太后崇尚道家学说，不喜欢儒术，派人暗中查访赵绾、王臧，借口赵、王贪赃枉法，将他们下狱迫其自杀。武帝时期第一次尊儒运动失败，这是当时政治生活中的重大事件。

实际上触发此事件的因素并非单纯的理念差异，“帝王必改正朔，易服色，所以明受命于天也。”服色的变革并非只是单纯的服饰色彩的改变，它表明新任帝王的诞生及国家至高权力的转移，这直接触及西汉政权尤其是窦氏权力网络的合法性，轻易变更服色可能导致窦氏权力赖以存在的理论基础遭受质疑，是以武帝改易服色的行为横遭阻断。直至太初元年（公元前104年）夏，武帝“改历，以正月为岁首，而色上黄，官名更印章以五字。”至此，西汉服色制度才得以确立。

五德服色是“君权天授”思想的重要载体。在五德终始学说中，王朝兴衰被视为在天意主宰下，木、金、火、水、土五种德运周而复始的更迭。五色作为五德的象征色彩，成为历代王朝的政权符号，广泛应用于车马、祭牲、服饰、旌旗、建筑、事物名号等方面。历代王朝在新建之初都会把“改正朔，易服色”列为头等大事，目的在于强调政权“天授”的合法性，从而起到强化政治权威的作用。

随着五德服色传统的强化，又出现了“五时服色”。五时服色是“天人合一”政治活动原则的实践形式。在四时之政理论中，顺应天时、契合天道不仅被视为社会政治活动必须遵循的基本原则，更是确保政事顺遂并获得上天眷顾、维持天命的重要条件。《管子·幼官》中已有君服和旗物随时令定色的内容：春天“君服青色”，夏天“君服赤色”，秋天“君服白色”，冬天“君服黑色”。立春日，百官到东郊去迎春，旗帜、冠服皆用青色；立夏日，百官到南郊去迎夏，穿红色；立秋前十八日，是祭皇帝后土，服制用黄色；立秋日，百官到南郊迎秋，穿着白色服装；立冬日，百官到北郊迎冬，穿着黑色服装。据《礼记·月令》记载，在春夏秋冬以及季夏五个时节中，天子所乘车舆、所驾马匹、所着服饰以及所佩玉石分别为青色、赤色、黄色、白色和黑色，以呼应五行之色。自秦朝开始形成了较为系统完备的五时服色制度，适用范围也从衣服、旗帜扩展到车马、佩玉等领域。

此外，五色帝崇拜与五德终始学说的融合还衍生出了感生帝崇拜，其基本思路是：君主是五色帝的子嗣，甚至是五色帝的化身。如汉朝开国皇帝刘邦就被称作赤帝或者赤帝子，其家乡沛中也被称作赤帝乡。感生帝崇拜实际上也是天命论的重要表现形式。有了天命的庇护，王权就拥有了至高无上、不容僭越的神圣性。因此，尽管感生帝崇拜一直饱受争议，但仍受到许多君主和儒生的推崇。

在政治生活中对五色符号的运用，这种看似残留了远古“巫术”思维的政治活动，绝非某些学者所认为的是荒谬的。恰恰相反，五色文化在“天人合一”政治思维的实践中发挥着至关重要的作用，为传统政治文化的完善与发展作出了独到的贡献。

三、正色间色与服色品级

纵观中国的服饰发展史，古人对于衣服的色彩有着严格的限定，这也使得中国的服饰色彩所蕴含的政治意义远超其实用意义，服饰的色彩能直接反映其身份地位。何人、何种场合用何种颜色都有专门的规定，从而形成了一套完整的颜色等级制度。

中国古代把颜色分为正色和间色两种，正色是指青、赤、黄、白、黑五种纯正的颜色，间色是指由正色混合而成的颜色。正色和间色成为明贵贱、辨等级的工具，丝毫不得混用。比如孔子曾说“君子不以绀緅饰，红紫不以为亵服”，君子不用青中透红或黑中透红的布做镶边，红色和紫色不用来做平常家居的便服。

其中赤色是最早被贵族采用的，这与当时的石器制造和采炼有关，也与原始部落对于火的崇拜有关，原始的色彩开始成为服饰文化最基础的色彩。

西周、春秋时期以朱红色为贵，故诸侯、大夫皆通服朱色。《尚书大传·帝告》中记载了当时社会崇尚朱色的这种规习：“未命为士者不得乘朱轩。”衣着朱色，身份必为贵族，从侧面可证明朱为“贵”色。《楚辞·招魂》提到，楚国宫室“网户朱缀”，即楚宫的门户除以透雕作装饰外，还在表面涂上朱漆。

除了朱色，玄黑色在当时也被视为“贵”色，而且被当作是吉色。玄色的冕服是春秋时期贵族的礼服，用于祭祀、婚仪、冠礼等隆重场合穿着。《论语·乡党》中说：“羔裘玄冠不以吊。”为什么穿羔裘、戴玄冠不能吊丧呢？因为羔裘、玄冠都是黑色，古代的黑色用于吉服。丧事是凶事，需要穿丧服，不能穿戴代表吉祥颜色的服饰去吊丧，这样才符合当时服饰的礼仪习俗。

作为间色的紫色本来是卑贱之色，《释名·释采帛》：“紫，疵也，非正色，五色之疵瑕，以惑人者也。”但是，春秋第一霸主齐桓公偏偏喜欢紫色。《韩非子·外储说左上》中记载：“齐桓公好服紫，一国尽服紫。当是时也，五素不得一紫。”正所谓上有所好，下必甚焉，以至于当时五匹生绢也买不到一匹紫色布。齐桓公看到这种现象十分担心，于是管仲劝他不要再穿紫衣，“三日，境内莫衣紫也”。

服饰色彩所被赋予的政治属性与古人的哲学思想密切相关，中国的传统思想认为自身所处的宇宙是天圆地方，它们的相生相克构成了社会朝代的更迭。从统治社会的需求出发，利用人们对天地的敬畏，划分了色彩的尊卑贵贱，从而确立了服色的等级制度。

“品色衣”一词最早出现于北周，南北朝中北周服色用五色，且镶绲以杂色的领边，称之为品色衣。《周书·宣帝纪》记载：“大象二年诏天台侍卫之官，皆着五色及红紫绿衣，以杂色为缘，名曰‘品色衣’，有大事与公服间服之。”

至隋朝，不同品级的官员之间的服色被严格区别，规定五品以上的官员可以穿紫袍，六品以下的官员分别用红、绿两色，小吏用青色，平民用白色，而屠夫与商人只许用黑色，士兵穿黄色衣袍，任何等级都不得使用其他等级的服装颜色。

到唐朝武德年间，服饰礼仪沿袭隋制，但有所创新，规定亲王及三品以上“色用紫”，四品、五品“色用朱”，六品、七品“服用绿”，八品、九品“服用青”，流外官、庶人、部曲、奴婢“色用黄、白”(《新唐书·车服志》)。上元元年（674年），高宗又“敕文武官三品以上服紫，金玉带；四品深绯，五品浅绯，并金带；六品深绿，七品浅绿，并银带；八品深青，九品浅青，石带；庶人服黄，铜铁带”(《旧唐书·高宗纪》)。这一规定极其详细，使九品之官服色各异，所有社会成员的等级身份、大小官员的品级秩序都清楚呈现，从此正式形成由黄、紫、朱、绿、青、黑、白七色构成的颜色序列，成为封建社会结构的等级标志。

四、少数民族服饰色彩

朝鲜族素有“白衣民族”的美誉，并自称为“白衣同胞”。朝鲜民族历来喜爱干净，钟情于白色，认为白色能给人以洁净、纯朴、淡雅的情趣。朝鲜民族喜欢穿着素白衣服由来已久，历来有尚白的习俗。其中，最普遍的说法是源自太阳神崇拜，因为太阳总是白色的。这种对自然神灵的崇拜和信仰，对衣服颜色的选择产生了直接的影响。也有记载称，朝鲜民族在服饰上的尚白习俗，是因为古代彩色衣料不足，加上百姓生活不富裕等原因。在古代，游牧民族普遍穿裘披毡，而农桑民族可以穿布衣锦，不过平民只能穿白色衣服。

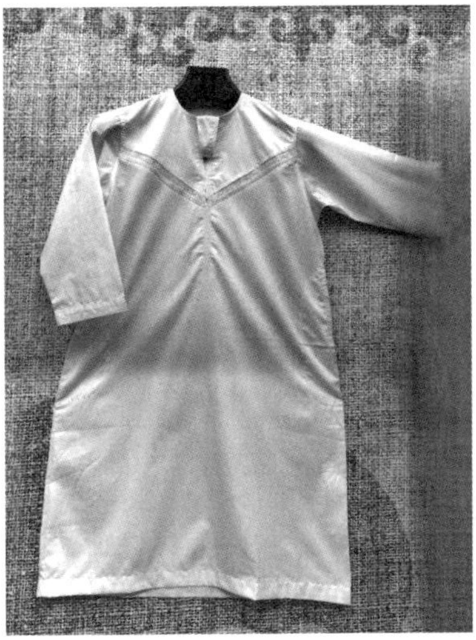

图 10-35　回族礼拜服，黑龙江省民族博物馆

回族人民也喜欢穿白色衣服，因为他们认为白色乃“本然正色”，五色之中，惟白最吉，白衣最洁最美，白色在日常生活中的应用十分普遍（图 10-35）。除此之外，还有藏族、蒙古族、维吾尔族、满族等多数北方少数民族也都有服饰尚白的习俗。唐朝高僧慧琳《一切经音义》卷二一

有云："西域俗人皆著白色衣也。"玄奘《大唐西域记》卷一也提及西域习俗："吉乃素服，凶则皂衣。"

吉祥纹饰与图案文化

传统民间吉祥纹样是中华民族艺术文化的瑰宝，也是我国劳动人民智慧的结晶。体现在服饰上的图案文化，反映了中华民族不同历史、不同地域的生活面貌和社会文化思潮。

我国服饰图纹最早出现在新石器时代。在原始先民那里，服饰图纹是一种展示精神祈愿的创造性纹饰。它最初源自图腾崇拜的画身文身，与原始先民在摩崖上绘画和在陶器砖石上绘画一样，经历了从神圣向世俗，从具体向抽象，从内容向形式转换的审美演变过程。

一、龙凤图纹

图 10-36　明黄色绸平金彩绣云龙纹靠背面（清代），苏州博物馆西馆

在中国古代服饰文化中，纹样的运用意义非凡，常常具有特殊的含义与象征。中国古代服饰文化中的纹样种类虽然繁多，但最引人瞩目的、流传最广的当数龙纹。龙纹是我国古代最具代表性且地位最高的服饰图案，寓意着吉祥和尊贵，从商汤开始，每一代皇帝身上都文有龙形图案（图 10-36）。

龙是中华民族精神的象征，在中华民族古老的文明中留下了神秘而威严的形象。古往今来，龙纹被广泛应用于青铜器、陶瓷、服装、玉器等材质上，不论宫廷还是民间，对龙纹都有一种不可割舍的偏爱。

龙是我国古代传说中的灵异神物。“龙”的概念诞生于新石器时代，据说“虎须鬣尾，身长若蛇，有鳞似鱼，有角仿鹿，有爪似鹰，能走，亦能飞，能大能小，能隐能现，能翻江倒海，吞风吐雾，兴云降雨”。龙代表着强大的超自然力量，寓意风调雨顺，源自原始人类对自然界强大事物的崇拜。

龙纹最初是以远古时期中华先祖的氏族图腾徽铭的形式出现的，历经黄帝时代及后世的演化流变，已经成为具有独特意义的中华民族的文化符号。从新疆维吾尔自治区博物馆所藏的《伏羲女娲交媾图》可见，二神之躯或作蛇身，或作龙身，相互缠绕，表现了中国古代神话中人类始祖的形象。无论身处何处，中华民族的子孙都自豪地称自己是“炎黄子孙”与“龙的传人”，这说明黄帝与龙有着非同寻常的关系。

据考证，黄帝部族在统一中原之前，是以“熊”为图腾的，在打败蚩尤、炎帝等部族统一中原后，为安抚归附的其他部族而改用了“龙”的图腾。龙图腾的产生蕴含着中华先祖各部族间相互融合的历史，龙是华夏氏族部落联盟的图腾。可见，龙图腾含有融合的含义，表征着黄帝文化的包容性；龙图腾有统一的含义，表征着华夏先祖对统一的渴望之情；龙纹有变化的含义，表征着黄帝文化的与时俱进与不断地吐故纳新。黄帝文化从此与“龙”紧密联系，并逐渐形成了内涵丰富的中国龙文化。

关于黄帝与龙的记载在中国古代文献中颇多。《史记·天官书》称“轩辕，黄龙体”。《史记·封禅书》曰：“黄帝采首山铜，铸鼎于荆山下。鼎既成，有龙垂胡髯下迎黄帝，黄帝上骑，群臣后宫从上者七十余人。龙乃上去。”《论衡·验符篇》说：“……德侔黄帝，故龙色黄。”《山海经·大荒北经》载：“蚩尤作兵伐黄帝，黄帝乃令应龙攻之冀州之野。”从如此众多的古籍记载中可以看出，中国人尚黄尊龙，以黄龙作为中华民族的象征，是有历史渊源的，是和黄帝文化紧密相连的。

在漫长的阶级社会中，龙代表着皇权独尊的专制统治，不容侵犯，龙图腾也成了皇帝的专属象征。历代皇帝都以“真龙天子”自居，穿龙袍，坐龙椅。龙袍作为龙图腾的代表服饰，在中国的服饰文化中一直具有重要意义。在商周时期，龙纹发展成权力的象征，历经春秋、战国、秦、汉、唐、宋、元至明清时期达到顶峰。龙纹形象从最初的抽象形态发展至神形兼备，从简洁稚拙演变为复杂灵动。这些形象，有的来自鱼或龟的演化，有的来自走兽的演化，也有的来自古文字的同音假借。

到了宋元之后，龙成了神权、皇权的象征。在宋元时期提升了龙的地位，只有帝王才可以使用龙纹，这就限制了龙纹的使用范围，平民老百姓不得擅自使用龙纹。历代以来，皇帝身上所穿的龙袍图案都有所变化，通常情况下会有九条龙：前身三条，后身三条，左肩一条，右肩一条，襟里藏一条。其中前身、左右肩总共五条龙，与古代的“九五之尊”之说相吻合。

到了明清时期，龙纹样得到广泛应用，有四团、八团、十团、十二团、十六团以及二十四团龙，表明穿衣者身份尊贵。1985 年在挖掘明代朱翊钧定陵的时候，出土了三百多件丝织品，其中尤以万历织金妆花纱龙袍最为珍贵。整件龙袍共有十七条龙，并且姿态各不相同。在阳光的照耀下，随着视角的变化，龙身上的羽线会闪烁出不同的色彩。

对于服饰上的龙纹，清代有着明确的规定。亲王、郡王、平民百姓服饰上的龙纹样式各不相同，滥用龙纹者将受到严厉的惩罚。到了清代，龙袍的款式也发生了重大的变化。如果是朝服，仍然有过肩龙，但是在下摆处有较多的小团龙；如果是日常袍服，那么前身以及后身会各有两条龙，左右肩都是双龙过肩。

总而言之，龙纹在我国具有悠久的发展历史（图 10-37~ 图 10-40），蕴含着丰富的文化内涵和审美价值。发展到现在，龙纹又被赋予了新的内涵，成为中华民族乡情的寄托，反映炎黄子孙共同的身份认同。

图 10-37 普照寺龙纹挂件（清代），中国丝绸博物馆

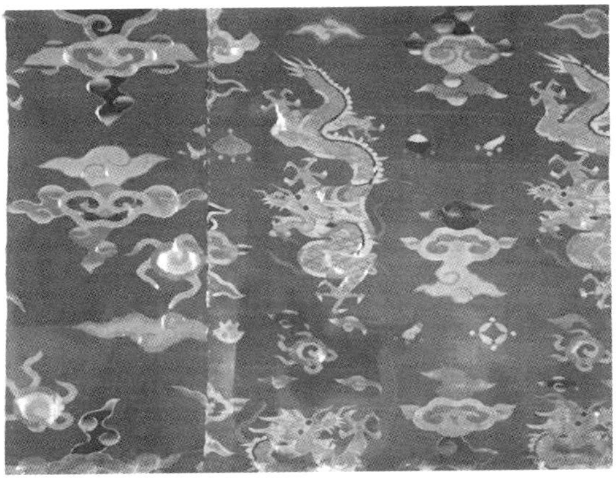

图 10-38　蓝地云龙纹绛丝（清代），中国丝绸博物馆

图 10-39　香色龙纹饰件（清代），中国丝绸博物馆

凤纹亦称凤鸟纹，包括凤纹及各种鸟纹，在青铜器中凤纹是最为华美的纹饰。它由原始彩陶上的玄鸟演变而来，西周时其基本形象为雉，早期凤纹区别于鸟纹最主要的特征是有着上扬飞舞的羽翼。《山海经》中记载："有鸟焉，其状如鸡，五采而文，名曰凤皇"。凤是中国古代神话中的神鸟，源自中华原始宗教的自然崇拜。凤在人们意识中有各种形态，在《尔雅·释鸟》中写道："凤，其雌皇。"郭璞注曰："凤，瑞应鸟，鸡头、蛇颈、燕颔、龟背、鱼尾，五彩色，其高六尺许。"凤其实是由自然界中各种不同动物融合而成的神物。凤与龙一样，经历了几千年的历史文化洗礼流传至今，成为中华民族最具生命力的文化标志和精神象征。历经不同时代的演变，崇拜凤的观念与日俱增，逐渐成为人们心中的意识形态。在装饰艺术领域，凤并不完全像龙纹那样显得神秘莫测。

图 10-40　龙纹织锦椅靠（清代），苏州博物馆西馆

它比龙纹更接近自然形态也更人性化，具有一定的情感因素，人们在崇仰中更感亲近和喜爱。

传说在很早以前，百鸟无忧无虑地生活在美丽的大森林里，天天欢乐歌唱。有一只羽毛朴素的、不受群鸟瞩目的小鸟，名字叫作凤凰。它不像其他鸟儿那样只顾玩乐，而是从早到晚忙碌着采集各种果实，还把别的鸟扔掉的食物一同收藏在山洞里。喜鹊讥笑它是“财迷精”，乌鸦讽刺它是“小傻瓜”。但凤凰并不生气，日复一日，年复一年地辛勤操劳。后来，有一年发生了大旱灾，茂盛的森林也几乎枯萎，百鸟找不到食物，有的头昏眼花，有的气息奄奄……这时，凤凰把自己多年积存的食物一一分给百鸟，终于使众鸟渡过了难关。百鸟为感激凤凰的救命之恩，赞颂它的高尚情操，每只鸟都从自己身上选了一根最漂亮的羽毛，做成一件五光十色、绚丽耀眼的“百鸟衣”，献给了凤凰。从此，凤凰成了最美丽的鸟，并被推选为“百鸟之王”。每年凤凰生日，百鸟都要飞去向凤凰祝贺。“凤凰”从此成为世上美好事物和崇高形象的象征。

最早的凤袍出自辽代。袍上凤纹嘴喙如鹰，长颈短翅，尾羽如卷草花。宋元凤凰清秀细腻，刻画精致，形象更加确切翔实。头较扁，嘴尖，丹凤眼，颈部短，如鸳鸯状，翅膀整齐细密，腹部呈梭形，有鱼鳞状羽毛，尾部通常作飘带状，特别是锯齿形飘带。凤凰形象多为飞舞姿态，凤足常省略。

明清时期是凤纹发展的成熟时期。凤纹样纤细工整、华美写实。凤颈如鸡，丝羽分明，有的像菊花样呈动态上扬，凤足细长，凤尾呈飘带状或者呈孔雀翎状。不但凤纹自身的描绘细致非常，而且构成组合的背景也繁复丰富。生活服饰品中以凤为名的物件也多得不可计数，皇后的用品诸如凤袍、凤冠、凤辇、凤驾、凤床等都冠以凤名。首饰中凤钗、凤钿、步摇、扁方、戒指上凤纹工艺精美，凤的形象刻画精细，凤纹栩栩如生，呈飞翔态势（图 10-41~ 图 10-44）。

经历了数千年的演变，凤凰形象脱颖而出，成为整个民族的图腾以及美学典范。可以说，在相当长的一段时间内，中国的女性都在致力于把自己打扮成凤凰的样子。凤凰象征着女性，对中华美学产生的影响巨大。

图 10-41　蓝地凤纹花缎藏袍（清代），苏州丝绸博物馆

图 10-42　衣线绣五伦图通景三屏（明代），苏州博物馆西馆

图 10-43　万寿书拉锁绣“凤穿牡丹”（清中晚期），哈尔滨市八旗满族服饰博物馆

图 10-44　黄地双凤纹绣片（明代），中国丝绸博物馆

二、十二章纹

史前时代，尧舜就以十二章纹作为衣服的图纹，十二章纹为日、月、星辰、山、龙、宗彝、华虫、藻、火、粉米、黼、黻十二种图纹。

“日”即太阳，太阳当中常绘有乌鸦，这是汉代以后太阳纹的常见图案，取材于“日中有乌”“后羿射日”等一系列神话传说。

“月”即月亮，月亮当中常绘有蟾蜍或白兔，取材于“嫦娥奔月”等优美的神话传说。

“星辰”即天上的星宿，常以几个小圆圈表示星星，各星星间以线相连，组成一个星宿。

“山”即群山，其图案即为群山形。

“龙”为龙形。

“华虫”，即“雉”，雉是鸟类，其颈毛及尾似蛇，兼有细毛似兽。

“宗彝”，即宗庙彝器，呈尊形。

“藻”即水藻，为水草形。

“火”即火焰，为火焰形。

“粉米”即白米，为米粒形。

“黼”是黑白相间的斧形，为刃白身黑。

“黻”是黑青相间的“亚”形。

十二章纹的每一章纹饰都有取义，日、月、星辰代表三光照耀，象征着帝王皇恩浩荡，普照四方；山代表着稳重性格，象征帝王治理四方水土；龙是一种神兽，变化多端，象征帝王善于审时度势地处理国家大事和对人民进行教诲；华虫，象征帝王要“文采昭著”；宗彝，是古代祭祀的一种器物，通常是一对，绣有虎纹和博纹，象征帝王忠、孝的美德；藻则象征皇帝的品行冰清玉洁；火象征帝王处理政务光明磊落，火焰向上也有率领黎民百姓归顺上命之意；粉米，就是白米，象征着皇帝供养人民，安邦治国，重视农桑；黼，为斧头形状，象征皇帝做事果敢干练；黻，代表着帝王能明辨是非、知错就改的美德。

十二章纹前后绵延近两千年，文献记载很多，但流传下来的实物却很少。明定陵出土的数件缂丝衮服为我们了解古代十二章纹提供了实物资料。在这两件衮服上，龙纹最为突出，共有十二团龙，分别织于两肩和前后襟上；两肩织有日、月，背织星辰、群山，两袖饰以华虫；宗彝、藻、火、粉米、黼、黻等六种纹饰分别列于前后襟团龙两侧，共列十二章纹，与明制符合，是不可多得的珍贵历史文物。

十二章纹的每一个图案都代表深刻而厚重的政治和文化寓意。从周代以来，各代帝王在最隆重的场合和祭祀仪式上，都要穿有十二章纹图案的冕服。帝王以下公卿的冕服根据官位的不同各有规定，公卿衣裳则用九章纹，侯、伯分别用七章纹、五章纹，以下再依次递减。除了庄严的祭祀活动以外，朝廷还不断有上朝、田猎、吊唁、出兵等活动，都有不同的穿着规定。

三、民间吉祥图纹

汉族民间传统服饰中的吉祥图案以其独特的造型语言反映了人们的情感生活和美好追求，具有独特的艺术价值。而汉族民间传统服饰的艺术价值，不仅在于它给人带来的形式美感，更重要的是其蕴含在图案中的情感和寓意。

“吉祥”一词在《辞海》中的解释为预示好运之征兆，象征祥瑞、吉利。中华民族所特有的文化心理以“吉”为喜，以“祥”为美，都是美好的象征。《中国美术辞典》中将“吉祥图案”一词解释为传统装饰纹样的一种，通过某种自然物象的寓意、谐音或附加文字等形式来表达人们的愿望、理想的图案。

吉祥图案作为传统吉祥文化的特殊载体，由民间艺人创作，并在生产、生活过程中不断演变发展。吉祥图案产生于原始社会初期，人们在面对神秘而强大的大自然时，由于自身能力有限无法与之抗衡，幻想借助崇拜某些图腾来达到增添力量、抵御灾祸的目的。

民间吉祥图案一般表达四个含义：“富、贵、寿、喜”。富是财产富有的表示；贵是权力、功名的象征；寿可保平安，有延年之意；喜，则与婚姻、友情、多子多孙等有关。中国服饰的民间图纹，花草树石、蜂鸟虫鱼、飞禽走兽，无不可入画，貌似平凡，其中不乏真趣与深情。吉祥图案作为中国传统文化的重要组成部分，已成为认知民族精神和民族旨趣的标志之一（图 10-45~ 图 10-46）。

图 10-45 绣双寿香包（清代），哈尔滨市八旗满族服饰博物馆

图 10-46 牡丹花瓶马面裙片（清代），哈尔滨市八旗满族服饰博物馆

吉祥纹样中，一种是文人雅士的书法化路径，诸如“松鹤延年”“松柏常青”“连年有余”“福寿双全”“国色天香”“岁寒三友”“龙凤呈祥”“鸳鸯戏水”等。为数众多且构思奇特的书法化的纹样，依然是中国美术表达的重要主题（图 10-47）。

图 10-47 书法刺绣纹样，哈尔滨市八旗满族服饰博物馆

另一种便是民间的图案化路径。中国人每逢喜庆吉祥之事，偏好讨个“口彩”，用谐音来表达感情，非常符合中国人表情达意委婉含蓄的传统。因此在吉祥图案中常利用同音字来隐喻吉祥含义，用谐音画面来表达寓意。例如，一只鹌鹑与九片落叶组成“安居乐业”。鱼谐音“余”，罄谐音“庆”，梅谐音“眉”，喜鹊代表“喜”，

花生代表“生”。如嘴里衔着莲花谐音“鱼戏莲”。白鹭与莲花的组合，想象水里面还有小蝌蚪，便可以寓意“一路连科”。鸡冠上又顶着两个花冠，可以寓意“官上加官”。喜鹊落在梅花边上，谐音“喜上眉梢”。莲花上面坐一个童子，谐音“连生贵子”。三个花瓶排排放可以寓意“平升三级”（图 10–48~ 图 10–51）。

图 10–48 “平升三级”褡裢（清代），哈尔滨市八旗满族服饰博物馆

图 10–49 “状元及第”荷包（清代），哈尔滨市八旗满族服饰博物馆

图 10–50 “三娘教子”刺绣枕头顶，哈尔滨市八旗满族服饰博物馆

图 10–51 “关公战秦琼”刺绣枕头顶，哈尔滨市八旗满族服饰博物馆

在少数民族服饰中，传统图案的创作者是不计其数和不知其名的工匠艺人或普通百姓。他们把对远祖的记忆、抵御外敌的经历、民族重要的历史事件、迁徙的足迹以及日常所见，通过各种工艺记录于服装之上，穿在身上。这凝聚了千百民众的智慧、情感的寄托和对生活的希冀。

如彝族白倮人男子上衣，衣服纹饰中包含着曾经救过祖先生命的粮食图案，如南瓜米花、红米花、荞菜花、荞菜籽，以及传说中祖先从昆仑山下来时照亮路途的星宿、梯子花，别具神灵意味的龙纹、龙牙等。仅仅一件上衣，仿佛要道尽民族的过往历史和留给后人的传奇故事。

素有“金孔雀”之称的傣族，是一个爱美的民族，傣族妇女善织，以傣锦闻名，服饰秀丽。新平、元江一带的傣族因其女子美丽的服饰而得名“花腰傣”。花腰傣女子身着镶绣银泡的小褂，外套一件锦缎镶边的超短上衣，约七寸长的短衣充分展示出她们腰饰的华美，红色织花腰带在腰间层层缠绕，小褂下摆垂着的无数银坠均匀地排列在后腰，串串芝麻响铃在腰间晃动，长长的丝带将精美的“花央箩”系在腰边。黑红色的筒裙，镶满银泡的筒包，高高的发髻、别致的小笠帽，耳侧旁挂着花银响铃（图 10–52）。

图 10–52　云南新平花腰傣，王锦强摄

在土家族习俗中，土家姑娘从十一二岁起就开始学习彩织，姑娘结婚时必须有自己织的打花铺盖作嫁妆。土族因其生活环境较为单调，所以喜爱热烈的色彩，土族妇女的衣饰，皆以五彩绣制而成。主体太阳花纹样中不同颜色都有特定含义，红色代表太阳，蓝色代表青天，黑色代表土地，黄色代表五谷，白色代表乳汁，其中充溢着一种浓浓的生活激情。

几何纹在各民族服饰中也有大量的应用，织锦上的图案花纹一般以几何纹为主，在刺绣和蜡染的服饰中也比较常见。常见的几何纹有雷纹、回纹、方格纹、卍字纹、同心圆纹等。而且，一般情况下这些纹样不单独出现，而是多种几何纹结合运用，有的还与各种动植物图案相互组合（图 10–53）。

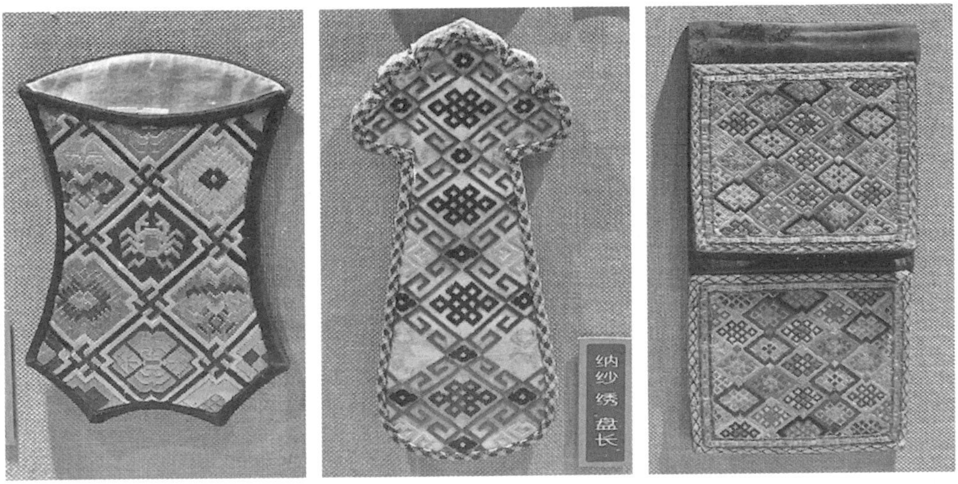

图 10–53　几何纹刺绣，哈尔滨市八旗满族服饰博物馆

广西壮族自治区隆林县苗族妇女上衣仍保留着贯头、大袖、大翻领的古装样式。从纹饰来看，该女服多采用十字挑花的工艺完成几何线条、抽象方格纹等几何图形，并通过方格纹和线条的组合、颜色的搭配形成规整、和谐的图案，使得整件衣服庄重而不失明快。

台江苗族几何纹数纱绣片，用数纱绣工艺在平纹棉布上进行刺绣，通过对大小不一的卍字纹进行错落有致的排列，组合形成规整的几何纹饰效果。此外，该绣片色彩搭配也颇有研究价值，蓝色的底布上巧妙地搭配多种色彩纯度高的红、绿、紫等色彩，却杂而不乱、古朴典雅。

服饰民俗的礼仪规制

礼仪是一种象征，一种认同，也是一种交流的媒介。群体与社会通过这种礼仪对新的成员予以接纳与承认。如梁漱溟先生所说：“礼的要义，礼的真意，就是在社会人生各种节目上要沉着、郑重、认真其事，而莫轻浮随便苟且出之。”在人生的历程中，每个人所经历的最为重要的礼仪包括诞生礼、成年礼、婚礼、寿礼与丧礼等。出生时的祝贺鞭炮标志着新生命的诞生，而丧礼上的丧钟则宣告着生命的终结。

民俗礼仪的存在表现在直接现实和精神寄托两个层面。中华服饰作为民俗中有形的物质载体，完美地诠释了华夏民族传统文化中所寄托的千古意蕴和万种风情。服饰既是民俗礼仪的直接呈现，承载着每个人一生中必经的重要仪式；又是一种民俗心意的寄托，表达了人们祈福求祥、辟邪驱魔的主观愿望。人类的服装史就像一块活化石，记载着人类社会生活中的每一个重要时刻，在历史的传承与发展中，形成了独具特色的民俗文化和时代风貌。

诞生服饰礼仪

诞生礼居于人生四大礼仪之首，是人从所谓“彼世”到达“此世”时必须举行的一种礼仪。它作为人类社会生活的重要组成部分，涉及许多文化现象。几乎每一个民族都传承着一套与妇女产子、婴儿新生息息相关的民俗事象和礼仪规范。一个婴儿诞生，仅仅是一种生物意义上的存在，只有通过为他举行的诞生礼仪，他才能够获得在社会中的地位，被社会承认为一个真正意义上的“人”。比如，在汉族民俗中就有为初生婴儿剪胎发及与此相关的“三朝礼”“满月礼”等仪式，诞生礼俗隆重盛大，反映了中华民族对生命传承延续的重视和期许。

一、虎头鞋、虎头帽

在原始社会旧石器时代，由于生产力水平低下，人类在自然力和自然现象面前常常显得软弱无力，生存十分艰难。于是具有原始思维蒙昧性、混沌性和幻想性特点的一些氏族部落将八面威风的虎作为本民族的图腾。将虎的形象刻画在自己身体明显部位的皮肤、服饰或用具上，以虎的形象作为自己氏族的名称、特殊标志和神圣护符，把虎视为整个群体共有的保护神而虔诚地顶礼膜拜，有的甚至还给虎画上了双翅，使之变成威力更为强大的“飞虎”，成为一种神兽。

虎的形象威风凛凛，因此自古以来就被用于象征军人的勇敢和坚强，“虎将”“虎臣”“虎士”“虎贲”“虎师”“虎威”“虎步”“鹰扬虎视”“燕颔虎须”等词语，一眼望去就有一种不凡的气势。《汉书·王莽传》中记载：“莽拜将军九人皆以虎为号，号曰‘九虎’，将北军精兵数万人东。”后来虎将也就成了勇将的通称。从周朝开始，军队中设有虎贲，主要作为皇室的卫队，军官中也有虎贲中郎将、虎牙将军等职，《尚书·周书》记载：“武王戎车三百两，虎贲三千人，擒纣于牧之野。”可见虎贲为武王灭纣立下了汗马功劳。虎贲的意思是犹如猛虎之奔走，形容其一往无前。三国时，蜀国的关羽、张飞、赵云、马超、黄忠被封为“五虎上将”。魏国的许褚也因为骁勇善战，膂力过人，号称“虎痴”，当马超与其交战时，更称其为“虎侯”，不敢掉以轻心。我国古代把处理军机事务的地方叫作“白虎堂”，把将帅的营帐称为虎帐，“柳林春试马，虎帐夜谈兵”成为古代军营生活的写照。唐朝王建《寄汴州令狐相公》一诗中也有：“三军江口拥双旌，虎帐长开自教兵。”

虎是一种吉祥物，在鞋、帽等服饰上绣制虎或虎头图案，是希望孩子们长得虎头虎脑，借由形象逼真的虎头图案驱鬼辟邪，保佑孩子无病无灾。虎头鞋、虎头帽是民间百姓为新生儿精心刺绣手工制作的吉祥服饰，制作工序非常烦琐复杂，要经过剪、贴、插、刺、缝等数十道工序才能完成，如今会做这种手工艺的人已寥寥无几。

一顶虎头帽的两侧、后面均可以刺绣上各种艺术表现力和想象力丰富的图案，如凌空飞翔的凤凰，各种生动真实的喜鹊、水鸟、麻雀、燕子、蝴蝶以及争奇斗艳的梅花、荷花、花瓶等。花鸟草虫，缤纷图案，看上去栩栩如生、形象生动，表现出了人民群众纯真的思想感情和健康的审美趣味（图 11–1）。

图 11–1 童帽（清末民初），中国丝绸博物馆

虎头鞋做工复杂，虎眼、虎眉、虎嘴、虎鼻都要依靠针线和布缝制而成，需要用刺绣、拨花、打籽等多种针法，常采用粗线条勾勒，以展现虎的威猛。虎头鞋

鞋面的颜色以红、黄为主，还常用兔毛给鞋口的虎耳、虎眼等镶边，红、黄、白间杂，轮廓清晰。孩子穿上虎头鞋后，兔毛随风飘动，虎头也随之有了动感。虎头鞋鞋底肥大，插空纳上九个菱形破花，九个破花称为九颗圆子，意为“九子十成”（图 11-2）。

图 11-2　虎头鞋，姑苏区运河文化展示馆

穿虎头鞋的时间通常是在幼童一岁左右。此时的儿童跃跃欲试，想要走路，但又离不开大人的搀扶。这时父母给孩子穿上虎头鞋，利于孩子脚踏实地。更为重要的是，人们认为虎是百兽之王，穿上虎头鞋可以辟邪恶、保平安，保护孩子健康成人。直到今天，“虎头鞋”依旧代代相传，长穿不衰。从农村到城市，从内地到大西北，谁家添了宝宝，做姥姥的都会送上几双“虎头鞋”，以此来表达老一辈对娃娃们的期盼和祝福。

二、百家衣

旧时医疗条件有限，生孩子是人命关天的大事，经常有分娩过程中大人或者婴儿死亡的情况。即便婴儿生下来时好好的，在成长过程中也难免要经历种种疾病、灾难、伤害等，尤其是那些婴幼儿最容易得的传染病，更是给孩子们带来了致命威胁，以致婴幼儿的死亡率很高。为了让孩子能健康长大成人，人们便想出了穿百家衣的习俗。

古人言：“孩儿吃得百家饭，穿得百家衣，佑其无病无灾，长大成人。”旧时汉族民间养育婴儿，要向众邻亲友讨取零星碎布，缝成一件“百家衣”给小孩穿上，谓能得百家之福，小孩少病少灾，易长成人。又寓意小儿贫贱，认为贫贱者易活。俗话“穿了百家衣，能活七十七”，表达了穿百家衣的意义。

在古代，越是富贵之家的孩子，越是重视百家衣。百家衣风俗历史久远，古代官宦贵族人家或中等人家，多在孩子接受启蒙之前，先向100家各索讨一块布拼制成“百家衣”，每一块布直径为7厘米，呈八角形，颜色自然各不相同，在制衣时还要绣上花鸟虫鱼及人物，这才是正宗的“百家衣”。而一般家庭做的则只是象征性的“百家衣”，以讨口彩，借其使小儿容易成活的寓意，其中虽有护身符的意味，但也寄托了父母对孩子的希望与祝福。

三、长命锁

长命锁是挂在儿童脖子上的一种装饰物，民间认为，只要佩挂上这种饰物，就能辟灾驱邪，“锁”住生命。长命锁的前身是“长命缕”。佩长命缕的习俗，最早可追溯到汉代。据《荆楚岁时记》《风俗通》等书的记载，在汉代，每到端午佳节，家家户户都在门楣上悬挂五色丝绳，以避不祥。到了魏晋南北朝时，这股丝绳被移到了妇女臂上，逐渐成为妇女和儿童的一种臂饰。这种彩色丝绳，就被称为“长命缕”，也叫“长生缕”“续命缕”“延年缕”“五色缕”“辟兵缯”“朱索”“百索”等。到了宋代，这种风俗依然存在，不仅在民间流行，还传入宫廷，不止妇女儿童，男子也可佩戴。每到端午节前，皇帝还亲自将续命缕赏赐给近臣百官，以便他们在节日佩戴。宋代称这种五彩丝绳编结物为珠儿结、彩线结，其形制已较为复杂。除丝绳、彩线外，还穿有珍珠等物，在当时汴京等地的街市上还有不少店铺和商贩，专门以销售这种饰物为生。到了明代，风俗变迁，成年男女使用者日渐减少，通常用于儿童，并成为一种儿童颈饰。

诞生仪礼中，镌刻着“长命富贵”的银锁或金锁、玉锁（图11-3），挂着小铃铛的银手镯、银脚镯，绣着五毒图案的红肚兜、虎头鞋，等等，不仅彰显了孩童诞生的隆重，也凝聚着父母亲族的殷殷期望。

图 11-3 长命锁（清代民国），哈尔滨市八旗满族服饰博物馆

四、三朝礼

婴儿出生三天后，家长要为其举行“洗三”仪式。洗三又叫“洗三朝”“洗儿”等。据记载，洗三朝在唐代即已出现，宋代已很流行。这是婴儿出生三日后举行的洗浴仪式。各地做法不尽相同，但基本过程大同小异。用艾熬水，给小孩洗澡。前来祝贺的亲友拿银钱、喜果之类的东西，往洗澡盆里放，叫作“添盆”。洗婆根据亲友所投物品的不同，口中念着不同的吉祥话。如若放枣儿、栗子，就说“早立子儿”；若搁莲子，就说“连生贵子”；等等。洗完后，有的还用葱在孩子身上拍打三下，取聪（葱）明伶俐之意。洗三时，亲朋好友纷纷以红包作为贺礼，主人则以糕点等款待，并留亲友吃“洗三面”。

洗后，还有一项重要仪式，称为——落脐炙囟，即去掉新生儿的脐带残余，并敷以明矾，熏炙婴儿的囟顶，表示新生儿就此脱离了孕期，正式进入婴儿阶段。然后要给婴儿穿上小褂子，但同时又忌讳给其穿裤子。人们相信一百天之内的婴儿不穿裤子，如果遇到夭亡时能够腿脚灵敏迅速逃生，否则会被裤腿绊住，到了阴间就再也回不来了。因此一般情况下家长都会在婴儿过满一百天后才给其穿上裤子。浙江温州地区民间有忌幼儿穿鲜艳衣服的习俗，如果给孩子穿红衣红裤，就要在衣裤外罩上一件网衣，佩戴一条用布做的虎爪或特制的腰带，也有的给孩子穿虎头鞋、戴虎头帽，为的是辟邪消灾，保护孩子平安长大。这些禁忌现象体现出民间在落后的生活条件下，为了保护脆弱的婴儿生命，以其特有的方法求吉祥、求平安的心态。衣服穿戴不整，随随便便，在任何时候都是忌讳的。

五、哈尼族诞生服饰

我国少数民族同样将出生礼仪视为一种大礼，保留着许多传统的风俗习惯。绿春县大寨村哈尼族婴儿出生后，由奶奶或邻居的女性长者为其洗澡。将母亲的衣襟剪下，作为第一块尿片仔细包裹。两三天后，婴儿穿上奶奶亲手缝制的新衣，戴上父亲衣袖剪下制作的童帽。沾染了父母气息的衣帽，代表着父母的身体乃至灵魂，衣帽贴身象征父母无时不在的呵护。也有一种解释说，穿戴父母衣襟、衣袖制作的衣帽表示得到来自父母的福分。满月后，外婆前来看望外孙，将绣饰精美的背衫送给母亲，专门用于将新生儿背负于身后。奶奶制作的新衣、外婆赠送的背衫，均寄托了长辈对婴儿的美好祝愿和殷切关怀。

此外，大寨哈尼族人与附近十二个村寨哈尼族人一样，喜欢给家中幼儿佩戴“龙骨”，所谓“龙骨”乃每年阿罗欧滨祭献分食的猪肉中的骨头。大寨与附近十二个村子每年二月杀猪合祭阿罗欧滨，祈求来年五谷丰登、六畜兴旺、村寨安康。祭祀结束后，十二个村子家家户户分食祭献的猪肉。在当地人心目中，经过祭献的猪肉乃至猪骨都具有了护佑安康的神性。母亲带新生儿外出村寨时，要在新生儿脚上、手腕上戴上野姜皮，在其脸部抹上黑灰，以护佑幼儿。

六、锡伯族诞生服饰

锡伯族儿童服饰也别具一格。婴儿刚出生时，不穿任何衣物，而是用襁褓裹紧后，放在吊床里抚养，等过半岁以后才给穿衣物。其服饰式样仿照大人的旗袍，右衽，左右开衩。如果前面的孩子有夭折的，下一个孩子衣服就要左衽，认为这样可以辟邪保命。

“满月”之后，母亲要忙着做小孩穿的衣物。因为按照锡伯族的习惯必须让孩子等衣服，不可以在孩子出生前做很多衣服，让衣服等孩子是很不吉利的，当地人认为这样孩子生下来会得惊风死去。在孩子出生前只做大领毛衫。毛衫，就是衣服的底边不缝，这样不但穿起来舒服，而且有一种象征，毛衫长长的，这样长大以后总会有吃有喝，无论到谁家去，赶上别人家刚刚要吃饭，他可以进门就吃。所以一直到现在，锡伯族人到别家办事，如果一进门正赶上主人全家人吃饭，便会开玩笑地说：“你大概是小的时候毛衫长，所以才到处都赶上好吃好喝。”这位不速之客也一定要随便地坐下，陪主人喝一杯酒，吃一点饭菜。

锡伯族妇女一般都精于刺绣，其手艺主要体现在儿童服装上，子女穿得华丽一点，衣服上的花样多一点，是做母亲的光荣。因此，年轻母亲都争相把自己的子女打扮得漂亮一点。童装做工精细，春秋穿的夹袍和坎肩多选用绸料，尤其是夹衣的后背和衣袖上都用丝线绣各种花鸟、蝴蝶等。婴儿的肚兜做工更是精细，上面绣的花鸟、蝴蝶更是栩栩如生。因为肚兜是经常穿用的服装，人们往往以肚兜作为评判其母亲手艺精粗的标准。

锡伯族宝宝到 100 天时，要过“百岁”，一般不请客，但家里人要在一起聚会，吃一般的家宴。这时年轻的妈妈打扮得漂漂亮亮，头戴鲜花，抱着她精心打扮过的小宝宝参加家宴。这一天要给小宝宝穿鞋，一般是小猪鞋，也有虎头鞋。因为猪和虎都有眼睛，大家祝愿自己家族的后代，在以后的人生道路上，永远顺利，脚下有眼，不会踩在肮脏的东西上，一生都不会被人坑害，也不会遇到灾难。也有的母亲在孩子学走路时，给宝宝用好看的面料或柔软的鹿皮做小乌拉，里边放进乌拉草，穿起来轻便暖和，可以在雪地上游戏。无论是猪鞋、虎鞋还是小乌拉，都是用一整块的面料做成，不另外纳鞋底，这样穿起来舒服，而且吉祥，一生圆圆满满。

成年服饰礼仪

“成年礼”也叫“成丁礼”，是旧时青年跨入成年阶段时举行的仪式。汉族男子二十岁举行冠礼，女子十五岁举行笄礼。古人成年先行冠礼，然后才行婚礼，所以冠婚二字常常一起使用。《淮南子·齐俗训》说：“中国冠笄，越人劗发。”劗发即断发。而女子要先凿齿，后出嫁,《黔书》说凿齿是为了不“妨害夫家”。《管子》说，越国青年热爱祖国，当敌人入侵时，纷纷凿齿表示成人，参军打仗。因此，断发、文身和拔牙、凿齿都是表示成年的仪式。

一、男子冠礼

服饰穿着并非形式上可有可无的装饰，而是与修身齐家治国平天下的秩序直接相关。首上之服，即首服，统称“冠”。《礼记》记载：“冠者礼之始也。”华夏文化是礼仪文化，而冠礼就是华夏礼仪的起点。礼文化是华夏文化的核心，华夏礼仪分为吉礼、凶礼、军礼、宾礼、嘉礼五种类型，冠礼属于嘉礼的一种，它是一个新的成人第一次践行华夏礼仪，进入华夏礼仪系统的起始。

男子冠礼是男子成人礼中最重要的仪式，标志着男子从此将抛弃孩童的稚气，以成年人的身份面对父母、兄弟和朋友，以成年人的方式生活，承担起成年人的责任，因此十分重要。行礼时，主人及受冠者都穿礼服，先加缁布冠，再授以皮弁，最后授以爵弁。每次加冠毕，皆由大宾向受冠者宣读祝词。

缁布冠实际上是一块黑布，相传太古时代以白布为冠，若逢祭祀，就把它染成黑色，所以称为缁布冠，这是最初的冠。冠礼先加缁布冠，是为了教导青年人不忘先辈创业的艰辛。周代贵族生活中已经不戴缁布冠，所以冠礼之后便搁置不用。其次是加皮弁，皮弁的形制类似于后世的瓜皮帽，用白色的鹿皮缝制而成，与朝服配套穿戴，地位比缁布冠尊贵。最后加爵弁，“爵”通“雀”，爵弁所用质料与雀头的颜色（赤而微红）相似，因此得名。爵弁是祭祀等庄重的场合戴的，地位最为尊贵。三次加冠，将地位最低的缁布冠放在最前，地位稍尊的皮弁其次，而将爵弁放在最后，每加愈尊，隐喻冠者的德行能与日俱增，所以《冠义》说："三加弥尊，加有成也。"

冠礼的重要内容之一，是进行容体、颜色、辞令的教育，其中有很深的含义。《冠义》说："礼义之始，在于正容体、齐颜色、顺辞令。容体正、颜色齐、辞令顺而后礼义备，以正君臣、亲父子、和长幼。君臣正、父子亲、长幼和而后礼义立。"刘向在《说苑》中说，冠礼的意义在于"内心修德，外被礼文"，是"既以修德，又以正容"，又引孔子的话说："正其衣冠，尊其瞻视，俨然人望而畏之，斯不亦威而不猛乎？"穿衣戴帽整整齐齐是有文化教养的文明体现，而衣冠周正本身就是君子最起码的礼节和必备条件。再结合《孔子集语》引《大戴礼·劝学》中孔子的话语"见人不可以不饰。不饰无貌，无貌不敬，不敬无礼，无礼不立"，可知在孔子所处的时期，对仪容服饰的要求严格，把服饰正不正看作一个人能否立足于社会的判断标准。因为特定的服饰代表特定的社会身份，因而衣冠不整，君子会引以为耻。

三加之礼完成后，举行醴冠者的仪式。正宾向冠者敬醴酒，并致祝词。冠者按照规定的礼节饮酒，然后起身离席，为冠礼圆满完成而拜谢正宾，正宾答拜还礼。主人用醴酒酬谢正宾，用的是一献之礼。所谓"一献之礼"，包括"献、酢、酬"，即主人先向宾客敬酒谓之"献"，宾客用酒回敬主人谓之"酢"，然后主人斟酒先自饮，再劝宾客同饮谓之"酬"。为了表示对正宾的感谢，主人以五匹帛和两张鹿皮相赠。冠礼至此结束，正宾告辞，主人送到门外，再拜，并派人将盛有牲肉的礼俎送到正宾的家中。

在姓名之外取表字，是为了表示对父亲所起之名的敬重。在古代的社会交往中，只有长辈对晚辈或者尊者对卑者可以直呼其名。平辈之间、晚辈对长辈则要以字相称，以示尊敬，否则就是失礼之举。也就是说，"字"是成人在交际时使用的，所以《冠义》说："已冠而字之，成人之道也。"周代的表字，首字表示排行，用伯、仲、叔、季来表示，视具体情况而定；末字"甫"，或作"父"，是对男子的尊称；中间的"字"，一般与名的字义有联系，如孔丘，字仲尼父，仲是排行，尼与丘对应，丘是山丘，尼是尼山，是孔子出生的地方。末一字可以省略，所以孔子的字通常称作仲尼。

冠礼表面上是一种成人礼，但是在西周的礼乐制度下，行此礼更是对贵族男子继承、获得社会地位的一种认可仪式。从更深层次来理解冠礼，应该与古人对人生意义的理解有关，是带有宗教意义的祖先崇拜，受祭祀时代祖神崇拜思想的影响。

二、女子笄礼

古代男子有冠礼，女子则有笄礼。《礼记·曲礼》中说："女子许嫁，笄而字。"可见女子是在许嫁之后举行笄礼、取表字。笄礼的年龄小于冠礼，《礼记·杂记》说："女子十有五年许嫁，笄而字。"许嫁的年龄是十五岁，如果女子迟迟没有许嫁，则可以变通处理。《礼记·内则》郑玄注说："其未许嫁，二十则笄。"笄礼的仪节，大多认为应当与冠礼相似。

到了宋代，一些学者为了推行儒家文化，构拟了士庶女子的笄礼，司马光的《书仪》以及《朱子家礼》都有专门的仪式记载。《书仪》记载，女子许嫁，笄。主妇女宾执其礼。笄礼行之于中堂，执事者由家内的妇女婢妾担任。冠笄盛于盘中，上面蒙以帕，由执事者执之。主人于中门内迎宾。宾致祝词后为之加冠、笄，赞者为之施首饰，宾揖笄者，适房，改服褙子。既笄，所拜见者仅限于父及诸母、诸姑、兄姊。其余仪节都与男子冠礼相同。《朱子家礼》的笄礼与《书仪》大体相同。

宋代的公主笄礼较为典型，《宋史礼志》中记载得十分详细，笄礼在宫中殿廷举行，皇帝亲临。笄礼始加冠笄，再加冠朵，三加九翚四凤冠。祝词和取字之辞也都套用男子冠礼。取字后，公主拜见君父，聆听训辞："事亲以孝，接下以慈。和柔正顺，恭俭谦仪。不溢不骄，毋诐毋欺。古训是式，尔其守之。"公主再拜，向父皇保证道："儿虽不敏，敢不祗承！"之后，公主去见母后。最后，公主回到座位上就座，接受皇后、妃嫔和参加典礼的掌冠、赞冠官等的祝贺。

女子行笄礼，古代多称为"上头"。梁简文帝萧纲在《和人渡水诗》中说："婉娩新上头，湔裾出乐游。"唐李何《观妓》诗云："向晚小乘游，朝来新上头。"又花蕊夫人《宫词（其七十五）》诗云："年初十五最风流，新赐云鬟便上头。"这些诗句中的"上头"，均指女子参加笄礼。宋代，女子上头多安排在清明前两日举行。吴自牧《梦粱录》记载："清明交三月，节前两日谓之寒食……凡官民不论小大家，子女未冠笄者，以此日上头。"

至明代，笄礼即废而不用，但其影响却并未消逝。在民间，笄礼逐渐消泯或与婚礼合并，使婚礼有了成年礼仪的含义，女子出阁时理妆被称为"上头"，"修眉""开脸"都是婚礼前的理妆，都标示了成年这一意思。而大婚之礼本身就宣告了当事者的成人。作为婚礼的一部分，上头或在嫁娶之日，或在婚前一两日进行，多是请年轻有全福之妇人为其梳成年发髻，梳妆上头。至今，许多农村女子婚嫁时，将头发绾束成髻，用簪子固定，与婚前发式明显不同。这也算保留了些许笄礼遗风。

在汉族女子已不专门举行成年礼的今天，一些少数民族却保留着形式不同的女子成年礼，如藏族的"上头"，瑶族的"包头帕""牛达礼"，彝族的"换裙礼"，纳西族、普米族的"穿裙子礼"，等等，有的民族成年礼还会进行文身、染齿礼仪。

如今，汉族原始的笄礼已不复存在，但汉语言中仍有"待字""不字""字人"的词语留存。"待字"即待嫁之意；"不字"即未有许嫁之意；"字人"即许配有人之意。取意仍在笄礼的"取表字"，可以看作是未成年与成年的同义语。

三、彝族少女换裙仪式

在大小凉山地区，彝族少女成年时要举行一种神秘的"换裙"仪式，彝语叫"沙拉洛"，意为脱去童年的裙子，换上成年的裙子。彝族少女在"沙拉洛"之前，穿的是红白两色的童裙，梳的是独辫，耳朵挂的是穿耳线。"换裙"仪式举行之后，就要穿上中段为黑蓝色的三接拖地长裙，原先的独辫要改梳成双辫，并要戴上绣花头帕，挂上耳坠。举行"换裙"仪式后，少女就可以自由自在地逛街、赶场、看赛马、交朋友、谈恋爱了。

"换裙"时间是根据少女的发育情况而定的，一般选在 15 ~ 17 岁，多择单数年龄。因为在当地彝民看来，双数年龄"换裙"会多灾多难，终生也不会吉利。至于“换裙”的具体日期，则要请老人好好地择算一下，才能最后定下吉日佳期。由于“换裙”是女子由童年到成年的标志，作为父母对此都非常重视。特别是母亲，她是女儿的贴心人，也最了解女儿的生理状况，在临近换裙前就热心地为女儿准备好了头上戴的花边黑色哈帕、新裙，以及颜色各异的珠子和领上的银牌等服饰品。

“换裙”这天，主人家像过节一样喜气洋洋，富户要杀猪宰羊，大宴宾客；穷户最少也要杀鸡泡酒，招待亲邻。一大早，男女宾客便纷纷登门，送礼祝贺。按照当地俗规，举行“换裙”仪式时，绝不允许任何男子在场，只邀请女亲女友参加。“换裙”仪式因地区不同，各有千秋。有的地方会先假设一物为夫方，如树木或磨子，然后把少女打扮成一位花枝招展的“假新娘”，由一位成年妇女背着，围绕假设之物走三圈，即算结婚。

在仪式进行的过程中，有的地方仅由妇女们说些逗笑少女的风趣话和祝愿词，有的地方则一直在歌声和笑声中进行。先由为首的姑娘用歌声挑逗、审问“换裙”的少女，问她喜欢谁？是喜欢好吃懒做的人，还是勤劳勇敢的人？是喜欢诚实忠厚的人，还是喜欢投机要滑的人？面对审问和戏弄，“换裙”少女一般不开腔回答，只是低着头羞涩地坐着，规规矩矩地接受一切审问。所有审问的内容一概由坐在少女身边的一位姑娘代为作答。最后，为首的姑娘总是独唱这样一首歌：“要戴银牌要亲手系，要戴珠链要亲友穿，要找知心人要亲自选。”唱完、闹完之后，便请一位漂亮、能干、相好的妇女给“换裙”者梳头、戴哈帕。将原来梳在脑后的单辫梳结到前面来，正中分开，在耳后梳成双辫，再戴上哈帕。额前的刘海用少许水打湿抹光，使之整齐发亮，以显示少女情窦初开、秀丽端庄。再佩上艳丽的耳珠，珠光闪烁，更有含羞藏娇、妩媚动人的神态。最后换上蓝、黑等对比强烈的三接拖地长裙，走动起来，步履轻盈，婀娜多姿，充满了青春的美丽与生命的活力。这是最美好的时刻，在场的妇女或姑娘都沉浸在美好的回忆或幸福的向往之中，从而使“沙拉洛”达到高潮。

“沙拉洛”仪式结束后，男子才能参加欢宴。大家席地而坐，愉快地吃着坨坨肉、荞馍和炒面等，开怀畅饮，一醉方休。“换裙”意味着女子已经成年，可以自由地谈恋爱。

婚嫁服饰礼仪

作为缔结婚姻的重要仪式，婚礼的出现，是人类脱离蒙昧、迈向文明的阶梯。相传中国传统的婚姻关系和婚礼仪式源于伏羲氏制嫁娶、女娲立媒妁，直至周代形成了完整的婚聘礼仪制度。婚礼是儒家重要礼仪之一，以其象征化的仪式传承着中华民族对世界的认知、对人生的理解、对幸福的憧憬、对美好生活的追求和向往，阐释着中华优秀传统文化的精神。

婚礼在周代称为“昏礼”，属于嘉礼的一种。《礼记・昏义》记载：“昏礼者，将合二姓之好，上以事宗庙，而下以继后世也。故君子重之。”周代传统婚礼仪式取法于天地自然之道，处处体现阴阳思想、伦理道德和等级观念，特别强调男女性别的差别及其不同的社会责任。周代婚礼制度集前朝婚礼制度之大成，形成一套完整的“婚聘六礼”制度，分别是“纳采”“问名”“纳吉”“纳征”“请期”“亲迎”。天子、诸侯、公卿、大夫、士、庶人，不同阶层婚礼具有不同的形式。《仪礼・士昏礼》《礼记・昏义》对周代士婚礼进行了详细记载，奠定了以后历代婚礼仪式的基础，并深刻影响了朝鲜、日本、越南等国家的婚礼习俗。

一、传统婚礼服饰

中国冠服制度在周朝逐渐完善，婚制中的礼服崇尚端正庄重。婚服的色彩遵循玄纁制度，以黑红为主。《易系辞》记载：“乾为天，其色玄；坤为地，其色黄；但土无正位，托位于南方。火色赤，赤与黄（合），即是纁色。”在中国古代文化中，颜色有着丰富的象征意义。玄色即黑色，象征着天空和庄严，赤色象征着热情和活力，黄色象征着土地和皇权。纁色作为赤色和黄色的混合色，具有天地并存的象征意义，被认为是尊贵的颜色。在周朝的礼制中，玄色和纁色是主要的祭祀服装颜色，象征着对天地神灵的敬畏和尊重。新郎服饰为头戴爵弁，缁袘纁裳，白绢单衣，纁色为韠，赤色舄。新娘则戴着与真发混同梳编的装饰假发，婚服形制与男子

图 11-4　周代新郎婚服（仿），黑龙江省民族博物馆

图 11-5　周代新娘婚服（仿），黑龙江省民族博物馆

相同，唯一不同的就是服装的颜色，上衣下裳均为黑色，为专一的意思（图 11-4~ 图 11-5）。

秦汉时期人们的婚礼服饰也大多传承周制，穿的也是深色衣服。汉朝时，人们开始将领子露出来，穿的衣服是重重叠叠的三层，也称“三重衣”，形制是上衣下裳。汉朝的纺织、蜡染、锦绣等各种工艺美学成熟，形成了包括服饰、发饰、鞋履、配饰等在内的一整套衣冠系统。从汉代开始，会以面纱遮羞，这就是盖头的缘起。汉代开始还有撒帐的习俗。婚礼当天，新人坐帐后，妇女向床帐内撒同心金钱、五色彩果（桂圆、荔枝、核桃、大枣、栗子、莲子等），以祈富贵吉祥、多生贵子。

魏晋南北朝时期大多沿袭周制婚服。这一历史时期比较复杂，一方面，佛教文化大肆兴起，玄学也非常盛行，追求以无为本，返璞归真；另一方面，伴随着战事不断，多民族文化交融，人们渴望平静宁和、自然安定的生活，因而白色婚服开始流行。

唐代婚礼仍因循周代“六礼”之制，皇太子开始亲迎，而亲王的婚礼都会依随六礼。后来问名与纳采结合，请期与纳征结合，所以虽然概念上还是依六礼而行，实际上只有纳采、纳吉、纳征和亲迎四礼。亲迎仍在昏时举行，唐中期后始出现清晨亲迎的情况。唐代是多元文化的交汇融合时期，社会风气开放，女性享有较高的社会地位，婚恋相对自由，在婚礼习俗上融入浓厚的少数民族文化色彩，增添了喜庆、热闹的特点。因此，唐代婚服融合了庄重神圣和热烈喜庆的风格，流行“红男绿女”，男服绯红，女服青绿。钗钿礼服是晚唐时期宫廷命妇的礼服，为长袖衫长裙，有披帛，在花钗大袖襦裙或连裳的基础上发展而来，层数繁多，穿着的时候层层叠压着，然后在外面穿上宽大的广袖上衣。唐朝之后，这种繁复的婚礼服饰有所简化，成为一般意义上的花钗大袖衫。在科举制度的影响下出现了“假服”，史料记载“士假绛公服亲迎”，即当时贵族子孙迎娶可以使用冕服或者弁服，官员的女儿出嫁可以穿用与母亲的身份等级相符的命妇服，平民结婚也可穿绛红色的礼服。

催妆是盛行于唐代的婚礼习俗之一。婚礼当日，新娘家门紧闭，新郎需作“催妆诗”，传达至女方，新娘方梳妆启行。唐代诗人贾岛曾写过一首《友人婚杨氏催妆》诗：“不知今夕是何夕，催促阳台近镜台。谁道芙蓉水中种，青铜镜里一枝开。”

却扇是源自晋代盛行于唐代的婚礼习俗，新娘用扇子遮脸，等新郎作了“却扇诗”，新娘满意之后才肯除去扇子，这一习俗也反映了唐代的诗风之盛。唐代诗人李商隐有《代董秀才却扇》诗：“莫将画扇出帏来，遮掩春山滞上才。若道团圆似明月，此中须放桂花开。”唐中叶以后流行结发的习俗。婚礼中男女各剪下一绺头发，绾在一起作为信物，装在锦囊中，一般供奉于宗庙或交由新娘保存，称为“结发”，也叫作“合髻”。

明代男子十六岁、女子十四岁以上即可议婚。《大明会典》依据周代六礼对婚礼制定明确的议程。但在民间，人们更多地依据宋代朱熹制定的《朱子家礼》，将六礼合并为纳采、纳币、请期三个程序。明代中后期随着社会经济的发展，婚姻逐渐打破了门第观念，注重经济实力和社会地位，婚礼逐渐趋向奢华和烦琐。明代平民男子迎娶妻子俗称“小登科”，可以穿九品官服（图 11–6）。新娘则用凤冠霞帔，雍容华贵。头戴凤冠，脸遮盖红盖头，上身内穿红绢衫，外套花红袍，脖子戴项圈天官锁，肩披霞帔，下身穿红裙、红裤，脚上穿红缎绣花鞋，这是典型的传统新娘造型（图 11–7）。

清朝婚礼据《通礼》记载，汉官自七品以上才行议婚、纳采、纳币、请期与亲迎五礼。其他士、庶人结婚都比较简单，而民间的婚礼一般都会依《朱子家礼》进行。清代的婚礼服受满族的影响，新娘通常穿红底绣花的袄裙或者旗袍，外面借穿诰命夫人专用的背心式霞帔，头上戴簪红花，在拜堂时蒙上盖头。新郎通常穿青色长袍，外罩绀色马褂，戴暖帽并插金色花饰，拜堂时身披红帛。

图 11-6 明代一品官服（仿），黑龙江省民族博物馆

图 11-7 明代大袖褙子婚服（仿），黑龙江省民族博物馆

二、百子衣

百子衣，是指将百子图绣在衣服上，象征着多子多福。百子图，也叫百子迎福图、百子嬉春图、百子戏春图，在中国传统文化中有特定含义，寓意多子多福。元代杨维桢《六宫戏婴图》诗："百子图开翠屏底，戏弄哑哑未生齿。"辛弃疾《鹧鸪天》词："恰如翠幕高堂上，来看红衫百子图。"元好问《冠氏赵庄赋杏花四首》之一："一树生红锦不如，乳儿粉抹紫襜褕。花中谁有张萱笔？画作宫池百子图。"由于"百"含有大或者无穷的意思，因此把祝福、恭贺的良好愿望发挥到一种极致的状态。在礼仪之邦的中国，上到古代的皇帝、士大夫，下到普通文人、平民，都相信愿望好的结果一定会好。

而百子图案的衣饰，则主要用于新嫁的女子。陆畅《云安公主下降奉诏作催妆诗》："云安公主贵，出嫁五侯家。天母亲调粉，日兄怜赐花。催铺百子帐，待障七香车。借问妆成未，东方欲晓霞。"康熙《苏州府志》："……女出阁，有踏甑跨鞍之仪，上百子花髻，以笄纬帐遮围之。"《红楼梦》第五十一回："凤姐儿看袭人……身上穿着桃红百子刻丝银鼠袄子，葱绿盘金彩绣绵裙，外面穿着青缎灰鼠褂。"

明朝定陵出土的孝靖皇后王氏的“洒线绣百子衣”是件难得的刺绣艺术精品。百子衣前后襟及两袖还以金线绣有九龙，其姿态有升、有行、有坐，富于变化，体现出中国古代文化艺术中龙的造型特点。百子图案之间，则点缀以象征吉祥如意的金锭、银锭、方胜、古钱、宝珠、犀角、珊瑚、如意等杂宝图案，以及由桃花、月季、牡丹、荷花、菊花、梅花等花卉组成的春、夏、秋、冬四季景。整个图案变化多彩，寓意着子孙万代、多福多寿。衣料的配色尤见匠心独运。整体色调以正色为主，在朱红色的基础上配以枣红、水红、粉红、普蓝、藏青、浅蓝、月白、艾绿、黄绿、茶绿、孔雀绿、中黄、宫黄、驼黄、山茶黄、驼灰、浅褐、牙白等不同色调，取得了光彩夺目的艺术效果。从刺绣技术上看，运用了京绣中最著名的洒线绣；还大面积运用平针、盘绣以及金线、包梗线勾勒轮廓，又具粤绣特色；而运用花线的抢针绣，又具有苏绣特点。其针法的运用，多达十一种，丰富多变的针法极大加强了刺绣的艺术表现力。正因为这件百子衣的刺绣技艺吸收各家之所长，才使整个服装呈现出艺术的光彩和天然的神韵，增加了百子衣的艺术价值，成为明代刺绣工艺的杰出代表。

三、我国少数民族婚礼服饰

锡伯族结婚这一天要穿红衣服，无论什么季节，都要穿红棉袄，夏天也要有一点棉花，认为这样才吉利，能够“福寿绵长”。红色衣料、裤子、鞋都不能用缎子，因为怕“断子”。梳妆穿戴完毕，新娘子的两脚便再不能踩地，所到之处都在脚下铺红色毛毡。

结婚的前一天姑娘要扯脸，用线把脸上汗毛扯净，把鬓角边缘的汗毛扯掉，这样两鬓似刀裁，才可以做新娘，人们公认只有扯脸之后化妆才更漂亮。结婚这一天早上的梳妆与平时不一样。要在头顶正中扎一个大红色头发根，然后把头发分成两部分，梳两个大抓髻，这样表示吉祥如意，成为结发的“抓吉夫妻”。从这天起，结束了姑娘梳辫子的生活，开始做妻子。从这一天起，前额也不能再留刘海儿。结婚这一天，不戴一般的耳环，要戴红珊瑚的葫芦嵌子。

瑶族姑娘的婚纱有许多装饰，如开屏孔雀、水中游弋的鱼、三十六朵梅花等。她们穿着婚纱时极其喜爱佩戴银饰，前胸戴银锁和银压领，胸前、背后戴银披风，下垂许多小银铃。两只衣袖有以火红色为主基调的刺绣，袖口镶嵌着一圈较宽的银饰，多穿百褶裙，再加上亲手刺绣的花腰带、花胸兜。

苗族姑娘的嫁衣是一件银光四射的艺术品。各种大小不同、花纹别致的银花、银铃、银项圈、银帽闪烁着炫目的光芒，一身银装可达二三十斤重。贵州一带苗族世代流传着这样一种习俗，将家中所有财产都换成白花花的银子投入熔炉，锻造成丝，编制成花，錾刻成衣。每逢民族节日，苗家女子就会盛装披银，戴上数个花银项圈淹没嘴鼻，胸前佩挂重大银锁，腕间佩戴数对不同样式的银手镯，互相比试谁的银装最重，谁的最大最多，获胜者将会成为芦笙场上所有小伙子追逐的目标。苗族人常年迁徙，漂泊不定，他们喜欢把财富随身戴着，人走家随。所以，苗族女孩的嫁衣，会竭尽所有采用最多的白银以显示财富，在银饰花纹铸造上也十分考究，完成的嫁衣完全是一件精美奢华的白银艺术品（图 11-8）。

图 11-8 苗族小百灵歌手沈晓瑛，王锦强摄

丧葬服饰礼仪

人类进入封建社会后，随着生产力的发展，生活水平的提高，葬礼开始日趋奢华和繁缛起来，因为死者的衣着代表着生前的地位、财富和等级。所以给死者穿何种衣服、穿多少衣服乃至衣服的名称都是非常讲究的。中国人对死亡的恐惧与好奇，演变成了丧葬的规矩。老人逝世，俗说“归家”“过身”“过背”“老掉”。

一、寿衣

寿者，顾名思义，永生也，先人死后，孝子忌讳言死，而将死人所有衣服冠以“寿衣”之称。一般来说，寿衣皆取单数，得吉利之意。同时其量词亦有不同，上衣不称“件”而曰“领”（古时候寿衣皆有领），有三领、五领、七领之别；裤不称“条”而曰“腰”，有三腰、五腰之别。“五领三腰”就是穿五件上衣着三条裤子。旧时，一般平民百姓穿三领，官宦富贵之家穿五领、七领，帝、后驾崩着九领，谓“九五之尊”。寿衣的袖子忌短，俗认为寿衣袖短露手，将来后代就会前程无望，甚至要去讨饭，所以衣袖要将手完全遮盖起来，连手指尖都不能露出。寿衣还不能用动物毛皮制作，人们怕死者穿了动物毛皮会转生为兽。

清朝慈禧太后小殓时，身着金丝绣礼服，外罩绣花串珠衫，仅这两件服饰上就镶有大小珍珠5920颗、宝石1135块；周身还有九串练珠，头戴珠冠，珠冠上镶嵌一颗大如鹅卵的宝珠；再以翡翠雕琢为枕，脚蹬两朵碧玉大莲花，极显皇家之奢侈浮华，将寿衣的丧葬习俗演绎到登峰造极的地步。

“寿衣”的着衣方式与生时不同，如衣衽、裹腿的方向均向左，以示生死有别。男死称“寿终正寝”，女死称“寿终内寝”。寿终后亲属为逝者穿上寿衣。寿衣逢单数，衣上口袋要撕去，以免有碍后代。外裹“抖尸被”“盖面被”。入棺暂不加盖，称“小殓”。然后由抬柩者给逝者盖棺，钉棺，称“大殓”。大殓后移柩大门外，上铺红毡，但不得着地。出殡时，孝子孝孙要披麻戴孝，叫作“成服”。丧属须反穿衣服，孝子腰围稻草绳，手持“孝杖棒”（父死用竹，母死用桐）。

寿衣大多绣五蝠捧寿图案。寿衣颜色，一般为蓝、褐色，年轻妇女用红、粉或葱白色。此外，还配以被褥，通常铺黄、盖白，意为铺金盖银，被面常绣“八仙”。少数乡村还沿用这类寿衣，但多数农村和城市移风易俗，办丧事一般给死者穿整齐干净的日常生活服装，习惯上仍称寿衣。

衾：裹尸的包被，形似斗篷，以绸、缎面料织成，绣以花卉、虫鱼、寿星等吉祥图案，穿在逝者的最外层。

寿衣：寿衣包括衣、裤、裙。衣有长衫、短袄、马褂、旗袍等，并有内衣、中衣、外衣之分，裤和裙皆有长、短及各类中西不同款式。

寿帽：寿帽又称寿冠。男的一般用礼帽、便帽，也有戴传统的清朝瓜皮帽的；女的特别是我国南方的老年妇女，常戴蚌壳式绒帽，有“老夫人”相，但不适合中青年女性。

寿鞋、寿袜：寿鞋一般是中式布鞋或西式皮鞋。寿袜一般为棉布袜。

寿枕：以纸、布做成。按传统习俗，头枕饰有云彩，脚枕为两朵莲花，谚曰：“脚踩莲花上西天”。

二、五服制

由父系家族组成的中国古代社会，以父宗为重，其亲属范围包括自高祖以下的男系后裔及其配偶，即自高祖至玄孙的九个世代，通常称为本宗九族。在此范围内的亲属，包括直系亲属和旁系亲属，为有服亲属，死为服丧。亲者服重，疏者服轻，依次递减，分为斩衰、齐衰、大功、小功、缌麻五个等级。

斩衰：是用粗生麻布做的丧服，斩断处不收边。凡诸侯为天子、臣为君、男子及未嫁女为父母、媳对公婆、重孙对祖父母、妻对夫，都要穿斩衰这种丧服，是最重的孝服。

齐衰：是用本色粗生麻布制成的。自此制以下的孝衣，凡剪断处均可以收边。孙子、孙女为其祖父母穿孝服；重子、重女为其曾祖父母穿孝服；为高祖父母穿孝服均遵“齐衰”的礼制。

大功：是用熟麻布制作的，质料比“齐衰”用料稍细。为伯叔父母、为堂兄弟、未嫁的堂姐妹、已嫁的姑、姐妹，以及已嫁女为母亲、伯叔父、兄弟服丧都要穿这种“大功”丧服。

小功：是轻于“大功”的丧服，是用较细的熟麻布制作的。这种丧服是为从祖父母、堂伯叔、未嫁祖姑、堂姑、已嫁堂姐妹、兄弟之妻、从堂兄弟、未嫁从堂姐妹，和为外祖父母、母舅、母姨等服丧而穿的。

缌麻：是用稍细的熟布做成的。现在大多用漂白的布做成，称为“漂孝”。凡为曾祖父母、族伯父母、族兄弟姐妹、未嫁族姐妹，和外姓中表兄弟、岳父母穿孝都用这个等级。

五服之外，古代还有一种更轻的服丧方式，叫“袒免”。袒，是袒露左肩；免，指不戴冠，用布带缚髻。在史籍中记载，朋友之间，如果亲自前去奔丧，在灵堂或殡葬时也要披麻；如果在他乡，“袒免”就可以了。

在中国的宗族关系中，从自身上至高祖下至玄孙称为本宗九族，在此范围内的亲属包括直系和旁系亲属为“有服亲”，五服之外，同五世祖的亲属为“袒免亲”，同六世祖的亲属便是“无服亲”了。但是五服亲又不单单指内亲，也包括母亲一系的外亲。所以五服亲虽只有五代，又不等同于五代。

三、汉族孝服

汉族是重孝的民族，父母去世，要守孝三年，并常常感怀父母养育之恩。“丧三年，常悲咽，居处变，酒肉绝。”同样，汉人的丧服也极其隆重，表达对父母去世的敬重和悲伤。男子孝服一般头戴白孝帽，上缀棉花球，穿大庄粗布孝袍、白鞋。也有戴麻冠、披麻衣，穿大领孝衣、白鞋。在穿孝服时，里面也要换成灰布衬衣。

汉人妇女的孝服讲究“麻花包头”和“搭头布”。用孝布拧成麻花箍在头上，谓之麻花包头；下垫方孝布，谓之搭头布。凡梳“苏州撅”“喜鹊尾”“平三套”的妻媳或直系妇女，都要先换白纂，或用白布包好，系白头绳，然后戴搭头布，上包头。

麻花包头分三种，以花少为孝。妻子和儿媳戴麻花包头，亲侄媳戴双麻花包头，孙媳或远房侄媳戴拧三花麻花包头，都穿肥大孝服，不系孝带白鞋。出嫁和未嫁已梳头的女儿戴拧双花或三花包头。远族晚辈和亲戚家妇女只戴单层拧燕窝包头。甥女和远戚应穿漂白洋布孝服的，就只围一窄箍或戴一白福字。未出嫁且未梳头的女儿、孙女，用长孝带围一宽箍，结于头后，下垂脊背。至于孝服的吐边、收边，与旗籍大致相同。守孝、亲丧例定三年，百日脱大孝后，仍穿本年白孝，灰衣、白鞋、白帽结，第二年穿灰素服，第三年穿青素服。

四、其他少数民族丧服

傣族丧礼主家着孝服，除头缠拖地的白色孝帕和白色丧服外，男人还挎长刀，女人穿节日盛装，因为在他们心目中红白皆为喜事。同时，亲属还要打红伞，妇女腰上挂的秧箩还必须底朝上。

彝族葬礼的男子丧服多为古代武士打扮。头包英雄结；身披由牦牛尾毛编成的丧服，象征铠甲；斜挎白玉英雄带；手执宝剑，边唱边舞。麻栗坡彝族花倮人在葬礼中主持跳送葬舞的女祭司，穿一种原始的贯头衣，即龙婆衣，由长约 3 米、宽约 1.5 米的大幅整布缝制，或由拼接成三角形图案或太阳纹、水纹蜡染等花布制成，中间挖洞贯头而披，张臂衣宽及腕，长及脚踝。

锡伯族老人在年过六十之后，家中的妇女都可以为他们制作寿衣、寿袜、寿鞋。寿衣除衬衣衬裤外，一定要有棉袄棉裤，及罩在外边的长棉袍。在缝寿衣时，线要长长的，意思是老人的福寿将长长远远地留给后代。线的后端不可以绾疙瘩，意思是活着的人不可以与死者结怨。寿衣比一般的衣服肥大，剪裁缝制一般都要由中年妇女来做。寿衣的面料，一般是深蓝色、咖啡色，上面有“寿”字花纹。寿袜和寿鞋的底子上都要绣荷花，这样可以使老人延年益寿。

锡伯族人去世，妇女们要连夜缝制孝服。孝服用白布缝制，袖口与衣服底边都不缝，就毛边穿上，表示儿孙们心情非常悲哀，来不及仔细缝制就草草穿上，向老人尽孝道。孝服的式样根据死者的亲疏远近而有不同样式。直系亲属如祖父母、外祖父母、父母、岳父母、姑舅亲等一律穿孝袍，长到脚面，孙子孙女则在肩膀上缝一块小小的红布，曾孙辈则在后背上缝一个小小的红叉。

人刚刚断气时，全家人都不能哭，认为此时死者的灵魂如果不得安宁，就不能升入极乐世界。这时要给死者洗净全身，修剪手脚指甲，换上寿衣、寿袜、寿鞋。在死者刚离世时，不另外做白鞋，只在原来的鞋上用白布罩起来，后边留出一块。如果是孙辈的，则在鞋后边再缝上一块红布。治丧期间，锡伯族妇女在春、夏、秋三季必须穿白鞋，白鞋上边可以绣素花，冬天的棉鞋可以穿黑色、蓝色、灰色的。

丧期第 49 天或第 100 天，即丧期结束时，所有戴孝人到坟地举行除丧仪式，焚香摆供、燃火，大家将孝服脱下，按大小辈分依次在火上摆晃几下，捆成一束带回家去，洗净收好。在丧期妇女不许戴首饰和化妆。除丧之后，妇女可以化淡妆，戴银首饰，戴白花，穿素服、白鞋。如果是公婆、父母或是自己的丈夫死了，这样素服淡妆要三年，三年之后才可以穿红戴绿。

节庆服饰礼仪

每到节日前夕，人们就会提前制作节日服饰。不一定去参加集会，也不一定为了在歌舞中表演，只是穿着佩戴节日服饰就会感到吉祥喜庆。穿着“应时到节”的服饰，不仅是为了迎合节日气氛，也是表达节日意蕴的一部分。

唐代诗人王维《九月九日忆山东兄弟》有云：“独在异乡为异客，每逢佳节倍思亲。遥知兄弟登高处，遍插茱萸少一人。”重阳节有登高，头戴“茱萸”的习俗。小小头饰，成为重阳节的惯用饰品，而诗人的思乡之情就集中在那惯用的节日服饰品上。即使对已逝去的亲人，这种充满亲情友爱的节日习俗也依然存在，如“十月一，送寒衣”。华北人在这一天的夜晚，要制作“纸包袱”，里面装有纸剪的上衣和裤子、裤带等服饰品，与纸钱同烧，表示在严寒之前，给亡人送去御寒物。

一、吉庆之服

吉服是明代形成的一种新的服饰分类，指用于时令节日、婚礼、寿诞、筵宴等各种吉庆场合的服装，到清代正式成为冠服制度中的一个专门分类。

传统“吉服”指的是用于吉礼（重大祭祀等）的祭服，如冕服一类。随着时代发展、节日与庆祝活动的增多，就需要一套专门的“吉庆之服”来应对各种喜庆的场合，因此明代就把用于嘉礼和各类吉庆场合的、比日常便服更为正式的服装统称为“吉服”。明代吉服尽管不见于制度，但在各类典章政书、文学作品中屡屡出现，如《大明会典》卷四十三记载：“圣节前三日、后三日，俱吉服。”《万历野获编》

卷五："锦衣官侍朝，俱乌帽、吉服。"《金瓶梅》第三十九回描写西门庆："从新换了大红五彩狮补吉服，腰系蒙金犀角带。"《醒世姻缘传》第四十四回："到了吉时，请素姐出去，穿着大红妆花吉服，官绿妆花绣裙，环佩七事，恍如仙女临凡。"

明代的吉服并非单一的标准款式，其式样与常服、便服相同，如圆领、直身、曳撒、贴里、道袍、袄裙等，颜色多用大红等喜庆色彩，如官员就是以大红圆领作为吉服。吉服的纹饰通常比常服、便服更为华丽精美，大多使用应景题材或带有吉祥寓意的图案、文字。万历时期，南京御史孟一脉在给明神宗的上疏中说："遇圣节则有寿服，元宵则有灯服，端阳则有五毒吉服，年例则有岁进龙服。"

寿服为帝后寿诞日所穿，多饰有"万寿"等与祝寿有关的纹样。自古人们便追求健康长寿，因此与祝寿有关的纹饰相当常见。帝后们的万寿节、千秋节较之常人更为隆重，留下了很多用于寿诞的吉服实物。庆寿题材一般使用灵芝、仙鹤、寿桃等，组成"灵仙祝寿"等带有吉祥寓意的图案。或者大量装饰"寿""万寿"等文字，将寿诞日的美好愿望更为直白地表达出来。

明代吉服纹样的设计巧妙之处还在于能够以组合的方式，将不同题材融合成一个更具"个性化"的喜庆图案。如选择与寿诞日期比较接近的时令节日，将应节图案与庆寿图案组合起来，给人以"喜上加喜""双喜临门"的感觉，让节日里的欢乐气氛更加浓厚。比较典型的是明神宗的生日纹样。神宗生于嘉靖四十二年（1563 年）农历八月十七日，恰好在中秋之后，于是宫中就将用于皇帝万寿节的"寿"纹和用于中秋节的"玉兔"放在一起，定陵出土的明神宗帝后服饰中就有很多造型可爱的玉兔形象。

灯服为元宵节所穿，这一天大家都要赏灯，因此衣服上也使用灯笼图案，衬托出节日的喜庆气氛。如明万历刺绣龙纹灯笼纹圆补。

五毒吉服为端阳节所穿，饰有"五毒"纹样，包括蝎子、蛇、壁虎、蜈蚣以及蟾蜍，以提醒大家，进入五月后毒物滋生，要早做预防。同时在图案里加入老虎、艾草的形象，象征"艾虎"，用来消灭五毒，因此带有驱邪避害的寓意。

龙服即饰有龙纹的各式龙袍。这里提到的服饰都是比较典型的节日吉服，使用的图案内容均与穿着的时间、场合相对应。

刘若愚在《酌中志》中详细记录了每个季节应更换的衣服材质以及不同月份的时令节日所使用的应节图案。如从年前腊月二十四祭灶之后，宫眷和内臣便穿葫芦景补子及蟒衣。三月初四，宫眷和内臣换穿罗衣。四月初四，宫眷内臣换穿纱衣。五月初一至十三，宫眷内臣穿五毒艾虎补子、蟒衣。七月初七，七夕节，宫眷穿鹊桥补子。八月，宫中赏秋海棠、玉簪花。定陵出土有玉兔纹的补子，应该是用于中秋。九月初四，宫眷内臣换穿罗衣，用重阳景菊花补子、蟒衣，同时抖晒皮衣，制衣御寒。十月初四，宫眷内臣换穿纻丝。十一月，赐百官戴暖耳。冬至节，宫眷内臣皆穿阳生补子、蟒衣。补子是贵族、官员们在常服的前胸、后背或两肩处装饰的圆形或方形的图案，原本用来区别各自的身份、等级，吉服的补子则可以使用应景题材，不一定体现等级高低。

由于吉服以突出视觉效果为主，又符合大家崇尚喜庆、吉利的心理，所以在纹样使用时，允许一定程度上突破等级约束，朝廷并不作过多干预，所以明代出现的服饰僭越现象往往在吉服上最为突出，如士庶女子穿戴凤冠蟒袍、官员吉服出现五爪蟒龙等。《旧京遗事》记载："或有吉庆之会，妇人乘坐大轿，穿服大红蟒衣，意气奢溢，但单身无婢从。"这些僭越等级、极其奢华的衣服，大多用在吉庆之会和时令节日里。而且特别讲究是新衣，在节日穿过后，就拿到典衣铺当了，不去取赎，拿这些钱去置办下一年过节的新衣。尽管这里没有特别提到"吉服"一词，但从中可以看出具有专门功能的吉服，是基于生活的需要、人们的消费观念及当时的物质条件而产生的，与日常生活所穿便服有很大区别。

吉服的典型装饰有两种，一种是明代最常见的云肩、通袖襕、膝襕纹样。衣身在前胸、后背、两肩处装饰有柿蒂形的"云肩"，从左右肩部至袖端装饰有"通袖襕"，前后襟下摆装饰有"膝襕"，故也将这类吉服称为通袖袍或膝襕袍。其纹饰多较尊贵，如饰以蟒、斗牛、飞鱼、麒麟、凤、翟、仙鹤等祥禽瑞兽图案。

另一种装饰是对后世影响较大的八团纹样，即在前身与后身各装饰三个团纹，呈"品"字形分布，在两袖上臂处各装饰一个团纹。以八团纹样为基础，可以发展出十团、十二团等多团纹样。到清代，八团就成为吉服的基本纹样了，一直延续到民国时期。此外，戏曲中的"蟒"仍保持这种纹饰特征。

吉服纹样到近代也发生了很多变化，根据各自审美与需要，纹饰可繁可简，但不论如何变化，吉服所具有的正式、喜庆等特征都十分明显。在现代社会中，人们也有应对各种社交场合或仪式的服装，如结婚时穿的西式婚纱、礼服，或传统式样的凤冠霞帔、长衫，以及在春节等节日穿的改良“唐装”等，都可算作“吉服”的概念，这也反映出今人仍有对吉服的实用需求。

二、新年新装

春节是中国人的传统新年，无论老人小孩、男人女人，过新年都要穿新衣，由此表达一种节日的喜庆和对新年的期盼。

春节历史悠久，源自殷商时期年头岁尾的祭神祭祖活动。在春节期间，中国的汉族和很多少数民族都要举行各种活动以示庆祝。这些活动均以祭祀神佛、祭奠祖先、除旧布新、迎禧接福、祈求丰年为主要内容，活动丰富多彩，带有浓郁的民族特色。

新年穿新衣的习俗由来已久，是春节不可缺少的一部分。除夕的“除”有交替的意思，大家都要除旧布新，新衣服也正是其中之一。过年穿新衣是一种古老的风俗，在南北朝就有记载，元旦这天“长幼悉正衣冠”，在宋朝也有记载。民国时，也是记载正月初一“卑幼盛装饰，拜尊长为寿”。初一日，人们都要穿新衣，也含送旧迎新之意。旧时，富绅、富户呢毛绸缎穿戴一新。贫户所穿即使是粗布旧衣，也都整齐清洁，异于平日，以应新春吉日。儿童穿大红色衣服，年轻妇女当然满身红艳，连老妇也系着大红裙，因为民间以红色象征吉祥。小儿平时禁忌穿鲜艳衣服，今天却是例外，或在红衣外罩网衣，佩戴虎爪，或在小儿的腰带上佩挂小刀剑、贝壳、木刻或铜刻的八卦，是“抵御邪恶”的意思。现在人们在穿着上已发生很大变化，颜色、样式、质料更为鲜艳多彩，并向高水平发展，但穿新衣迎新年这一点是不变的。

春节穿新衣和中国的农耕社会有关系，在黄河流域，农作物一般一年一熟，新年到来，万象更新，换上新衣表示对春节的庆贺。因此到了快过年的时候都得换新衣服，买新衣服，这代表新年新气象，新衣服就是对春天即将到来的庆贺。穿新衣服还有辟邪招吉祥的寓意，一到新年，大家纷纷换上新衣，这也就是过年要穿新衣的原因。

三、端午配饰

“长命缕”是端午节特定佩饰之一。它在各地各时有很多别名，如江苏地区叫“五彩绳”，福建晋江一带叫“五色丝线”，安徽淮北地区民间称之为“拴花线”，天津人则将其变异为“老虎奁拉”。日本人直接受中国文化影响，也有此习俗，称其为“五彩丝”“五色丝”“五色缕”“延年缕”“辟兵缯”“朱索”“百索”“长寿线”“宛转绳”“健绳”，名目繁多，可见其流行之久远，应用之广泛。

长命缕这种佩饰，一般是以五色丝线缠绕在小儿臂上，或是编成花结，垂挂在小儿臂上。也有妇女取一段长二三寸的丝帛，缝缀在衣襟上，后来还有将青、红、白、黑四色丝线围住黄帛，再将象征中央的黄色丝帛折叠成方胜，一并饰于胸前。系长命缕的习俗起源很早，在东汉应劭《风俗通义·佚文》中就有“五月五日以五彩丝系臂，曰长命缕，一名续命缕，一名辟兵缯，一名五色缕，一名朱索”。南朝梁宗懔在《荆楚岁时记》中写道：“人并以新竹为筒粽，练叶插五彩系臂，谓之长命缕。”唐段成式《酉阳杂俎》记载：“北朝妇人，是日，又进长命缕、宛转绳，皆结为人像带之。”至宋代，宫廷内有将长命缕赐给百官的习俗，《宋史·礼志》有“以彩丝续命缕分赐百官”的记载。从其名与功能看，长命缕可求长寿，可避兵灾，可丰富节日生活色彩，具有多重文化内涵。

艾虎，旧时端午节驱邪辟祟之物，也作装饰品，是端午节特色配饰之二。我国古代视虎为神兽，俗以为可以镇祟辟邪、保佑安宁。《风俗通》云：“虎者阳物，百兽之长也，能执搏挫锐，噬食鬼魅……亦辟恶。”故民间多取虎为辟邪之用，其中尤以端午节的艾虎最具特色。艾虎或以艾编剪而成，或剪彩为虎，粘以艾叶，佩戴于发际身畔。端午节佩戴艾虎的风俗已经有千年以上的历史。宋陈元规《岁时广记》引《岁时杂记》：“端午以艾为虎形，至有如黑豆大者，或剪彩为小虎，粘艾叶以戴之。”王沂公《端午内中帖子词（其九）》有云：“钗头艾虎辟群邪，晓驾祥云七宝车。”又有清富察敦崇《燕京岁时记》记载：“每至端阳，闺阁中之巧者，用绫罗制成小虎及粽子……以彩线穿之，悬于钗头，或系于小儿之背。古诗云：‘玉燕钗头艾虎轻’，即此意也。”除佩饰艾虎外，端午节还有用雄黄为小儿在额头画“王”的习俗，其意也在于借虎祛除邪祟，保小儿平安。

健人，旧时江浙一带端午时节妇女的一种饰物。一般用金银丝或铜丝金箔做成，形状为小人骑虎，亦有另加钟、铃、缨及蒜、粽子等的。此饰物插在妇女发髻，也用以相互馈送。《清嘉录》云：“（五月五日）市人以金银丝制为繁缨、钟、铃诸状，骑人于虎，极精细，缀小钗，贯为串，或有用铜丝金箔者，供妇女插鬓。又互相献赉，名曰健人。”一些地区健人也称豆娘。《清嘉录》引《唐宋遗纪》云：“江淮南北，五日钗头彩胜之制，备极奇巧。凡以缯销翦制艾叶，或攒绣仙、佛、合、乌、虫、鱼、百兽之形，八宝群花之类。绉纱蜘蛛，绮縠凤麟，茧虎绒陀，排草蜥蜴，又螳蜘蝉蝎，又葫芦瓜果，色色逼真。加以幡幢宝盖，绣球繁缨，钟铃百状，或贯以串，名曰豆娘，不可胜纪。”健人一说与艾人同义，只是以帛易艾。吴曼云《江乡节物词·小序》云：“杭俗，健人即艾人，而易之以帛，作骆虎状，妇人皆戴之”，似此则当有驱邪辟疫之作用。另一说健人即为古时的步摇，纯为妇女装饰品。

在节庆之日，无论是祭祖先、庆丰年，还是保平安、祈消灾，服饰都是人们传达表露心情的最直接的形式，美丽的服饰象征着红红火火的生活，给人带来了憧憬、喜悦和美好。人们充分享受对物质的满足和精神的愉悦，正如作家纪伯伦认为：美不是一种需要，只是一种快乐。

参考文献

曾慧洁 . 中国历代服饰图典 [M]. 南京：江苏美术出版社，2006.

陈东生，甘应进 . 新编中外服装史 [M]. 北京：中国轻工业出版社，2007.

陈高华，徐吉军 . 中国服饰通史 [M]. 宁波：宁波出版社，2002.

陈娟娟 . 中国织绣服饰论集 [M]. 北京：紫禁城出版社，2005.

邓启耀 . 衣装秘语：中国民族服饰文化象征 [M]. 成都：四川人民出版社，2005.

段文杰 . 段文杰敦煌艺术论文集 [M]. 兰州：甘肃人民出版社，1994.

冯友兰 . 中国哲学史（下册）[M]. 北京：商务印书馆，2011.

高春明 . 中国古代服饰名物考 [M]. 上海：上海文化出版社，2001.

高格 . 细说中国服饰 [M]. 北京：光明日报出版社，2005.

顾建华 . 衣食住行话文明：服装 [M]. 北京：北京工业大学出版社，2008.

航海 . 妆匣遗珍：明清至民国时期女性传统银饰 [M]. 北京：生活·读书·新知三联书店，2006.

华梅 . 中国服装史 [M]. 北京：中国纺织出版社，1999.

华梅 . 服饰民俗学 [M]. 北京：中国纺织出版社，2004.

华梅 . 服饰与中国文化 [M]. 北京：人民出版社，2001.

华梅 . 人类服饰文化学 [M]. 天津：天津人民出版社，1995.

冯泽民，刘海清 . 中西服装发展史教程 [M]. 北京：中国纺织出版社，2005.

袁仄 . 中国服装史 [M]. 北京：中国纺织出版社，2005.

黄能馥，陈娟娟 . 中国历代服饰艺术 [M]. 北京：中国旅游出版社，1999.

黄佩贤 . 汉代墓室壁画研究 [M]. 北京：文物出版社，2008.

姜伯勤 . 敦煌吐鲁番文书与丝绸之路 [M]. 北京：文物出版社，1994.

李广元 . 东方色彩研究 [M]. 哈尔滨：黑龙江美术出版社，1994.

李琼 . 中华服饰 [M]. 北京：农村读物出版社，2010.

刘熙 . 释名・释衣服 [M]. 北京：中华书局，2016.

刘歆 . 西京杂记 [M]. 上海：上海书店，1989.

刘义庆 . 世说新语 [M]. 北京：中华书局，2014.

路甬祥 . 中国传统工艺全集・丝绸织染 [M]. 郑州：大象出版社，2005.

任骋 . 中国民俗通志・禁忌志 [M]. 济南：山东教育出版社，2005.

沈从文，王孖 . 中国服饰史 [M]. 北京：中信出版集团，2018.

沈从文 . 中国古代服饰研究 [M]. 北京：商务印书馆，2011.

沈周 . 中国红：古代服饰 [M]. 合肥：黄山书社，2012.

司马迁. 史记 [M]. 北京：中华书局，1997.

宋应星 . 天工开物 [M]. 南京：江苏古籍出版社，2002.

孙机 . 汉代物质文化资料图说 [M]. 北京：文物出版社，1991.

铁军，等 . 中日色彩的文化解读 [M]. 北京：中国传媒大学出版社，2012.

万建中 . 中国民间禁忌风俗 [M]. 北京：中国电影出版社，2005.

王继平 . 服饰文化学 [M]. 武汉：华中理工大学出版社，1998.

王智明 . 色彩美学 [M]. 北京：航空工业出版社，1994.

韦荣惠 . 云想衣裳——中国民族服饰的风神 [M]. 北京：北京大学出版社，2006.

吴静芳 . 服饰配套艺术 [M]. 上海：中国纺织大学出版社，1997.

吴昊 . 中国妇女服饰与身体革命 1911—1935[M]. 上海：上海东方出版中心，2008.

向达 . 唐代长安与西域文明 [M]. 重庆：重庆出版社，2009.

叶大兵，钱金波 . 中国鞋履文化辞典 [M]. 上海：上海三联书店，2001.

叶立诚 . 服饰美学 [M]. 北京：中国纺织出版社，2001.

余耀东 . 中国传统文化经典・民俗禁忌 [M]. 合肥：黄山书社，2012.

袁杰英 . 中国历代服装史 [M]. 北京：高等教育出版社，1994.

云中天 . 永远的风景——中国民俗文化服饰 [M]. 南昌：百花洲文艺出版社，2006.

余山枫．龙纹与中国传统吉祥文化 [M]. 淮北：淮北职业技术学院报，2009.

臧迎春．中国传统服饰 [M]. 北京：五洲传播出版社，2003.

张鸿修．中国唐墓壁画集 [M]. 广州：岭南美术出版社，1995.

张继华，郭兼夫．色彩美术 [M]. 西安：陕西人民出版社，1997.

张志春．中国服饰文化 [M]. 北京：中国纺织出版社，2001.

赵超．云想衣裳——中国服饰的考古文物研究 [M]. 成都：四川人民出版社，2004.

赵刚，张技术，徐思民．中国服装史 [M]. 北京：清华大学出版社，2013.

钟敬文．民俗学概论 [M]. 上海：上海文艺出版社，1998.

仲富兰．中国民俗文化学导论（修订本）[M]. 上海：上海辞书出版社，2007.

周锡保．中国古代服饰史 [M]. 北京：中央编译出版社，2011.

周汛，高春明．中国衣服服饰大辞典 [M]. 上海：上海辞书出版社，1996.

黄能馥，陈娟娟．中国服饰史 [M]. 上海：上海人民出版社，2004.

朱和平．中国服饰史稿 [M]. 郑州：中州古籍出版社，2001.

张嘉宾．黑龙江省赫哲族 [M]. 哈尔滨：哈尔滨出版社，2004.

韩有峰．黑龙江鄂伦春族文化 [M]. 哈尔滨：黑龙江教育出版社，2010.

吴克尧．黑龙江锡伯族文化 [M]. 哈尔滨：黑龙江教育出版社，2010.

阿布力米提·买买提．维吾尔族色彩审美观及所表现的民俗文化现象 [J]. 青海民族研究，2004（2）.

曾慧．清代文献《穿戴档》中的冠式研究 [J]. 装饰，2018（7）.

陈庆菊．从唐代人物画看唐代服饰色彩设计理念 [J]. 美术大观，2011（9）.

成积春．从乾隆时期满族文化传统的迅速转变看汉文化的影响 [J]. 齐鲁学刊，1997（4）.

高阳．敦煌壁画中吉祥天女的服饰与中国传统服饰审美文化 [J]. 敦煌研究，2005（6）.

高云胜．草原文化背景下蒙元服饰特征浅析 [J]. 南京职业技术学院学报，2013，18（2）.

韩耀红．秦汉服饰对后世服装形制发展的影响[J].长春工程学院学报（社会科学版），2007（4）.

何昶熠．从中唐服饰风尚看韩孟诗派与元白诗派[J].西昌学院学报（社会科学版），2016（3）.

胡化凯．五行说与中国古代对色散现象的认识[J].科学技术与辩证法，1994（3）.

胡穗芳．汉代服饰图案中的美学符号及应用研究[J].人文天下，2016（18）.

纪向宏．《旧唐书·舆服志》中的服色及章纹体系建制[J].艺术与设计（理论），2012（12）.

闫黎．龙纹在中国服饰中的运用[J].边疆经济与文化，2011（3）.

刘静轩．论上衣下裳制的符号学意蕴及其影响[J].郑州大学学报（哲学社会科学版），2014（4）.

毛敬．中国旗袍及向世界的传播[J].淮北职业技术学院学报，2009，2（3）.

毛新华，董祖权．秦汉时期的服饰文化[J].安顺学院学报，2009（3）.

么红梅．冲突与融合文化背景下的清代满汉服饰[J].纺织科技进展，2018（4）.

牛玖荣，樊佳文．中国传统袍服的形制元素分析[J].西部皮革，2018（4）.

唐虹，崔荣荣．秦兵马俑服饰功能解析[J].苏州大学学报（工科版），2002（6）.

汪世奎，胡冰．中国古代服饰形制的研究[J].广西民族师范学院学报，2017.

伍魏．政治制度与中国古代服饰文化[J].消费经济，2004（4）.

王鹏．浅析莫高窟四十五窟菩萨造像女性美[J].传播力研究，2018（35）.

王淑芳．唐装胡服色彩略论[J].西北民族学院学报（哲学社会科学版），2002（4）.

熊莹．汉代文学与汉代服饰文化[J].乐山师范学院学报，2011（9）.

徐蕊．汉代男子首服的考古学观察[J].中原文物，2018（3）.

徐园，徐睿．阴阳五行哲学观念与中国图案及绘画[J].装饰，2003（6）.

许岩桂．近代民间服饰中的族徽意义与启迪[J].丝绸，2008（12）.

夏燕靖．唐代"品色衣"制度与女性服色演变考察[J].艺术探索，2018（2）.

肖宇强，戴端．中国古代服饰的伦理美学意蕴[J].湖南科技大学学报（社会科学版），2017（2）.

薛芳芳．秦汉时期服饰研究述评 [J]. 安徽文学（下半月），2009（9）.

徐红，单小红，刘红．丝绸之路多元文化交融的活化石——艾德莱斯绸 [J]. 新疆大学学报（自然科学版），2007（3）.

于倩．赫哲族鱼皮制作文化及其产业化保护与发展 [J]. 剧作家，2013（5）.

张铁蕊，许艳艳，李丹丹．汉代服饰研究与应用 [J]. 纺织报告，2017（11）.

赵丛苍，张朝．服周之冕——先秦时期的冕冠 [J]. 文博，2015（5）.

毕墨代．清代女性传统肚兜设计与应用研究 [D]. 苏州：苏州大学，2016.

曹喆．以敦煌壁画为主要材料的唐代服饰史研究 [D]. 上海：东华大学，2008.

陈晓．蒙元时期周边文化对蒙古族服饰影响探析 [D]. 烟台：烟台大学，2017.

陈亚楠．中国民间女子肚兜纹样的情感寓意融入当代女性内衣的应用研究 [D]. 郑州：中原工学院，2013.

范成杰．中西方高跟鞋文化发展对比研究 [D]. 苏州：苏州大学，2008.

范丽．唐代仕女面妆的符号特征及对现代时尚影响的研究 [D]. 无锡：江南大学，2009.

蒋丽萍．秦汉军俑服饰色彩研究 [D]. 西安：西安工程大学，2015.

金冰依．近代肚兜在女装设计中的创新运用 [D]. 北京：北京服装学院，2017.

靳雅萍．唐代世俗女性披帛研究 [D]. 北京：北京服装学院，2018.

鞠萍．民国时期审美观与上海女性美容装饰 1927—1937[D]. 武汉：华中师范大学，2008.

李怡．唐代汉族男子服饰研究 [D]. 西安：陕西师范大学，2001.

马晨曲．民国时期上海西服业的特征研究 [D]. 上海：东华大学，2013.

纳春英．隋唐服饰研究 [D]. 西安：陕西师范大学，2014.

任绪来．中国传统色彩文化中的黄色审美文化研究 [D]. 济南：山东师范大学，2011.

孙有霞．中国古代内衣文化探源 [D]. 苏州：苏州大学，2007.

汤新星．旗袍审美文化内涵的解读 [D]. 武汉：武汉大学，2005.

王晶．民国上海电影女明星服饰形象研究 [D]. 上海：东华大学，2013.

王满 . 中日民俗中禁忌文化的对比研究 [D]. 哈尔滨：黑龙江大学，2011.
徐敏 . 汉晋南北朝西域胡服“汉化”现象初探 [D]. 西安：西北大学，2017.
薛芳芳 . 秦汉服饰制度研究 [D]. 南昌：江西师范大学，2010.
杨微 . 女性服饰妆容与唐代审美趣味研究 [D]. 西安：西北大学，2011.
于振华 . 民国旗袍 [D]. 上海：东华大学，2008.
张巧 . 唐代女性服饰的审美研究 [D]. 成都：四川师范大学，2012.
张羽 . 民国男性服饰文化研究 [D]. 上海：上海戏剧学院，2014.
章媛媛 . 中西方传统内衣文化对比研究 [D]. 武汉：武汉纺织大学，2016.
赵芳 . 西服东渐 [D]. 呼和浩特：内蒙古师范大学，2013.
周平 . 唐宋两代女性服饰比较研究 [D]. 苏州：苏州大学，2008.
朱圆圆 . 红妆黛眉——唐代仕女画面妆解读 [D]. 青岛：青岛科技大学，2016.
邹婧 . 佛教对唐代服饰文化的影响 [D]. 株洲：湖南工业大学，2009.

后记

传统服饰——穿在身上的民俗文化。

作为一个民族最为直观与鲜明的文化标识，从上到下、从里到外的一整套传统服饰，就是一幅民族风情的历史人文画卷。中华民族绚丽夺目的锦衣华服与光彩照人的装饰配饰珠联璧合、交相辉映。它们不仅反映出不同朝代不同地区各具特色的染织绣造物精华及高超的雕饰锻造技艺水平，而且还蕴含着每个民族的风俗习惯、宗教信仰、节庆礼仪与审美理想。因此，服饰民俗有着恒久的观赏价值、广泛的流布空间和特别的研究价值。

中国历代服饰风格各异、种类繁多、色彩缤纷、美不胜收。服饰的式样、构图、线条、色彩，包含着大量的社会、历史、文化、宗教、民俗、审美等方面的信息，其精心的构思、精彩的设计、精湛的工艺、精巧的制作，积淀了华夏民族长期以来形成的历史文化内涵，因而成为一个民族物质文明和精神文明的重要载体。

服饰文化涉及历史地理、宗教信仰、生产形式、产业形态、民俗文化等方面的内容，自然也涵盖材质种类、加工程序、工具运用、款式色彩、印染技术、穿戴方法等要素与环节。

从黄帝妻子嫘祖带领部落族群穿丝引线织造衣物伊始，取之于大自然的各种原料与材质的试验与遴选，“上衣下裳”形制的名状与稳定，具有地域特征款式与品种的扩展与充盈，简与繁、藏与露、开与合的体贴与塑身，缝、纳、绗、绱、缲等缝制手艺的普及与提高，绲、镶、嵌、绣、褶、挖、盘、穿珠、钉片等装饰技艺的精进与娴熟，尺、刀、剪、针、箍、熨斗等工具功能的沿革与通用，日月星辰、风云雷电、雾霭霞霓、山川河流、草木花卉、鸟兽鱼虫、人物故事、景物建筑、几何序列等图案纹饰的花样翻新等，在日积月累、精益求精中孕育和深藏了华夏服饰的口传文化和形传文化的博大创意空间。由此叙写和舒张的服饰文化对应了自然景物的荣枯盛衰以及人生际遇的顺利穷通，暗合了历史的风云变幻、社会的深刻变革以及代际兴衰更迭，并就此编织了与社会情境、精神风貌、审美意趣呼应的服饰文化历史叙事网格，铺陈了民族深厚文明底色和普世人文关怀。

随着经济全球化的进展，服饰作为流行产品不断推陈出新，情形可慰，同时服饰文物收藏、展呈、研究的萎缩、衰落之状堪忧。因此，编纂、出版《服饰民俗》，并将现存的中国民间民族服饰珍藏及代表性作品进行梳理、辨析，以图文并茂赏析经典作品，是作为当下学人与编者的文化新尝试。本卷图书从华夏服饰流传的历史背景、材料构成、制作水准、穿戴习俗、色彩象征、纹案内涵等方面以及与该服饰相关的图腾、信仰、历史、神话、传说、故事等文化信息编排，指涉服饰民俗以及民族文化、民族性格和审美心理，梳理中华民族服饰文化的恢宏与精要。

保护人类文化多样性与民族文化生态环境，是当今文化发展和文化建设的时代课题。普及民俗文化知识，焕发新时代民俗文化艺术的新活力、新光彩，构建社会发展和谐与稳定、民族团结与进步、城乡文明传统与礼仪秩序新格局，促进人民生活安康与富足，增进对可持续发展、和谐发展、高质量发展理念的认识、理解、实践和关切，探索民俗文化发展规律，推动民俗文化的生态文明建设与和平发展理念，以民俗民间文化精神滋养与熏陶当代审美情操，是统筹安全与发展在文化建设中的应有之义。因此，利用优秀传统文化、民俗文化资源优势结合传统的伦理观、人生观、发展观、价值观、审美观，做好传统文化与民俗文化大文章，是当今及未来人文精神大厦建设的基础性工作和立身根本。

民俗是由群体在日常生活的特定情境或语境中传承、表演或变异某些传统形式的风俗习惯，它的内容非常广泛。民俗包含群体间的相处、交流、凝聚以及彼此理解、认同的共同体文化指令和言行约定，包含个体的、群体或共同体基本的情感、意志、理想、信仰及行为方式。民俗文化历史久远，地域韵味浓郁，人文缊涵深厚，历史信息密集，技艺特征鲜明及传承脉络清晰，形态完整并有稳定性的仪式，在当地和族群中有深远影响。因而它被作为民间文化遗产看待，并成为社会所珍视的民族文化、传统文化。而服饰文化始终与民俗文化相知遇、相伴随、相领行，尤其在传统节庆和民俗礼仪中更为持久和集大成。民众生活既有物质生产与消费方式，也包含精神创造与文化享受，还兼有社会秩序、制度文明的酝酿与达成以及情感的维系。本书着眼于挖掘中华民族各个历史阶段及现存的服饰图谱与样态，并从自然环境、历史人文、地域生活、穿戴习俗、民间信仰、色彩象征、审美特征等方面，对各民族代表性的传统服饰作品进行筛选辑录与民俗文化阐发。

多位学人及有识之士为我们提供了有价值的服饰遗产线索和民族传统文化信息，对本卷图书勾勒服饰民俗历史图景和发展脉络，贡献良多，我们对此深怀崇敬与感激。同时也要特别感谢参与本卷图书编辑的各位伙伴：田云升、刘冉星、陈园怡、马学斯、冯琪宇、蔡立东、向桐、陈玥光、张洪雪、孙昊、闫苗苗、张禧晔、董楠、李婷婷、李玥儒、陈慈、张梦冉、张宏瑞、南建安等。本卷图书从立项到出版历时近五年，感谢你们在编纂过程中倾注的热情和严谨的工作态度，为丰富本卷图书内容，完整呈现华夏民族服饰民俗传承的内容形态和精神内涵，查阅了大量文献资料，实地走访了多个博物馆和村落，从而使本书的质量不断完善，也让我们获得了宝贵的经验。这个过程终究是一次美好的相遇，祝愿大家前程似锦！

编后记

“中华民俗文化新读丛书”终告厥成，其编纂历程之终结，不仅标志着一段辛勤耕耘的圆满，更激起了我们心中无限的欣慰与深沉的感慨。此书由白庚胜、刘晔原、万建中三位先生鼎力领衔，汇聚群英，共襄盛举，历经多轮严谨细致的审稿与策划，每一环节皆浸透着编者的心血与汗水，确保了内容之精深广博，品质之卓越非凡。在此，我们谨向所有为丛书撰写倾注心力、不辞辛劳的同仁致以最崇高的敬意与最诚挚的感谢。

编纂工作是一场浩大的文化工程，紧张、高效、有序推进。中国石化出版社有限公司对此项工作尤其重视，出版公司副总经理黄志华亲自挂帅指导并主抓整体工作，资深作家周洪成、分社社长程庆昭一并协调组织丛书的编校工作，陈宇慧、王炁、王潇等多位内外部编辑参与编校，全程推进项目落地。编辑团队对每一份书稿都进行了细致的审阅，从内容的准确性、逻辑的连贯性到语言的规范性，无一不严格把关；从封面设计、版式调整，再到印刷等每一环节，都力求达到至臻之境。

中华民俗文化作为中华文化的重要组成部分，蕴含着丰富的历史信息、民族智慧和艺术价值。通过出版“中华民俗文化新读丛书”，我们希望可以深入挖掘并展现这些文化瑰宝的独特魅力，积极探索民俗文化的现代诠释方式，为中华优秀民俗文化的永续传承与发展添砖加瓦。同时，我们也欣喜地看到，中华民俗文化在时代的洪流中展现出惊人的生命力与适应性。古老的民俗传统在现代社会中焕发新生，以新的形式与意义继续滋养着人们的精神世界，成为凝聚社会共识、传承文化精髓的重要力量。

展望未来，中华民俗文化必将在历史的长河中继续熠熠生辉，成为人类文明宝库中一颗璀璨夺目的明珠。我们将不忘初心、牢记使命，继续为弘扬中华优秀传统文化而努力奋斗，让这份宝贵的文化遗产在新时代的征程中焕发出更加绚丽的光彩！